ÉLÉMENS

DE PHYSIQUE

EXPÉRIMENTALE

ET

DE MÉTÉOROLOGIE.

TOME II.

PREMIÈRE PARTIE.

PARIS. — IMPRIMERIE DE COSSON
Rue Saint Germain-des-Prés, n° 9

ÉLÉMENS

DE

PHYSIQUE

EXPÉRIMENTALE

ET DE

MÉTÉOROLOGIE,

PAR M. POUILLET,

Professeur de Physique à la Faculté des Sciences et à l'École Polytechnique ;
Membre de la Société philomatique, du Conseil de la Société d'Encouragement, etc.

OUVRAGE ADOPTÉ PAR LE CONSEIL ROYAL DE L'INSTRUCTION PUBLIQUE POUR
L'ENSEIGNEMENT DANS LES ÉTABLISSEMENS DE L'UNIVERSITÉ.

SECONDE ÉDITION, REVUE, CORRIGÉE ET AUGMENTÉE.

---

*Verus experientiæ ordo primo lumen accendit,
deinde per lumen iter demonstrat.*

BACON, *Nov. Org.*

TOME DEUXIÈME.

PREMIÈRE PARTIE.

A PARIS,

CHEZ BÉCHET JEUNE,

LIBRAIRE DE LA FACULTÉ DE MÉDECINE,
PLACE DE L'ÉCOLE DE MÉDECINE, N° 4.

1832.

ÉLÉMENS
DE PHYSIQUE

EXPÉRIMENTALE

ET

DE MÉTÉOROLOGIE.

LIVRE SIXIÈME.

DES ACTIONS MOLÉCULAIRES.

439. Un corps organique ou inorganique peut être considéré comme un système en équilibre ; ses parties constituantes ou ses molécules les plus rapprochées restent séparées par des intervalles plus ou moins grands, et cependant à ces distances elles agissent sans cesse les unes sur les autres, pour se maintenir dans leurs positions respectives, pour s'attirer ou se repousser, ou enfin pour se communiquer les efforts et les pressions qu'elles supportent. Ce sont ces actions mutuelles des molécules, que l'on appelle en physique, *actions moléculaires*. Il serait difficile d'établir une distinction entre ces forces et les *forces chimiques*, qui agissent pareillement, aux mêmes distances, sur toutes les molécules de la matière ; mais on peut dire que les actions chi-

miques tendent à produire les corps et à les constituer dans un état déterminé d'équilibre ou d'agrégation, tandis que les actions moléculaires proprement dites tendent à conserver les corps, ou à les retenir dans l'état d'équilibre ou d'agrégation qu'ils ont reçu. Considérées sous ce point de vue, les actions moléculaires comprennent encore un champ assez vaste pour qu'il soit nécessaire d'y établir quelques divisions. Ainsi nous étudierons, dans des chapitres séparés, *la capillarité*, *la structure des corps* et *l'élasticité*.

CHAPITRE PREMIER.

Capillarité.

440. Lorsqu'on fait tremper dans un liquide, l'extrémité inférieure d'un tube de verre (*Fig.* 1 et 2), on remarque que la colonne liquide qui pénètre dans ce tube, ne s'arrête presque jamais au niveau extérieur. Dans certains liquides, dans l'eau, par exemple, elle s'élève au-dessus (*Fig.* 1), et dans le mercure, au contraire, elle s'abaisse au-dessous (*Fig.* 2). Ces phénomènes singuliers d'*ascension* ou de *dépression*, doivent être désignés par un nom spécial, parce qu'ils semblent échapper aux lois générales de l'équilibre des fluides, et dès leur découverte ils furent appelés *phénomènes capillaires*, parce qu'on les observa d'abord dans des tubes étroits dont les diamètres intérieurs étaient sans doute comparés à l'épaisseur d'un cheveu, ou peut-être même au diamètre du petit canal régulier et constant que présentent les cheveux dans le sens de leur longueur. La force ou la cause qui produit ces phénomènes, a été appelée tantôt *action capillaire*, tantôt *attraction capillaire*; mais aujourd'hui on s'accorde à l'appeler simplement *capillarité*.

Cette force n'agit pas seulement pour élever ou déprimer les petites colonnes liquides dans l'intérieur des tubes, nous verrons qu'elle s'exerce sans cesse au contact des liquides avec les solides, au contact des liquides entre eux ou des solides entre eux, et en général au contact de toutes les parcelles les plus ténues de la matière pondérable.

441. *Les longueurs des colonnes soulevées ou déprimées dans les tubes sont en raison inverse de leurs diamètres.*

Il est facile de reconnaître par l'expérience qu'en général les différences de niveau sont d'autant plus grandes que les diamètres des tubes sont plus fins. On voit, par exemple (*Fig.* 3), quatre tubes en syphon, dont les deux premiers contiennent de l'eau, leurs larges branches B et B' sont égales, mais leurs branches étroites b et b', sont l'une de 1 millimètre, et l'autre de 1/2 millimètre environ, et dans celui-ci l'élévation est à peu près double; il en est de même pour le 3e et le 4e tube, qui contiennent du mercure, et dont les branches étroites ont pareillement, l'une 1 millimètre, et l'autre 1/2 millimètre de diamètre. Celui-ci offre une dépression presque double. Cependant, pour établir cette loi fondamentale sur des expériences précises, il faut avoir recours à d'autres appareils et à d'autres moyens d'observation. C'est M. Gay-Lussac qui nous servira de guide dans cette recherche, car on peut dire qu'avant lui les observateurs les plus habiles n'avaient obtenu que des résultats tout-à-fait discordans, lorsqu'ils avaient voulu déterminer les différences absolues de niveau des divers liquides dans des tubes de dimensions connues.

Remarquons d'abord que toutes les fois qu'il y a *ascension* dans un tube capillaire assez étroit, le sommet de la colonne liquide prend et conserve une forme particulière qui est représentée et fort amplifiée dans la figure 12 ; c'est *exac'ement* une demi-sphère creuse dont le diamètre est le diamètre du tube lui-même; on l'appelle un *menisque concave*. Au contraire quand il y a *dépression*, le sommet de la colonne liquide prend et conserve la forme d'une demi-sphère pleine, dont le diamètre est encore le diamètre du tube (*Fig.* 13); on l'appelle un *menisque convexe*. Ces formes sont essentiellement liées à l'ascension et à la dépression, car si l'on enduit de quelques corps gras, la surface intérieure d'un tube de verre, et qu'on en plonge l'extrémité dans de l'eau colorée, on observe que non-seulement l'eau cesse de s'élever au-dessus du niveau, mais qu'elle reste *déprimée* dans ce tube enduit de graisse, et qu'en même temps le sommet de la colonne prend la forme du *menisque convexe*, comme fait le mercure dans les tubes ordinaires. Il résulte de cette observation que *les différences de niveau dépendent de la forme du menisque*, et qu'ainsi toutes les causes accidentelles qui pourraient empêcher celui-ci de prendre la forme exacte qu'il doit avoir, empêcheraient aussi, par cela même, le liquide de parvenir à la hauteur précise à laquelle il doit trouver la stabilité de son équilibre. En effet, lorsqu'on plonge dans l'eau un tube dont la surface intérieure semble même très-nette, on observe presque toujours des *dentelures* plus ou moins marquées sur les bords du menisque, et si l'on répète l'expérience à diverses époques, avec de l'eau pure, en mesurant à chaque fois la hauteur à laquelle s'élève la colonne, on trouve des nombres fort discordans, qui diffèrent souvent du simple au double.

Avec de telles irrégularités aucune comparaison n'est possible, et aucune loi ne peut être établie sur des bases certaines. Pour remédier à cet inconvénient, il faut avant tout, faire passer dans le tube des acides ou de l'alcool, suivant la nature des impuretés dont il peut être souillé, puis le laver soigneusement, et enfin le *mouiller* dans toute sa longueur, avec le liquide sur lequel on veut faire des expériences, si ce liquide est en effet de nature à le mouiller. C'est par ces précautions minutieuses, et par beaucoup d'autres encore, que M. Gay-Lussac est parvenu à des résultats comparables. Quant au diamètre des tubes, on le détermine par le poids du mercure qu'ils peuvent contenir, ou seulement par le poids d'une colonne de mercure qui occupe sur leur longueur un espace déterminé.

Voici maintenant l'appareil de M. Gay-Lussac. P P (*Fig.* 26) est une large éprouvette fixée sur un pied à vis calantes, afin que son bord supérieur H H' puisse être rendu horizontal. Le liquide qu'elle contient s'élève jusqu'en N N'; e tube capillaire T S M est monté sur une plaque Q Q' qui se pose sur le bord de l'éprouvette; au moyen d'une coulisse verticale c, le tube peut monter ou descendre. A côté de l'éprouvette, à quelques pouces de distance, est une règle verticale R, sur laquelle se meut une lunette L, d'abord à frottement, et ensuite au moyen d'une vis de rappel pour les petits mouvemens. Pour mesurer la hauteur s M de la colonne, on fait d'abord mouvoir la lunette jusqu'à ce que son fil micrométrique horizontal semble raser le sommet s; ensuite, écartant la plaque Q Q' vers les bords de l'éprouvette, on place à côté d'elle la pièce A A', et après l'avoir ajustée, on tourne la tige à vis G jusqu'à l'instant où elle effleure la surface M du liquide; ensuite on enlève un peu de liquide avec une pipette ou autrement, et notant le point de départ de la lunette, on la fait descendre peu à peu, jusqu'à ce que la pointe de la tige tombe sous le fil; l'étendue de sa course est la hauteur du liquide au-dessus du niveau.

Le tableau suivant contient la moyenne des résultats auxquels M. Gay-Lussac a été conduit.

Nom des substances.	Densité.	Température en degrés centigrades.	Élévation dans un tube dont le diam. $= 1^{mm},2944.$	Élévation dans un tube dont le diam. $= 1^{mm},9038.$	Élévation dans un tube dont le diam. $= 10^{mm},508.$
Eau.	1	8°,5	23^{mm},1634 élévat.	15,5861 élévat.	»
Alcool.	0,8196	8°	9,1823 id.	6,4012 id.	»
Id.	0,8595	10°	9,301 id.	»	»
Id.	0,9415	8°	9,997 id.	»	»
Id.	0,8135	16°	7,078 id.	»	0,3835
Essence de térébenthine.	0,8695	8°	9,8516 id.	»	

Les diverses densités sont prises aux températures indiquées dans la troisième colonne, et elles sont exprimées en prenant pour unité la densité de l'eau à la même température.

Le rapport inverse des diamètres des deux premiers tubes, est 1,474, et le rapport des hauteurs correspondantes, est de 1,486 pour l'eau, et 1,434 pour l'alcool. Ainsi, l'on peut bien admettre comme loi expérimentale que les hauteurs des colonnes soulevées sont en raison inverse des diamètres des tubes. En calculant d'après ces données, les hauteurs des colonnes d'eau, d'alcool et d'essence de térébenthine qui devraient s'élever dans un tube de 1 millimètre, on trouve les nombres suivans.

Noms des substances.	Densité.	Températ.	Élévation dans un tube dont le diam. $= 1^{mm}$.
Eau.	1	$8^o,5$	$29^{mm},79$
Alcool.	0,8196	8°	12,18
Id.	0,8135	16°	9,15
Id.	0,8595	10°	12,01
Id.	0,9415	8°	12,91
Essence de térébenthine.	0,8695	8°	12,72

Cependant nous devons regretter que les autres résultats de M. Gay-Lussac ne soient pas publiés, et avec d'autant plus de raison qu'il est impossible maintenant d'employer avec confiance les nombres que les autres observateurs nous ont laissés. Il résulte, par exemple, des expériences de MM. Haüy et Trémery que, dans un tube de 1 millimètre de diamètre, l'eau doit s'élever seulement de $13^{mm},57$. Newton avait trouvé à peu près le même résultat, tandis que d'autres physiciens se rapprochent plus ou moins du nombre 29,79 trouvé par M. Gay-Lussac.

On pourrait peut-être supposer que ces discordances tiennent à quelque différence fondamentale, soit dans l'épaisseur
des tubes, soit dans la nature de leur substance. Mais Boyle
Hauksbee et plusieurs autres encore ont démontré, par des
expériences directes, qu'à diamètre égal les tubes dont les
parois sont les plus minces et les plus fragiles, déterminent
exactement les mêmes ascensions et les mêmes dépressions
que les tubes très-épais. Il y a plus, toutes les théories de
la capillarité s'accordent à supposer que la nature de la
substance n'a aucune part dans les phénomènes, pourvu que
le liquide puisse *mouiller* les parois, et qu'ainsi des tubes
de fer et des brins d'herbes bien humectés, produiraient
les mêmes effets que des tubes de verre de même diamètre.

Nous avons noté avec soin les températures et les densités, parce qu'il paraît que pour un même liquide les
différences de niveau sont en raison directe des densités.

Nous donnerons dans la météorologie les tables de la
dépression du mercure dans les tubes de différens diamètres.

442. *Hauteurs différentes auxquelles peut s'arrêter
le même liquide dans le même tube.* Lorsqu'un tube a
servi à une expérience, si on le retire du liquide avec précaution, et qu'on observe la hauteur de la colonne qui
reste suspendue dans son intérieur, on reconnaît qu'elle
est toujours plus grande qu'elle n'était d'abord : par exemple, A s (*Fig.* 6) étant la colonne soulevée au-dessus du
niveau pendant que le tube est plongé, la colonne suspendue lorsqu'il sera hors du liquide, pourra être A's
(*Fig.* 5), ou même A″ s″ (*Fig.* 4). Cette différence dépend de
la goutte qui reste à l'extrémité inférieure du tube, et qui
forme un menisque plus ou moins convexe. En effet, pour
des parois très-épaisses, sur lesquelles la goutte s'élargit
beaucoup, cet excès d'élévation est toujours moindre ; au
contraire dans les tubes à parois très-minces le menisque
convexe de la goutte étant à peu près égal au menisque

concave du sommet de la colonne, on observe un excès d'élévation presque égal à l'élévation elle-même, c'est-à-dire que $A'' s''$ (*Fig.* 4) est double de $A s$ (*Fig.* 6). On peut, avec quelques précautions, obtenir le même résultat avec des tubes à fortes parois; il suffit pour cela de dessécher leur extrémité inférieure pour circonscrire la goutte et l'empêcher de s'étaler sur toute la largeur.

Les tubes recourbés en *syphon* présentent des phénomènes analogues, et même ils ont l'avantage d'être plus commodes pour ces expériences. Dans le syphon $s s'$ (*Fig.* 7), dont le diamètre est uniforme, les sommets s et s' des deux colonnes sont à la même hauteur, tant que le liquide n'atteint pas l'extrémité de la courte branche; mais dès qu'il y touche on peut faire couler du liquide dans la longue branche et y produire ainsi un excès de hauteur toujours croissant. A mesure que le niveau s'y élève, le ménisque de la courte branche perd peu à peu sa forme, sa concavité diminue, et tend à se changer en surface plane, et si l'on observe le phénomène avec attention, il est facile de reconnaître qu'à l'instant où il atteint cette limite, la différence de niveau $a h$ est précisément la hauteur à laquelle s'élève le liquide dans un tube droit de même diamètre que le syphon; cependant on peut continuer de verser du liquide dans la longue branche; alors la surface plane qui limite la colonne à l'extrémité de la courte branche devient de plus en plus convexe, et le niveau peut ainsi monter jusqu'à une hauteur $a' h$ double de $a h$; à cet instant le ménisque forme une demi-sphère, et si l'on verse encore du liquide dans l'autre branche sa convexité crève, et la colonne retombe plus ou moins suivant l'étendue sur laquelle peut s'étaler la goutte qui en résulte.

Ces phénomènes peuvent être produits en sens inverse, en mettant d'abord dans la longue branche du syphon toute la colonne qui peut être soutenue, et faisant sortir du liquide peu à peu par le sommet de la courte branche.

443. Lorsque l'espace capillaire n'est pas cylindrique comme nous l'avons supposé, il se produit des phénomènes un peu plus complexes qui peuvent souvent être ramenés à des lois assez simples.

Tubes concentriques. Concevons un tube qui ait, par exemple, 10 millimètres de diamètre intérieur, dans lequel on dispose un cylindre de verre de 9 millimètres de diamètre, de manière que leur axe soit commun et qu'il reste autour du cylindre un espace annulaire de 1/2 millimètre d'épaisseur. Les phénomènes capillaires se développeront dans cet espace, et l'on trouve, par expérience, que la différence de niveau est la même qu'elle serait dans un tube de 1/2 millimètre de *rayon.* Ce résultat étant général, on peut l'énoncer ainsi : dans un espace annulaire d'une épaisseur quelconque, l'ascension ou la dépression est la même que dans un tube dont le diamètre serait double de cette épaisseur.

Quand le cylindre intérieur est lui-même un tube, les phénomènes se produisent séparément dans ce tube et dans l'espace annulaire, comme si chacun d'eux était seul. Ainsi le diamètre du tube étant précisément double de l'épaisseur annulaire, les sommets des deux colonnes sont au même niveau; si le tube est plus fin, le sommet de sa colonne est plus haut, s'il s'agit d'une ascension, et plus bas, s'il s'agit d'une dépression; c'est le contraire quand le tube est plus large. Dans ce dernier cas, si l'on verse du liquide jusqu'à ce que le menisque annulaire devienne convexe (*Fig.* 9), la dépression se change évidemment en ascension. Ce phénomème avait singulièrement étonné un observateur habile, le médecin Petit. (*Acad. des sciences*, 1723.)

Lames parallèles. L'espace compris entre deux lames parallèles (*Fig.* 14), n'est en quelque sorte que la limite de l'espace annulaire dont nous venons de parler, car si le tube et le cylindre avaient un grand rayon, ils pourraient être regardés comme parallèles dans une portion considérable de leur contour. Ainsi les hauteurs des colonnes soulevées ou déprimées, doivent suivre la même loi. C'est en effet ce que l'expérience démontre : quelle que soit la distance des deux lames, elles produisent le même effet qu'un tube cylindrique dont le diamètre est double de cette distance. Pour rendre les lames parallèles, on place entre elles plusieurs brins de fil de métal, coupés bout à bout dans le même fil ; leur distance est donnée par le diamètre du fil ; et, en faisant abstraction de la courbure que prend la colonne vers les bords verticaux des lames, on voit que son sommet doit être un menisque, ayant la forme d'une rigole ou d'un demi-cylindre creux dont le diamètre est la distance des lames elles-mêmes.

Lames inclinées. La figure 16 représente deux lames inclinées qui se coupent suivant une ligne verticale ; elles sont unies par deux charnières cc', et peuvent être écartées plus ou moins. Lorsqu'on les plonge dans l'eau le liquide doit monter à des hauteurs inégales en a et en b, puisque les distances correspondantes des lames sont elles-mêmes inégales, et puisque les hauteurs sont, entre les lames, comme dans les tubes, en raison inverse des distances. Il est facile de démontrer par un calcul très-simple que le sommet de la colonne forme une hyperbole équilatère dont les asymptotes sont, d'une part, la commune intersection des lames, et de l'autre le niveau du liquide dans lequel elles plongent.

La figure 19 représente deux lames qui sont de même inclinées l'une à l'autre ; mais elles se coupent suivant une ligne horizontale, et le plan géométrique qui diviserait leur angle en deux parties égales, peut être lui-même horizontal ou plus ou moins oblique à l'horizon. Lorsqu'on place entre ces lames une goutte d'eau qui les touche *l'une et l'autre*, on voit qu'à l'instant cette goutte s'arrondit en cercle, et se précipite vers le sommet de l'angle ;

sa vitesse augmente ou diminue suivant que l'angle est plus grand ou plus petit, et dans tous les cas, en laissant la lame supérieure horizontale; et en inclinant convenablement la lame inférieure, on peut combattre la force attractive qui sollicite la goutte à monter vers le sommet, par la force de sa pesanteur qui la sollicite à glisser le long du plan incliné sur lequel elle repose. C'est un moyen, peu précis à la vérité, mais enfin c'est un moyen qu'on a employé autrefois pour mesurer l'énergie de la force capillaire.

Tubes coniques. — Les phénomènes dont nous venons de parler, se reproduisent dans les tubes coniques, avec les mêmes circonstances et par les mêmes causes. La petite colonne *mm'* (*Fig.* 22 et 23) se précipite vers le sommet du cône ou vers sa base, suivant qu'elle est terminée par deux menisques concaves ou par deux menisques convexes, et dans les deux cas on peut la retenir dans une position fixe en inclinant convenablement l'axe du cône dans un sens ou dans l'autre.

On voit pareillement que dans les tubes coniques verticaux, soit que le liquide doive y être soulevé ou déprimé, la hauteur de la colonne ne dépend que du diamètre du tube dans le point où elle s'arrête : au-dessus ou au-dessous de ce point les dimensions n'ont plus d'influence. Pour rendre ce résultat sensible, concevons un entonnoir ou une large cloche (*Fig.* 8) ayant, par exemple, 5o millimètres de hauteur verticale entre sa base et son sommet, et supposons qu'elle se termine par un petit tube de 1/2 millimètre de diamètre : il est évident que si on la pose sur l'eau, le liquide n'y montera pas de lui-même; mais si on l'enfonce jusqu'au tube capillaire pour la soulever ensuite presque à fleur d'eau, toute la masse liquide y restera suspendue et il y aura encore une colonne d'environ 10 millimètres dans le petit tube, parce qu'à un demi-millimètre de diamètre correspond une colonne de près de 6o millimètre de hauteur (441), et que tout ce qui est hors de cette colonne se soutient de soi-même par les pressions opposées.

Tubes prismatiques. — Il y a un tel attrait de curiosité à l'étude des phénomènes capillaires que les physiciens en ont poursuivi toutes les modifications par une foule de recherches ingénieuses. Après avoir épuisé toutes les combinaisons que l'on peut faire avec des lames des cônes et des cylindres, un observateur habile, Gellert, imagina de faire construire des tubes prismatiques pour examiner la forme des menisques et mesurer les hauteurs correspondantes des colonnes liquides qu'ils pouvaient soulever. (*Comm. de Pétersbourg*, t. 12.) Au moyen de ces tubes dont les sections étaient des triangles et des rectangles, il établit deux lois générales assez simples, savoir : 1° que les hauteurs sont réciproques aux lignes *homologues* des bases, quand ces bases sont *semblables,* et 2° que les hauteurs sont les mêmes quand les bases ont des surfaces *équivalentes.* Il paraît cependant que cette seconde loi est soumise à quelques exceptions, ou plutôt qu'elle conduit à quelques inexactitudes.

Surfaces de différentes formes. — Ce qui précède nous montre assez clairement que les solides et les liquides ne peuvent pas se toucher sans que la surface mobile du liquide n'éprouve, près du contact, une déformation plus ou moins marquée.

Les inflexions de la courbure dépendent de la forme des corps. Il y a toujours ascension d'un liquide quand il mouille la surface, et dépression quand il ne la mouille pas. Les figures 31, 32, 33 et 34 représentent l'effet des lames, la figure 15 celui des cylindres verticaux, les figures 35, 36, 37, 38, 39 et 40 celui des balles flottantes, les figures 20 et 21 celui des parois des vases, la figure 18 celui des cylindres horizontaux, et la figure 25 celui que produisent les insectes légers qui marchent, ou plutôt qui glissent sur la surface des eaux, car les extrémités par lesquelles ces insectes touchent les liquides exercent aussi une action capillaire, et si elles pouvaient être mouillées elles seraient bientôt submergées; mais un enduit particulier sur lequel l'eau n'a aucune prise, les préserve du danger.

444. *Attraction et répulsions qui résultent de la capillarité.*—Une seule lame suspendue verticalement dans un liquide n'éprouve aucun mouvement de translation, soit que le liquide la mouille, soit qu'il ne la mouille pas; le résultat de cette expérience s'explique en observant que dans chaque cas, les forces sont égales de part et d'autre. Deux lames verticales et parallèles mises en présence, n'éprouvent non plus aucune action, ni aucun mouvement, tant qu'elles sont assez éloignées l'une de l'autre pour que les courbures des liquides soulevés ou déprimés, (*Fig.* 32 et *Fig.* 33) soient séparées par un espace rectiligne *a a'*; mais dès qu'on les approche assez pour que cet espace rectiligne disparaisse et que *les courbures se croisent,* il s'exerce entre les lames une attraction sensible, à l'instant elles se précipitent pour se joindre et se presser l'une contre l'autre. Cette action qui est également attractive quand les deux lames sont mouillées, et quand elles ne le sont pas, devient au contraire une action répulsive quand l'une d'elles peut être mouillée sans que l'autre le soit. C'est ce que M. Haüy a démontré par l'expérience (*mécaniq. céleste. Supplément à la théorie de l'action capillaire,* page 47) en approchant graduellement une lame d'ivoire d'une lame de talc; cette dernière substance n'est pas susceptible d'être mouillée par l'eau, tandis que l'ivoire se mouille aisément, et le liquide étant alors déprimé d'un côté et relevé de l'autre, prend une courbure infléchie comme on le voit dans la figure 34. Mais il paraît que si l'on force cette première répulsion, et si l'on contraint les lames à se rapprocher à une distance de plus en plus petite, elles commencent bientôt à s'attirer, et se précipitent aussi comme si la colonne liquide qui les sé-

pare, était terminée à son sommet par un menisque simplement concave ou simplement convexe.

De petits corps ronds flottans sur les liquides présentent des phénomènes d'attraction et de répulsion tout-à-fait analogues et dépendans de la même cause.

Par exemple, deux balles de liége ou de bois flottantes sur l'eau, ou deux balles d'étain flottantes sur le mercure, exercent l'une sur l'autre une attraction dès qu'elles sont à une *distance capillaire*, c'est-à-dire à une distance assez petite pour que les courbures du liquide se croisent; ainsi à la distance A B elles sont sans action, et à la distance A' B' elles s'attirent. (*Fig.* 35 et 38.)

Deux balles qui ne se mouillent pas, comme des balles de cire ou de liége enfumées, flottantes sur l'eau, ou des balles de fer sur le mercure, exercent aussi une attraction dans les mêmes circonstances. (*Fig.* 36 et 39.)

Enfin deux balles dont l'une se mouille tandis que l'autre ne se mouille pas, se repoussent toujours lorsqu'elles arrivent à la distance capillaire (*Fig.* 37 et 40); mais pour compléter l'analogie avec les lames, il faudrait qu'à une certaine distance plus petite, cette répulsion se changeât en attraction; c'est, je crois, ce qu'on a négligé de vérifier par l'expérience.

Les cylindres flottans peuvent, pour ces phénomènes être assimilés aux balles flottantes; seulement à cause de leur forme, ils présentent quelques particularités faciles à observer.

Dès qu'ils sont à la distance capillaire, ils s'attirent et se rangent parallèlement; s'ils ont la même longueur, leurs extrémités se mettent au même niveau, et si on les écarte de cette position en les poussant longitudinalement, ils y reviennent par une série d'oscillations. C'est ce que l'on peut vérifier aisément avec des aiguilles ordinaires, légèrement enduites de graisse et posées avec précaution sur la surface de l'eau. (*Fig.* 18.)

En général, tous les corps flottans éprouvent par la même cause des mouvemens plus ou moins rapides lorsqu'ils s'approchent les uns des autres, ou lorsqu'ils approchent des parois contre lesquelles les surfaces liquides se courbent toujours, soit par ascension, soit par dépression. Par exemple, dans un vase d'eau qui n'est pas plein (*Fig.* 20), tous les petits corps mouillés se précipitent vers le bord, et ceux qui ne le sont pas s'en éloignent, tandis que dans un verre trop plein (*Fig.* 21) c'est le contraire qui arrive.

On avait pensé d'abord que ces mouvemens résultaient d'une action directe de la matière ; mais il est bien évident qu'ils dépendent des courbures des surfaces, puisque les mêmes corps qui se fuient ou qui s'attirent sur l'eau n'exercent aucune action à distance égale dans le vide, ou même dans l'air, ou dans d'autres milieux qui les enveloppent de toutes parts.

445. *Adhésion des liquides contre les surfaces solides.* Lorsqu'un disque solide est posé sur la surface d'un liquide, on ne peut plus le soulever horizontalement comme s'il était libre dans l'air, mais il faut faire un effort un peu plus considérable. Pour mesurer cet effort, on se sert d'une balance : d'un côté on met le disque horizontal, de l'autre on met des contrepoids, et quand l'équilibre est établi, on approche une surface liquide jusqu'à l'instant où elle touche la surface inférieure du disque ; alors on ajoute peu à peu et sans secousse des poids du côté opposé, et l'on note combien il a fallu en ajouter pour rompre l'adhésion. Ce procédé a été imaginé par Taylor, et les résultats qu'en ont obtenus Cigna, Guyton, et beaucoup d'autres physiciens, ont donné naissance à de longues discussions. Nous nous contenterons de rapporter ici les résultats de M. Gay-Lussac.

Pour détacher un disque de verre de $118^{mm},366$ de diamètre, il a fallu différens poids suivant la nature des liquides, comme on le voit dans le tableau suivant.

Noms des substances.	Densité.	Température.	Poids nécessaire pour détacher un disque dont le diam.=. 118mm,366.
			grammes.
Eau.	1,000	8,5	59,40
Alcool.	0,8196	8	31,08
Id.	0,8595	10	32,87
Id.	0,9415	8	37,15
Essence de térébenthine.	0,8695	8	34,10

Un disque de même diamètre, de cuivre ou de quelque autre substance capable de mouiller les liquides, donne exactement le même résultat. Ainsi l'adhésion est, comme la capillarité, indépendante de la nature des solides et dépendante seulement de la nature des fluides. Il est facile d'en concevoir la raison, car, en se soulevant, le disque emporte toujours une couche de liquide. L'effort des poids additionnels n'est donc pas appliqué à séparer les molécules du disque des molécules du liquide, mais bien à rompre *la cohésion* qui unit les molécules liquides entre elles. Les expériences dont il s'agit donnent donc une mesure de la cohésion du liquide ou de l'attraction qu'il exerce sur lui-même, et l'on voit que cette attraction, toujours très-sensible, est variable dans les divers liquides.

Lorsque la surface du disque est de telle nature qu'elle n'est pas mouillée par le liquide, comme il arrive, par exemple, pour le mercure et le verre, alors le poids qu'on ajoute pour les séparer n'exprime plus la cohésion du liquide, mais aussi il est très-variable, et M. Gay-Lussac a observé que pour séparer du mercure un disque de verre de 118mm,366 de diamètre, on devait employer tantôt 296 grammes, tantôt 158, suivant qu'on mettait un temps plus ou moins long à ajouter les poids. Cependant ces ex-périences font voir d'une manière frappante que, même dans le cas où un solide n'est pas mouillé par un liquide, il s'exerce encore entre les molécules du solide et celles du liquide une attraction plus ou moins forte. Cette con-séquence paraît être sans exception ; seulement la cohésion du liquide est alors toujours plus grande que l'attraction que le solide exerce sur lui.

446. *Divers effets de la capillarité.* — Huyghens ob-serva en 1672 (*Journal des savans*, pag. 111) un fait qui parut alors fort étonnant. Un tube de 70 pouces de lon-gueur et de quelques lignes de diamètre, ayant été bien nettoyé à l'alcool, puis rempli de mercure, purgé d'air et retourné avec précaution, toute la colonne resta sus-pendue dans le tube ; il fallut plusieurs secousses lé-gères pour qu'elle se détachât du sommet et prît sa hau-teur ordinaire de 28 pouces dans l'intérieur du tube. C'est évidemment un phénomène d'adhésion ; il se reproduit toutes les fois que la surface intérieure du tube est bien nette et l'appareil bien purgé d'air.

Don Casbois fit, vers 1780, une remarque importante pour la construction des baromètres. Ayant fait bouillir le mer-cure pendant très-long-temps dans un tube barométrique, il s'aperçut, après l'avoir retourné, que le sommet de la colonne formait un ménisque à peu près plan, et même plutôt concave que convexe. On voit par ce qui précède que cette forme de ménisque doit avoir une grande in-fluence sur la hauteur des baromètres, qui n'ont pas comme celui de M. Gay-Lussac l'avantage d'être corrigés d'avance de tous les effets de la capillarité. La cause de ce singulier phénomène a été long-temps inconnue, et l'on doit à M. Dulong une observation récente qui l'explique complétement. M. Dulong a reconnu, par des expériences directes, qu'en prolongeant l'ébullition du mercure à l'air, il se forme un oxide qui se dissout dans le liquide, et cette espèce de dissolution, assez peu différente du mercure par sa densité, en est très-sensiblement différente par ses propriétés capillaires, puisqu'elle acquiert à la fin la propriété de mouiller le verre. Ainsi, pour faire de bons baromètres à cuvette, il faut, autant qu'il est possible, éviter le contact de l'air pendant l'ébullition du mercure.

On doit au P. Abat l'expérience suivante : A B c, *fig.* 24, est un tube recourbé contenant du mercure ; le liquide s'y trouve d'abord au même niveau A c dans les deux branches ; mais si, après avoir un peu incliné ce tube de manière que le mercure monte vers c′ et descende vers A′, on le ramène ensuite doucement dans sa première position, les sommets des colonnes ne sont plus exactement nivelés ; celui qui s'était élevé reste plus haut, et en même temps sa convexité est plus grande ; l'autre reste plus bas, et sa convexité paraît moindre. C'est un effet de la forme des ménisques qui montre combien il faut prendre de soins dans les observations barométriques et combien il est nécessaire à chaque fois de vaincre par de légères secousses le frottement du mercure contre le verre. Pour que le liquide prenne sa véritable hauteur, il faut, comme nous l'avons déjà dit, que le sommet de la colonne prenne sa véritable forme.

Les divers degrés de courbure que prend une goutte de liquide, suivant ses dimensions et suivant la nature des corps qu'elle touche, sont aussi des conséquences de l'attraction de ses molécules sur elles-mêmes, et de leur attraction sur les molécules du corps. Les très-petites gouttes de mercure, d'eau, d'alcool, etc., forment des sphères à peu près parfaites sur les corps qu'elles ne mouillent pas ; alors elles roulent comme de petits globules solides. On voit même, en filtrant les liqueurs, des gouttes assez volumineuses rouler long-temps sur la surface du liquide, parce que la petite couche d'air qui les enveloppe empêche le contact immédiat ; mais à mesure que les gouttes prennent du volume, elles s'élargissent de plus en plus, et c'est alors par la courbure des con-tours que l'on peut juger de l'action que leurs molécules exercent sur les corps qu'elles touchent.

La capillarité ne se manifeste pas seulement au contact des solides et des liquides, on l'observe encore entre les so-lides eux-mêmes : c'est elle qui retient pressés l'un contre l'autre des plans polis de verre, de marbre, etc., même quand les pressions de l'air sont supprimées. On l'observe pareil-lement entre les solides et les gaz, car en mettant sous le récipient de la machine pneumatique un vase qu'on vient de remplir d'eau, on aperçoit des bulles nombreuses se former sous le liquide, tapisser toutes les parois, et grossir de plus en plus à mesure que la pression diminue. Des feuilles métalliques, comme l'or battu, présentent ce phé-nomène d'une manière encore plus sensible, car les bulles d'air qui se forment à leur surface après qu'on les a sub-mergées, deviennent sous le récipient, comme autant de petits ballons qui les font monter ou descendre suivant le degré de pression.

447. *Indications théoriques.* La théorie des phénomènes capillaires appartenant essentiellement à l'analyse mathé-matique, nous devons nous borner à faire connaître les principes physiques sur lesquels les géomètres ont établi leurs calculs. Ces principes se réduisent en dernier résul-tat, 1° à admettre dans chaque liquide une *force de cohé-sion* particulière, c'est-à-dire, une force attractiv e entr les molécules voisines, et 2° à admettre entre les solides et les liquides une *force d'adhésion*, c'est-à-dire, une autre force attractive qui agit entre leurs diverses mo-lécules. Mais ces deux espèces de forces attractives ne pouvant être caractérisées que par leur intensité rela-tive pour une même distance, et par la loi suivant la-quelle elles décroissent à mesure que la distance augmente, on conçoit que, faute de données sur ce point, on est con-

damné à choisir entre une foule d'hypotèses également probables, ou du moins également possibles, et que l'explication à laquelle on arrive dépend de l'hypotèse qu'on adopte. C'est ainsi qu'on a vu paraître d'abord les théories de Jurin, Clairaut, Segner, et dernièrement celle de M. de Laplace et celle du Docteur Young. Jurin attribue l'élévation de l'eau dans les tubes capillaires à l'attraction de la partie annulaire du tube à laquelle le sommet de la colonne est contigu; Segner et le Docteur Young considèrent les ménisques qui terminent les colonnes soulevées ou déprimées, comme des surfaces élastiques agissant par leurs tensions; Clairaut, sans entrer dans l'explication détaillée des phénomènes, s'élève en quelque sorte au-dessus de toutes les hypotèses par la fécondité de son analyse, et démontre ce résultat remarquable, savoir : que si la loi d'attraction de la matière du tube sur le fluide ne diffère que par son intensité de la loi de l'attraction du fluide sur lui-même, le fluide s'élevera au-dessus du niveau, tant que l'intensité de la première de ces attractions surpassera la moitié de la seconde. Si elle en est exactement la moitié, il est facile de s'assurer que le fluide aura dans le tube une surface horizontale, et qu'il ne s'élevera pas au-dessus du niveau. Si les deux intensités sont égales, la surface du fluide dans le tube sera concave, de la forme d'une demi-sphère, et il y aura élévation du fluide. Si l'intensité de l'attraction du tube est nulle ou insensible, la surface du fluide dans le tube sera convexe, de la forme d'une demi-sphère, et il y aura dépression du fluide. Entre ces deux limites, la surface du fluide sera celle d'un segment sphérique, et elle sera concave ou convexe, suivant que l'intensité de l'attraction de la matière du tube sur le fluide sera plus grande ou plus petite que la moitié de celle de l'attraction du fluide sur lui-même.

M. de Laplace admet que les forces attractives qui produisent les phénomènes capillaires décroissent avec une telle rapidité, qu'elles sont nulles à des distances sensibles; et quand un liquide s'élève dans un tube, il suppose qu'une couche infiniment mince de ce liquide s'attache d'abord aux parois du tube, et forme un tube intérieur qui agit seul par son attraction pour soulever la colonne et pour la maintenir à une hauteur déterminée qui dépend de la cohésion du liquide et de sa densité. C'est en partant de ces principes qu'il explique tous les phénomènes précédens, et ses explications reproduisent les faits observés avec une telle exactitude, qu'il n'existe peut-être en physique aucune théorie qui soit aussi complétement justifiée par l'expérience. (*Mécanique céleste*, supplém. au x* livre.)

Cependant il y a plusieurs phénomènes remarquables qui dépendent probablement de la capillarité, et qui ne peuvent jusqu'à présent être rattachés à aucune théorie; nous devons les indiquer ici comme des données premières qui exigent de nouvelles recherches. Ces phénomènes conduiront sans doute les physiciens à quelques découvertes, et les géomètres à de nouvelles formules pour les représenter; car il faut, avant tout, que les effets soient mesurés avec précision, pour que l'analyse puisse remonter aux causes et en développer les lois.

448. *Absorption et filtration.* L'action absorbante que les corps poreux exercent sur les liquides qui les peuvent mouiller est évidemment une action capillaire; tous leurs petits interstices sont analogues à des tubes plus ou moins fins; leurs parois se revêtent d'abord d'une couche liquide, et cette couche agit ensuite pour attirer le liquide voisin en vertu de sa densité, et pour le retenir en vertu de sa cohésion. La rapidité de l'absorption dépend en général de la forme et de la grandeur des pores du corps absorbant, de l'attraction que par sa nature il exerce sur l'air dont il est imprégné, de celle qu'il exerce sur le liquide, et enfin de celle que le liquide exerce sur lui-même. Tous

les corps étant poreux, il semble que tous doivent être absorbans; mais nous avons vu qu'il fallait distinguer les pores dépendans de la nature des substances et les pores dépendans de la structure ou de l'arrangement des parties : les premiers, n'étant que les intervalles *nécessaires* qui séparent les molécules des corps, ne sont pas aptes en général à recevoir des molécules étrangères, tandis que les pores accidentels sont presque toujours, par leurs dimensions, capables de recevoir les liquides qui mouillent leurs parois. Aussi les masses régulièrement cristallisées ne possèdent que très-rarement quelque faculté absorbante, et au contraire les masses irrégulièrement agrégées, ou celles qui résultent d'un amas de poussière ou de fragmens très-petits, sont toujours des masses absorbantes. Il n'y a pas, dans la nature inorganique, une seule exception à cette loi, et il ne peut y en avoir dans la nature organique, puique ici toutes les parties solides sont des tissus, des lacis de fibres, ou en général des assemblages destinés à recevoir un aliment, et par conséquent à recevoir les fluides qui le portent.

La filtration de l'eau au travers des *pierres à filtrer*, ou au travers du sable et du charbon, celle des liqueurs spiritueuses au travers des papiers sans colle, et celle de plusieurs liquides au travers des tissus de laine ou de coton, sont autant d'exemples de l'absorption que certains corps exercent sur certains liquides. Car un filtre n'agit pas comme un crible, pour arrêter seulement les parcelles qui sont trop grosses, mais il se mouille par la capillarité, il transmet le liquide indépendamment de la pression, et toutes les gouttes qui passent ont été, dans leur trajet sinueux, constamment soumises à une attraction plus ou moins forte.

Lorsqu'un liquide tient en dissolution quelque corps solide, liquide, ou gazeux, il n'arrive presque jamais que les substances absorbantes auxquelles on peut le soumettre exercent une action égale sur les divers élémens qui le composent, et l'on peut se proposer d'examiner si, dans certains cas au moins, l'action capillaire n'est pas capable de rompre l'affinité chimique, et de séparer le dissolvant du corps dissout. Cette question me semble assez curieuse, et en appelant sur elle l'attention des physiciens, je crois pouvoir indiquer d'après quelques essais que les gaz peuvent souvent être dégagés par *l'absorption*, du liquide qui les contient, et que souvent aussi des dissolutions changent de densité en traversant des filtres très-épais, et doués d'une grande action capillaire.

449. *Absorption dans les végétaux.* La sève se répand dans toutes les parties des plantes, depuis l'extrémité des racines jusqu'à la pointe des branches ou des feuilles les plus élevées : cette diffusion du liquide nourricier par des interstices plus ou moins déliés, et souvent même par des tubes d'un diamètre sensible, est un phénomène qui offre nécessairement quelques analogies avec les phénomènes capillaires. C'est pourquoi nous rapporterons ici les résultats des expériences les plus remarquables qui ont été faites sur ce sujet ; nous les emprunterons surtout à la Statique des végétaux de Hales, ouvrage qui reste encore après un siècle de date, non-seulement comme un modèle de sagacité et de précision, mais encore comme un des recueils les plus complets sur ce point important de la physiologie végétale.

Pour trouver *la quantité d'eau absorbée et évaporée par diverses plantes*, Hales se servait de l'appareil suivant (fig. 30).

$p\,p'$, pot en terre sans ouverture au fond.

$l\,l'$, lame de plomb, en deux parties, scellées avec un mastic de cire et de térébenthine, sur le contour du pot, et au diamètre de jonction.

o, ouverture pour laisser passer la tige.

t, tube pour arroser et laisser sortir ou entrer l'air.

La plante étant arrosée et pesée le matin et le soir, on peut voir aisément ce qu'elle absorbe et ce qu'elle perd en un jour. La perte se fait sur toute sa superficie, et il suffit d'un calcul très-simple pour trouver l'épaisseur de la couche d'eau qui s'évapore sur l'unité de surface et même pour conclure la vitesse avec laquelle le liquide s'élève par la tige. Voici le tableau des principaux résultats.

Noms des plantes.	Quantité d'eau absorbée en 12 h. du jour évaluées en pouces cubes.	Section de la tige en pouces carrés.	Vitesse du liquide dans la tige, ou nombre de pouces qu'il parcourt en 1 h.
Grand soleil. . .	36	1	3
Chou.	32	2/3	4
Vigne.	9	1/4	3
Pommier.	15	1/4	5
Citronnier. . . .	10	1	5/6

La quatrième colonne indique la vitesse avec laquelle le liquide s'élève dans la tige en supposant qu'elle soit tout-à-fait creuse comme un tube; ainsi, la vitesse réelle est beaucoup plus grande; dans le cas de la vigne, par exemple, dont la section était de 1/4 de pouce carré, Hales avait trouvé par quelques essais que la partie solide occupait les 3/4 de cet espace, les issues par lesquelles s'élevait le liquide étaient donc 1/16 de pouce seulement, et la vitesse réelle était par conséquent de 12 pouces par heure, ou d'un pouce par 5 minutes.

Je n'ai rapporté les nombres précédens que pour donner une idée des phénomènes, car on suppose bien qu'ils dépendent de l'état de l'atmosphère, de l'état de la plante, de l'étendue de ses racines, et surtout de la quantité de ses feuilles ou de la surface par laquelle elle transpire.

Cependant MM. Desfontaines, de Mirbel et Chevreul ont répété en 1811, avec le même succès que Hales, l'expérience sur l'absorption du grand-soleil (*Helianthus annuus*), et ils ont obtenu presque le même résultat.

Après avoir constaté l'existence de cette force d'aspiration, Hales essaya d'en déterminer la mesure au moyen de l'appareil suivant, *fig.* 27.

c c', cuvette remplie de mercure.

t, tube de quelques lignes de diamètre, terminé par un tube plus large τ.

ʀ, rameau pénétrant dans le tube τ, mastiqué avec soin, et recouvert de plusieurs doubles de vessie humide fortement serrés sur le tube et sur le rameau.

Les tubes étant remplis d'eau, on en plonge l'extrémité inférieure dans la cuvette de mercure, et l'on abandonne l'expérience à elle-même; la force d'aspiration est mesurée par la hauteur verticale des colonnes d'eau et de mercure qui sont soulevées et qui restent suspendues dans le tube. Dans les expériences de cette nature il n'est pas rare que des rameaux vigoureux, de 1 pouce de diamètre, revêtus de leurs feuilles, fassent monter le mercure de plusieurs pouces dans le tube; et dans une des expériences de Hales, une tige de pommier de pommes d'or de 3 pieds de longueur, le fit monter de près de 12 pouces en trois heures de temps, au mois de juillet, par un soleil très-chaud.

Une expérience remarquable prouve que cette force d'aspiration n'est pas une force ascensionnelle dans le sens naturel de la tige, car l'absorption se fait avec la même puissance quand la tige est renversée. (*Fig.* 28.)

Enfin il paraît résulter d'un grand nombre d'expériences de Hales que la force d'aspiration est sensiblement proportionnelle à la surface d'évaporation, car, en ôtant les feuilles, en ébranchant les tiges, ou en les coupant plus ou moins près du tube d'aspiration, on voit cette force se réduire progressivement.

Des cendres bien scellées dans un long tube vertical exercent aussi une force d'aspiration considérable; d'autres corps pulvérisés produiraient sans doute le même effet, et avec d'autant plus d'énergie qu'ils auraient plus d'affinité pour l'eau, c'est-à-dire qu'ils se mouilleraient plus facilement; mais pour observer dans ces circonstances une aspiration continuelle, il faudrait qu'il y eût dans les parties supérieures une continuelle déperdition, soit par évaporation, soit de quelque autre manière : le bois lui-même n'aspire qu'à cette condition, car une tige droite sans branche absorbe très-bien, mais elle ne peut jamais faire monter le liquide au-dessus de son extrémité supérieure, lors même qu'on y adapte un tube pour le recevoir.

C'est d'après Hales et les autres observateurs que nous avons décrit ces phénomèmes ; nous avons employé leur langage, et comme eux, nous les avons attribués, pour un moment , à une *force d'aspiration*. Mais , avant d'admettre une force nouvelle pour expliquer un fait, il faut être bien assuré que les forces connues sont incapables de le produire; or, dans tout ce qui précède il n'y a rien qui ne puisse rigoureusement être produit par la double action des pressions atmosphériques et de la capillarité. En effet, reportons-nous à la figure 27 et considérons l'appareil à l'instant où il vient d'être retourné.

1° A l'extrémité *x* de la tige s'exerce de *bas en haut* une pression atmosphérique moins la hauteur de la colonne d'eau contenue dans les deux tubes ; cette pression sera , par exemple, de 28 pieds d'eau, à peu près, si les tubes ont ensemble 4 pieds de hauteur verticale.

2° Il paraît certain que le rameau ʀ , tandis qu'il est vivant et rempli d'humidité, ne peut pas plus laisser entrer l'air par les pores sans nombre qui couvrent ses feuilles et son écorce , que ne le ferait un tube rempli de cendres humides et fortement pressées. Ainsi la pression atmosphérique qu'il supporte sur tous les points de sa surface, ne se transmet pas au liquide qu'il contient pour le faire *couler de haut en bas*. La pression de *bas en haut* qui s'exerce en x a donc toute son efficacité pour pousser le liquide dans la tige et pour le refouler jusqu'à la surface des feuilles où il se dissipe par l'évaporation. On peut donc admettre que la pression atmosphérique fait monter le liquide, que la capillarité favorise cette ascension , et qu'elle agit surtout pour le retenir , ou plutôt pour empêcher que l'air n'entre par les pores superficiels et ne le fasse couler de haut en bas.

Il serait important de faire quelques nouvelles séries d'expériences pour mettre à l'épreuve cette opinion.

On ne manquera pas, sans doute, d'élever contre elle plusieurs objections, et parmi les premières qui se présentent, on demandera surtout pourquoi l'absorption perd de sa force à mesure que les plantes perdent de leur vigueur, et comment la pression atmosphérique et la capillarité peuvent pousser la sève jusqu'à la cîme des plus grands arbres et la retenir à cette hauteur, qui dépasse souvent une centaine de pieds. Mais sur le premier point on peut remarquer que la cessation de la vie entraîne dans les plantes une désorganisation plus ou moins prompte, et qu'il ne faut pas long-temps pour que les cloisons si fragiles de leurs tissus soient complètement altérées ; sur le second point, il ne faut pas perdre de vue que si l'on avait un tube de cent pieds de long et d'un très-petit diamètre, plongé verticalement dans l'eau, ouvert en bas, fermé en haut par une membrane perméable à l'humidité, et imperméable à l'air, et qu'on le soulevât peu à peu de 99 pieds au-dessus du niveau, certainement la colonne liquide ne quitterait pas le sommet, puisque le mercure est resté suspendu à 70 pouces dans le tube d'Huyghens, qui avait une assez grande largeur; ensuite, tout semble indiquer que les pertes qui se feraient en haut par l'évaporation seraient immédiatement compensées par une ascension nouvelle; ce serait un fait curieux à vérifier.

Au reste, si les pressions atmosphériques, combinées avec la capillarité, semblent des causes suffisantes pour expliquer la suspension de la sève, elles sont certainement insuffisantes, pour expliquer le phénomène surprenant qui se manifeste dans certaines plantes, et surtout dans la vigne, à l'époque de l'année où la *sève monte*. Ce phénomène a encore été observé et mesuré par l'illustre auteur de la Statique des végétaux; son appareil est représenté dans la *fig.* 29.

v est un cep de vigne ayant au moins trois ans, coupé net, soit perpendiculairement, soit obliquement, à l'époque *des pleurs*.

Au chicot e on ajuste un tube de verre $n\,s\,n'$, contenant du mercure au même niveau nn' dans les deux branches; les pleurs continuent, le mercure est refoulé de plus en plus, il baisse dans la branche n, et s'élève d'une quantité presque égale dans la branche n'. Hales trouva une fois une différence de niveau de 38 pouces, et par conséquent une force d'impulsion capable de faire équilibre à une colonne d'eau de plus de 40 pieds de hauteur; MM. de Mirbel et Chevreul ont obtenu 29 pouces seulement sur un vieux cep en répétant l'expérience de Hales. Il n'y a rien dans les lois connues de la capillarité qui puisse rendre raison d'une telle force ascensionelle.

Coulomb a constaté directement que dans les peupliers d'Italie la sève monte surtout par les couches qui avoisinent le canal médullaire. Cet ingénieux observateur ayant remarqué un bruissement particulier et des bulles de gaz qui se dégageaient à la file sur le tronc d'un peuplier que l'on venait de couper, fit percer d'autres peupliers vivans avec une tarière dans le sens horizontal depuis la surface jusqu'au cœur. Dans toutes les couches extérieures, la mèche de la tarière était à peine humide ; mais dès qu'elle arrivait à quelques centimètres de l'axe, la sève s'écoulait en abondance, et des bulles gazeuses venaient crever dans l'ouverture en se succédant rapidement.

Les physiologistes ont cherché l'origine de cette force d'impulsion que reçoit la sève à une certaine époque de l'année ; mais dans une question aussi délicate les faits valent beaucoup mieux que de longues discussions, et nous nous bornerons à rapporter sur ce point les expériences récentes d'un observateur plein de sagacité, auquel la science doit plusieurs découvertes originales. M. Dutrochet prit une tige de vigne de deux mètres de longueur ; il en tronqua l'extrémité, et la sève se mit à couler en abondance. Pendant ce mouvement, qui se continuait avec une grande régularité, la tige fut d'un seul coup rasée près de terre, et, une fois séparée du tronc, la sève qu'elle contenait resta immobile, sans aucun signe apparent d'impulsion ; le tronc donnait, au contraire, beaucoup de pleurs, et coupé à son tour à une certaine profondeur en terre, sa sève fut à l'instant arrêtée. La racine ayant elle-même été coupée de proche en proche jusqu'au *chevelu*, on vit toujours l'impulsion de la sève très-forte dans la partie restante, et complétement nulle dans la partie enlevée. Cette expérience paraît concluante, et M. Dutrochet conclut en effet que la force impulsive de la sève a son origine dans les *radicelles* nombreuses dont le *chevelu* se compose ; les radicelles sont elles-mêmes terminées par un petit cône blanchâtre qu'on appelle *spongiole*, et quelques observations directes portent M. Dutrochet à penser que cet organe particulier est le véritable siége de la force impulsive. Pour donner plus de poids à cette opinion, il ne serait peut-être pas inutile de faire l'expérience en sens inverse, c'est-à-dire de couper sur une ra-

tine les spongioles ou même les radicelles, de la plonger
ensuite dans de la sève fraîchement recueillie ou dans de
l'eau, et d'observer si les fluides de la tige sont encore
animés de quelque force impulsive. Mais soit que cette
force réside dans les spongioles seulement, soit qu'elle réside dans une plus grande étendue de ces tubes déliés qui
sillonnent les radicelles, le chevelu et les racines elles-
mêmes, M. Dutrochet suppose qu'elle est identique avec la
force *d'endosmose* et *d'exosmose* qu'il a découverte et
dont nous allons essayer de donner une idée.

450. *De l'endosmose.* Les phénomènes d'endosmose découverts par M. Dutrochet sont tout-à-fait nouveaux, et
ne manqueront pas sans doute d'attirer toute l'attention
des physiciens et des physiologistes. Pour en mieux faire
comprendre le principe, nous décrirons d'abord l'instrument au moyen duquel on peut les rendre sensibles, et
que M. Dutrochet appelle *endosmomètre.*

L'*endosmomètre* se compose d'un tube т, d'un réservoir
évasé к, et d'une *cloison* vv'. Le tube est en verre; il peut
avoir plusieurs décimètres de longueur et quelques millimètres de diamètre intérieur; le réservoir peut recevoir diverses formes et être en verre ou en métal; dans le premier
cas on le soude au tube, ou bien on y adapte celui-ci comme
un bouchon à l'émeri sur le col d'un flacon; dans le second cas on peut les sceller ensemble avec un mastic convenable; la cloison est formée de la substance solide, et essentiellement poreuse, dont on veut étudier les propriétés;
elle doit fermer l'ouverture du réservoir assez exactement
pour que le liquide ne puisse entrer ou sortir qu'en la
traversant.

Voici maintenant les phénomènes que l'on observe,
quand, par exemple, la cloison est une membrane de
vessie fortement ficelée sur les bords du réservoir, et quand
il y a de l'*alcool* à l'intérieur et de l'*eau* à l'extérieur.
L'endosmomètre étant soutenu verticalement dans l'eau

(*fig.* 10) sans que la cloison touche le fond du vase, l'équilibre *mécanique* s'établit bientôt entre le liquide intérieur, le liquide extérieur et la tension de la cloison. Soit N le niveau de l'eau dans le vase, et N′ le niveau de l'alcool dans l'instrument; après un quart d'heure il y aura un changement considérable, le niveau N′ se sera élevé de plusieurs millimètres, puis il continuera de s'élever; et si le tube n'a que 4 ou 5 *décimètres* de hauteur, on peut s'attendre qu'après un jour le liquide aura gagné le sommet et coulera sur les bords. Voilà sans doute un phénomène bien surprenant et bien remarquable. On ne peut l'attribuer , ni à la *capillarité ordinaire*, car elle serait à peine capable de maintenir l'alcool à quelques centimètres audessus du niveau extérieur, ni à une diminution dans la capacité du réservoir par la contraction de la vessie, car il y a au contraire augmentation sensible de capacité par le gonflement qu'elle éprouve. Enfin, l'eau s'est infiltrée au travers de la vessie , car on la retrouve dans l'alcool, et elle s'est infiltrée malgré la pression qui tendait à la refouler en sens contraire, et qui tendait aussi à déprimer l'alcool pour le ramener à peu près au niveau extérieur N. Il y a donc *endosmose* de *l'eau à l'alcool* au moyen de la membrane de vessie, c'est-à-dire infiltration en sens contraire des *pressions hydrostatiques*. Si l'on faisait l'expérience dans un ordre inverse, en mettant l'eau en-dedans et l'alcool en dehors, on ne peut guère douter que l'effet inverse ne se manifeste, et que le niveau intérieur de l'eau ne baisse audessous du niveau libre de l'alcool; il serait bon de le vérifier en y apportant quelques précautions qui ne sont point nécessaires dans l'expérience directe. On pourrait dire alors qu'il y a *exosmose* de l'eau à l'alcool; mais il est plus simple de n'employer qu'une seule expression et de dire toujours qu'il y a *endosmose*, pourvu toutefois que l'on ait soin d'indiquer l'ordre des liquides, et de ne pas exprimer simplement qu'il y a endosmose *entre* deux liquides mais, endosmose *de l'un à l'autre*. M. Dutrochet a reconnu :

1° Qu'il y a endosmose de l'eau à l'eau gommée, à l'acide acétique, à l'acide nitrique et surtout à l'acide hydrochlorique; mais qu'il n'y a pas endosmose d'un liquide à lui-même, non plus que de l'eau pure à l'eau étendue d'acide sulfurique, ou réciproquement;

2° Que diverses membranes végétales et animales jouissent à différens degrés des propriétés dont jouit la vessie; que des plaques de terre cuite, d'ardoise calcinée, d'argile et en général de substances alumineuses en jouissent aussi, quoique à un très-faible degré (*Ann. de chim. et de physiq.*, t. 35 et 37, et l'ouvrage de M. Dutrochet, intitulé : *De l'Agent immédiat du mouvement vital*, etc., ouvrage dont on prendrait sans doute une fausse idée si l'on en jugeait par le titre).

Les forces capillaires telles qu'elles ont été considérées jusqu'à présent sont certainement insuffisantes pour produire ces résultats, car elles peuvent bien élever un liquide au-dessus de son niveau, mais elles ne peuvent jamais le faire sortir du tube ou du canal qui le contient pour l'accumuler et l'étaler sur une grande surface un peu plus élevée que le niveau primitif. Ainsi quand on plonge dans l'eau l'extrémité inférieure d'un tube de verre un peu épais, ayant, par exemple, un centimètre de longueur et un millimètre de diamètre intérieur, le liquide est bien soulevé jusqu'au sommet, puisqu'il monterait jusqu'à trente millimètres de hauteur; mais arrivé là il s'arrête et conserve une courbure dont toute la concavité est au-dessous du plan qui termine le tube (*fig.* 17 *bis*).

La même impossibilité se manifeste aussi dans les canaux capillaires les plus irréguliers (*fig.* 17). M est une mèche de coton, une bande de drap ou une réunion de filamens capillaires quelconques qui plonge dans l'eau,

par une de ses extrémités x ; le liquide la remplit bientôt,
et lorsqu'on la courbe pour abaisser son autre extrémité y,
au-dessous du niveau n on voit le liquide qui coule goutte
à goutte comme dans un syphon très-étroit ; mais dès
qu'on relève un peu cette extrémité y pour la remettre au
niveau n, les gouttes cessent de se former et le liquide ne
peu plus sortir.

Pour expliquer les phénomènes d'endosmose, il faut
donc recourir à une force différente de la capillarité ordinaire, ou au moins à quelque nouvelle modification de
cette force. Voici les deux seules explications qui aient
été proposées jusqu'à ce jour :

M. Dutrochet, s'appuyant sur le fait curieux que nous
avons rapporté (403), suppose que la cloison de l'endosmomètre, mise en contact sur ses deux faces avec deux
liquides différens, détermine un courant électrique, dont
l'action est capable d'entraîner le liquide dans un sens
déterminé, c'est-à-dire du pôle positif au pôle négatif. Il
serait difficile de prouver directement que cette explication
est bonne, mais il ne serait pas moins difficile de prouver
qu'elle est mauvaise ; car si l'on démontrait qu'il se dégage
en effet de l'électricité pendant l'endosmose, il serait encore
permis de douter qu'elle soit la cause du phénomène, et si
l'on n'en trouvait aucune trace il ne serait peut-être pas
rigoureux de conclure, ni qu'il n'y en a pas, ni qu'elle
n'agit pas.

M. Poisson, en tenant compte d'une circonstance que
l'on avait négligée jusqu'à présent, essaie de démontrer que
les forces capillaires peuvent produire des phénomènes
analogues à ceux de l'endosmose (*Ann. de physiq. et de
chim.*, t. 35). Concevons deux liquides A et B séparés par
une cloison verticale c (*fig.* 11). Imaginons qu'ils ne
communiquent entre eux que par un tube capillaire horizontal a b, et que les hauteurs de leurs niveaux au-dessus
de a b soient en raison inverse de leurs densités, de telle

sorte qu'en ce point leurs pressions hydrostatiques se fassent exactement équilibre. Supposons enfin que l'action attractive de B sur A soit plus grande que celle de A sur lui-même, et que ce dernier liquide remplisse à lui seul le tube $a\,b$. Cela posé, considérons les actions que ce filet liquide éprouve soit de la part du tube qui l'enveloppe, soit de la part des liquides qui le touchent à chacune de ses extrémités. D'abord si le tube est homogène il ne peut lui imprimer aucun mouvement, car ses actions sont alors égales dans tous les sens et se font équilibre. Ensuite il est évident que si le liquide A exerçait sur l'extrémité a du filet $a\,b$ la même action que le liquide B sur l'extrémité b, il y aurait encore équilibre entre ces forces, et tout resterait en repos. Mais si l'attraction du liquide B sur b est, comme nous l'avons supposé, plus grande que celle du liquide A sur a, il y *aura mouvement*, et le filet liquide coulera de A vers B, jusqu'à ce que l'élévation de niveau qui en résulte de ce côté compense par l'augmentation de pression l'excès de la force attractive de B sur la force attractive de A.

Ainsi, par la considération de l'hétérogénéité des liquides, M. Poisson est conduit à trouver dans l'action capillaire des effets qui semblent tout-à-fait identiques à l'ascension que l'on observe dans l'endosmomètre.

Cette démonstration ingénieuse présente cependant d'assez grandes difficultés : on n'y trouve, par exemple, aucun élément qui dépende du diamètre du tube de communication; il semblerait donc en résulter que des tubes plus ou moins larges détermineraient des phénomènes également intenses, ce qui est contraire à l'expérience. On peut remarquer aussi qu'elle semble s'appliquer à un cylindre solide aussi bien qu'au filet fluide, d'où l'on pourrait conclure qu'un cylindre solide, plongé horizontalement dans un fluide homogène comme l'eau, prendrait nécessairement un mouvement de translation si ses deux bases n'étaient pas de même matière et n'exerçaient pas des actions égales sur le fluide qui les touche; enfin il faut bien que la réaction soit égale à l'action, et si le filet *ab* est attiré par les molécules du fluide B, il attire aussi ces molécules, et il n'y a pas de raison pour que le mouvement se détermine dans un sens plutôt que dans l'autre.

Ces observations tendent seulement à faire mieux sentir combien il est important de multiplier les expériences sur ces nouveaux phénomènes; car il faut des données plus précises et des mesures plus exactes pour en fonder la véritable théorie.

451. *De l'action des poisons sur les plantes.* — On distingue, en général, deux classes de *poisons*, ceux qui détruisent les tissus avec lesquels ils sont en contact dans l'économie animale, et ceux qui tuent sans produire d'altération sensible dans les organes : on croit que ces derniers frappent directement le système nerveux. Il était intéressant d'étudier sous ce double point de vue l'effet des poisons sur les plantes, et c'est ce que M. F. Marcet a fait avec beaucoup de succès (*Ann. de physique et de chimie*, t. 29, pag. 300). Les poisons corrosifs qu'il a employés sont l'oxide d'arsenic, le chlorure de mercure, le chlorure d'étain, le sulfate de cuivre, et l'acétate de plomb.

Douze grains d'oxide d'arsenic dissous dans deux onces d'eau ont fait périr, en un ou deux jours, deux ou trois plantes de haricots (*phaseolus vulgaris*) qui en avaient été arrosées. Le poison avait été charrié jusque dans les feuilles et dans les parties supérieures de la tige.

Une branche de rosier périt en quatre jours en absorbant de l'eau arseniée; elle n'avait pris qu'un cinquième de grain d'arsenic.

Quelques grains d'arsenic déposés sous l'écorce d'un lilas ou dans une fente longitudinale pénétrant jusqu'à la moelle ont suffi pour faire périr non-seulement la tige empoisonnée, mais sa racine et ses rejetons.

Les autres poisons corrosifs offrent des résultats analogues.

L'opium, la noix vomique, l'acide hydrocyanique, la
belladone, la ciguë, etc., qui semblent agir directement
sur le système nerveux des animaux, sont aussi très-actifs
sur les plantes, ce qui semble indiquer, comme M. Marcet
le conclut de ses nombreuses expériences, qu'il y a dans
ces êtres organisés un système spécial analogue au système
nerveux des animaux.

452. *Absorption dans les animaux.* — Les recherches
les plus récentes et les plus remarquables qui aient été
faites sur ce sujet sont dues à M. Magendie (*Journal de
physiologie expérimentale*). Je regrette de ne pouvoir
donner ici que la conclusion sommaire de ses nombreuses expériences. La faculté absorbante des vaisseaux
dépend de l'état de pléthore dans lequel ils se trouvent;
elle est d'autant moindre que les vaisseaux sont plus
remplis et plus distendus : par exemple, dans l'état ordinaire, un chien est tué en *deux minutes* environ par l'extrait de noix vomique placé dans la plèvre, tandis qu'il
périt en moins d'*une minute* lorsqu'on introduit le poison
après une saignée qui diminue la tension des vaisseaux ;
et, au contraire, il résiste pendant *huit ou dix minutes*
si l'on injecte de l'eau dans les veines avant d'introduire
le poison. M. Magendie a même observé qu'en injectant
de l'eau autant que l'animal en peut recevoir sans cesser
de vivre, il n'y a point encore d'effet produit après une
demi-heure. Il est vrai que l'animal est alors avant de
recevoir le poison dans un état de grande souffrance, et
l'on pourrait dire qu'il ne meurt pas par le poison, parce
qu'il est à moitié mort par l'eau dont on a rempli ses
veines; mais l'expérience n'en est pas moins importante,
surtout en admettant que la noix vomique enlève à l'instant le reste de vitalité à un animal qui est à moitié
mort par une cause autre que la pléthore ; résultat qui
a sans doute été vérifié par l'expérience.

CHAPITRE II.

De la structure des corps.

453. On peut étudier la structure des corps sous deux points de vue :

1° En considérant seulement leurs formes extérieures pour en déduire quelques lois générales sur leur formation, ou plutôt sur les différens modes suivant lesquels leur volume a dû prendre des accroissemens successifs et toujours réguliers; 2° en observant les propriétés physiques, souvent très-diverses, que nous présente une même substance pour en déduire quelques données sur l'arrangement intérieur de ses molécules.

L'étude des formes régulières et variées que prennent les minéraux, constitue à elle seule une science importante que l'on appelle *cristallographie;* mais comme il nous serait impossible, sans nous écarter de notre plan, de donner les premières notions de cette science, nous renverrons le lecteur au Traité de Haüy, au Traité plus récent et plus complet de M. Beudant, et aux beaux Mémoires que M. Mitscherlich a publiés sur ce sujet dans les *Annales de Chimie*, depuis 1824.

Ainsi, nous nous bornerons à examiner les propriétés physiques des corps, et les indications qu'elles peuvent nous donner sur l'arrangement moléculaire ; il n'y a sur ce point aucune théorie, ou pour mieux dire, aucun fait complétement expliqué ; nous serons donc réduits à présenter une simple énumération des phénomènes, en nous efforçant de rapprocher ceux qui paraissent dépendre des mêmes causes.

454. Les fluides, en général, soit à l'état gazeux, soit à

l'état liquide, nous offrent dans toutes leurs parties une mobilité si grande, qu'elle semble exclure toute idée d'arrangement déterminé. Dans une masse d'eau, par exemple, il ne faut qu'une très-petite force pour que la molécule qui est au centre se déplace et vienne à la superficie, ou pour qu'une molécule superficielle s'enfonce au contraire, et sillonne toute la masse, suivant une route plus ou moins sinueuse. Un léger mouvement, un changement de température presque insensible, sont toujours des causes suffisantes pour produire ces déplacemens et pour bouleverser toutes les positions relatives des molécules. Ce phénomène que nous pouvons observer en petit dans des vases transparens où flottent des poussières visibles, est un phénomène général qui se répète plus en grand dans toutes les masses fluides que nous offre la nature. Ainsi, dans le lac le plus tranquille en apparence, il y a tant de causes sans cesse changeantes qui sollicitent les molécules liquides, que l'on peut bien assurer aussi qu'elles sont à tout moment déplacées; de même, dans l'atmosphère pendant le calme le plus absolu, on peut être bien assuré que les molécules n'ont point de repos; et si la masse d'air paraît immobile dans son ensemble, elle n'en est pas moins agitée de mille manières dans toutes ses parties. Cette circulation perpétuelle des fluides semble indiquer une parfaite homogénéité de structure; cependant dans l'ignorance où nous sommes sur les derniers élémens de la matière, nous ne pouvons rien affirmer sur l'état d'agrégation des molécules elles-mêmes : il est possible, par exemple, qu'une molécule d'eau, qui est si mobile par rapport aux molécules qui l'environnent, soit un composé de plusieurs molécules élémentaires, assemblées par des forces permanentes, et retenues à distance dans des positions parfaitement fixes; car la fixité dans la structure des molécules secondaires n'empêcherait pas leur mobilité relative. Mais pour ne pas se faire une fausse idée de l'état d'agréga-

tion des liquides et des gaz , il ne faut admettre implicitement, ni qu'ils sont composés de molécules simples ou isolées , roulant ou glissant l'une sur l'autre avec la plus
grande facilité , ni qu'ils sont composés de molécules secondaires, ou d'atomes plus ou moins nombreux, grou-
pés d'une manière fixe, et se déplaçant tout d'une pièce ,
sans qu'il y ait de changement dans les positions respectives de leurs élémens ; car jusqu'à présent, il n'y a dans
la science aucune donnée certaine pour lever nos incerti-
tudes sur ce point.

455. Les corps solides offrent plus de prise à nos observations, parce qu'ils peuvent, pour la plupart, prendre naissance, se former et s'accroître sous nos yeux, et parce
qu'ils ont en général des propriétés qui sont en rapport
avec leur structure intime. Ce sont ces propriétés que nous
allons étudier, en distinguant celles qui peuvent être imprimées aux corps postérieurement à leur formation, et
celles qui dépendent essentiellement de leur origine, c'est-
à-dire des circonstances dans lesquelles ils ont pris leur
solidité.

456. *Des changemens de structure que peuvent prendre
les corps solides sans perdre leur solidité.*

Changement de forme des cristaux. M. Mitscherlich,
en étudiant les propriétés optiques de la chaux sulfatée, a
reconnu que dans les lames cristallisées de cette substance,
la structure intérieure change avec la température, sans
qu'on puisse apercevoir à l'extérieur aucune modification
sensible, ni sur les côtés, ni sur les faces polies de ces
lames. D'autres substances cristallisées lui ont ensuite pré-
senté le même phénomène.

Le sulfate de Nikel, en cristaux prismatiques, ayant été
exposé, en été, à la lumière solaire, dans un vase fermé,
les particules ont changé de position dans la masse solide,
sans que l'état fluide ait eu lieu ; et lorsqu'au bout de
quelques jours on a brisé les cristaux dont la forme ex-

térieure n'était point changée, on les a trouvés composés d'octaèdres à bases carrées, offrant parfois un volume de quelques lignes (*Ann. de chim.*, t. 37, pag. 205).

Le séléniate de zinc à forme prismatique, exposé au soleil sur une feuille de papier, se transforme aussi en peu d'instans en cristaux octaèdres à base carrée.

Des cristaux de sulfate de magnésie et de sulfate de zinc, chauffés graduellement dans l'alcool jusqu'au point d'ébullition de ce liquide, perdent peu à peu leur transparence ; et lorsqu'on les brise, on les trouve composés d'un grand nombre de nouveaux cristaux très-petits, qui sont, pour la forme, entièrement différens de ceux qu'on avait employés.

Ces faits remarquables, et bien constatés par un habile observateur, démontrent jusqu'à l'évidence que, même dans les corps solides, les molécules constituantes n'ont pas des positions relatives invariables, mais qu'elles peuvent encore changer de place, s'arranger et passer successivement par des états d'agrégation complétement différens.

Ahdésion des glaces. Quand les glaces ont reçu le dernier poli, on les essuie pour les mettre en magasin, en les dressant de champ l'une contre l'autre, à peu près comme des livres un peu inclinés dans le rayon d'une bibliothèque. Dans cette position, elles contractent avec le temps une adhésion plus ou moins forte ; il arrive assez souvent qu'on ne peut les séparer sans les rompre, et quelquefois l'adhésion est si intime, que trois ou quatre glaces sont comme incorporées l'une à l'autre, au point qu'on peut les travailler ensemble, les user sur leurs bords, et enfin les couper au diamant comme on couperait une seule plaque de verre. M. Clément Desormes m'a fait voir plusieurs morceaux de deux, trois ou quatre glaces qu'il avait recueillis à la manufacture royale de Saint-Gobin, pour les soumettre à diverses épreuves. Ces échantillons formaient des rectangles ayant plusieurs pouces de côté, et les diverses pièces qui les composaient, ainsi soudées par le temps, à la température ordinaire, n'avaient pas moins d'adhérence que si elles eussent été coulées ensemble; car il fallait une force mécanique très-grande pour les faire glisser sur leurs surfaces de jonction, et lorsqu'on croyait enfin les avoir séparées, on était très-étonné de voir qu'il n'y avait pas eu glissement, mais rupture dans l'épaisseur des glaces, de telle sorte que la surface de jonction de l'une restait couverte dans une assez grande étendue de larges lambeaux détachés de l'autre.

Changement du zéro dans les thermomètres à mercure. Nous avons rapporté (156) l'observation précieuse de M. Bellani, sur le déplacement qu'éprouve avec le temps le zéro des thermomètres à mercure. Ce déplacement a toujours lieu dans le même sens, comme si la capacité du réservoir devenait de plus en plus petite au moins pendant les premiers mois qui suivent la construction de l'instrument. Quelques physiciens attribuent ce phénomène à la pression atmosphérique qui s'exerce de dehors en dedans sur le réservoir, et qui n'est pas balancée par une égale pression de dedans en dehors quand le tube est purgé d'air; ils supposent en conséquence que, dans des thermomètres tout ouverts, le zéro resterait parfaitement fixe, et que, dans les thermomètres à alcool, la variation doit être beaucoup moindre à cause de la pression qui résulte de la vapeur alcoolique. Des expériences sur ces deux dernières espèces de thermomètres viendront sans doute confirmer ou détruire l'explication; mais en attendant qu'elles soient faites avec tout le soin qu'elles méritent, on peut présumer avec assez de raison que les réactions moléculaires dont nous venons de parler entrent pour quelque chose dans la diminution de capacité des réservoirs.

Moiré métallique. Tout le monde connaît les nuances nacrées et chatoyantes que présente le moiré métallique, et les dessins fort singuliers qui résultent des variations de leur éclat. C'est un des phénomènes les plus propres à donner de justes idées sur la structure intérieure des corps. Une feuille de fer-blanc n'offre, dans son état naturel, qu'une surface mate, sans aucune trace d'arrangement moléculaire; on pourrait penser que la couche mince d'étain fondu s'est simplement appliquée sur le fer, et s'y est consolidée d'une manière confuse, comme ferait à peu près une couche de suif ou de cire; mais quand on sait avec quelle facilité se produit le moiré le plus éclatant, on est conduit à une tout autre conclusion. Il n'y a presque pas de dissolution acide qui, versée un peu chaude sur une feuille de fer-blanc, ne fasse paraître à l'instant une foule de nuances plus ou moins nacrées. Chaque ouvrier a sans doute son secret, ou plutôt sa méthode particulière pour obtenir ce résultat; mais, en général, on fait paraître un très-beau moiré, en dissolvant une partie de sel ordinaire, et une partie d'acide nitrique dans quatre parties d'eau. Quand la feuille a été arrosée par cette dissolution, on la plonge un instant dans de l'eau acidulée, on la lave et elle est moirée. Dans cette opération, les facettes miroitantes ne sont pas produites par l'action chimique qui s'exerce sur le métal, elles sont seulement mises à découvert; toutes les parties métalliques confusément cristallisées qui les cachaient sont enlevées; aussi, pour varier les dessins, suffit-il de chauffer en quelques points la feuille de fer-blanc, et de la refroidir tantôt brusquement, tantôt lentement, avant de la soumettre à l'action chimique. Les divers modes de refroidissement auront déterminé des arrangemens cristallins dont la différence deviendra manifeste.

Tous les métaux qui cristallisent facilement, peuvent présenter des phénomènes analogues : il suffit, par exemple, de plonger dans un acide convenablement affaibli un culot de bismuth, pour faire paraître sur sa surface des facettes régulières, qui attestent son état cristallin intérieur.

De l'acier damassé. Il paraît, d'après les observations récentes de MM. Faraday et Stodart, de M. Bréant et de M. Berthier, que l'acier damassé que l'on appelle aussi *vootz, acier de l'Inde,* ou *acier de Bombay,* ne doit son aspect moiré qu'à une cristallisation particulière du métal, ou plutôt de la combinaison qui le constitue.

MM. Faraday et Stodart, en soumettant à une haute température long-temps soutenue un fer très-carburé et de l'alumine pure, ont obtenu un alliage cassant, de couleur blanche, qui avait la propriété de donner à l'acier ordinaire toute la malléabilité et toutes les qualités physiques du meilleur acier de l'Inde. Il suffisait pour cela de faire fondre l'acier avec environ un septième ou un huitième de son poids d'alliage, et de le soumettre ensuite à l'action de l'acide sulfurique affaibli pour lui donner l'aspect des damas.

M. Bréant est arrivé au même résultat par un moyen aussi sûr et qui se prête beaucoup mieux à une exploitation en grand. Il fait son acier damassé en combinant avec le fer des proportions de charbon un peu plus fortes que celles qui donnent l'acier ordinaire. L'alliage étant en pleine fusion, on le laisse refroidir *très-lentement,* on le travaille, et ensuite on le damasse par l'immersion dans l'eau acidulée.

Enfin, M. Berthier a aussi obtenu des aciers damassés de bonne qualité en alliant l'acier, tantôt avec 10, tantôt avec 15 millièmes de chrôme ; ces aciers se sont l'un et l'autre très-bien travaillés sous le marteau, ont produit d'excellentes lames et se sont moirés à l'instant par le contact de l'acide sulfurique.

Ces résultats font voir d'une manière bien frappante à quel point les propriétés physiques les plus délicates dépendent de l'arrangement des molécules ; car une même lame peut prendre des aspects damassés très-différens, et celui qu'elle présente lorsqu'elle est travaillée pour recevoir un tranchant très-vif, n'est pas le même qu'elle aurait si elle était travaillée pour être plus ou moins dure, plus ou moins malléable, ou plus ou moins élastique. Jusqu'à présent il n'y a que l'œil exercé d'un ouvrier qui puisse démêler ces nuances ; mais il suffirait sans doute d'avoir des données plus précises sur les divers états d'agrégation des corps, pour en déduire avec certitude les propriétés physiques qui en résultent.

De la trempe et du recuit. L'arrangement des molécules ne se montre pas toujours par des facettes cristallines, comme nous venons de le voir dans les cas précédens ; il faut souvent, pour y saisir quelque différence, avoir recours à la cassure et à tous les accidens qu'elle peut présenter ; encore, dans beaucoup de cas, ces derniers moyens que nous puissions employer sont infidèles et peu sûrs, soit que nous n'en ayons pas fait une étude assez exacte, soit qu'il y ait dans les molécules des corps des groupemens si petits qu'ils nous paraissent identiques dans leur ensemble, lorsqu'ils sont individuellement très-différens. Toutes les propriétés qui résultent de la trempe sont dans ce cas : quelque tranchées qu'elles soient, il nous est à peu près impossible de démêler les diverses structures qui correspondent dans un même corps aux divers degrés de trempe ; mais comme on ne voit rien en lui qui puisse varier, excepté l'arrangement de ses molécules, on est bien porté à conclure que c'est là la cause qui lui donne les qualités si singulières et si diverses que nous observons et dont nous allons essayer de prendre une idée.

Il n'y a que très-peu de corps qui soient susceptibles de recevoir la trempe : l'acier est du nombre, soit qu'il ait été obtenu *naturellement*, ou par *cémentation*, ou par *fusion*. Pour tremper l'acier, il suffit de le porter à une haute température et de le refroidir brusquement. Les divers degrés de trempe dépendent et de l'élévation de la température et de la rapidité du refroidissement.

En partant du *rouge-blanc*, le refroidissement subit dans le mercure, dans le plomb ou dans quelque acide, donne la *trempe la plus dure*; le refroidissement dans l'eau donne une trempe un peu moins dure et le refroidissement dans les corps gras, comme l'huile ou le suif, donne des trempes encore un peu moins dûres.

En partant du *rouge rose*, du *rouge vif*, du *rouge cerise*, ou du *rouge brun*, on a des trempes toujours décroissantes, c'est-à-dire toujours moins dures, et d'autant moins que le corps refroidissant est moins actif; ainsi, pour chacune de ces températures, l'huile paraît donner une trempe moins dure que l'eau, et l'eau une moins dure que le mercure.

L'acier qui a reçu la plus forte trempe est plus cassant que le verre : il arrive assez souvent que les coins qui servent à frapper les monnaies et les médailles, se brisent naturellement sans recevoir de chocs ni de pressions, même dans des lieux où la température varie peu.

Les instrumens qui doivent avoir une trempe très-dure ne doivent l'avoir en général que dans une petite partie de leur volume; aussi se garde-t-on de les tremper en entier : les burins, par exemple, ne sont trempés que dans une petite partie de leur longueur, et c'est ainsi qu'ils peuvent être très-durs à la pointe, et cependant assez solides et assez résistans dans leur ensemble.

Les ouvriers qui travaillent l'acier savent donner à chaque instrument le degré de trempe qui lui convient suivant l'usage auquel il est destiné; mais on conçoit qu'il serait bien difficile de saisir ce point avec précision si l'on n'avait pour guide que la nuance du rouge à laquelle il faut plonger l'acier dans le mercure ou dans l'eau pour lui faire prendre toutes les qualités qu'on se propose de lui donner, aussi est-il bien rare que l'on suive cette méthode.

On a un autre moyen de varier la trempe avec certitude, et pour ainsi dire à volonté : ce moyen est le *recuit* ; il repose sur la propriété que possède l'acier trempé dur, de se détremper peu à peu suivant le degré de chaleur auquel on l'expose. On commence donc par donner une trempe trop dure, et on la réduit graduellement. La seule difficulté est d'avoir une série de caractères auxquels on puisse reconnaître les divers degrés de chaleur par lesquels on passe. Or, ces caractères se présentent d'eux-mêmes dans l'acier : lorsqu'il a été trempé et qu'on l'expose pour le recuire sur des charbons allumés ou seulement sur du poussier de charbon, sa surface prend des couleurs très-marquées qui changent avec la température. Ces couleurs sont les suivantes : jaune paille, rouge pourpre, bleu violet, bleu, bleu clair couleur d'eau. Il paraît qu'en partant d'une trempe dure, il faut, pour avoir la trempe des canifs et des rasoirs, arrêter le recuit au jaune paille, l'arrêter au pourpre pour avoir celle des couteaux et des ciseaux, au bleu pour celle des ressorts de montre, et seulement à la température du rouge naissant pour avoir celle des ressorts de voiture. Il est bien rare que des pièces d'acier bien dressées ne se déforment pas par la trempe, et souvent le recuit qu'elles doivent éprouver n'est pas assez grand pour qu'on puisse les redresser au marteau ; c'est, par exemple, ce qui arrive aux aiguilles magnétiques, car il est bon de ne pas les recuire jusqu'au bleu. Dans ce cas on chauffe les pièces dans un tube ou dans un manchon de fer, afin qu'elles prennent plus sûrement une température uniforme dans toute leur étendue, et ensuite on les laisse tomber verticalement dans l'eau, d'une hauteur un peu grande, afin que tous les points de la surface soient saisis par le froid presque au même instant.

Le verre peut être trempé comme l'acier, et s'il est impossible de lui donner par le recuit la souplesse et l'élasticité des ressorts, il est possible au moins de diminuer beaucoup sa fragilité. Tout le monde sait comment se font les *larmes bataviques*, et comment elles se réduisent en poussière dès qu'on en brise la pointe. Puisqu'elles se forment en versant du verre fondu dans l'eau froide, et puisqu'elles éclatent en mille fragmens lorsqu'on rompt en quelques points leur continuité, il est évident qu'elles sont tout-à-fait analogues à l'acier fortement trempé ; aussi lorsqu'on fait recuire une larme batavique jusqu'à une température voisine du rouge, elle devient comme du verre ordinaire et ne se brise plus que dans les points qui reçoivent le choc. C'est pour cela que dans les verreries on prend grand soin de recuire les pièces qui sont soumises pendant leur fabrication à un refroidissement un peu rapide.

Nous verrons dans la polarisation de la lumière un procédé curieux pour observer l'arrangement moléculaire des corps diaphanes, et nous reconnaîtrons par exemple que le verre est presque toujours trempé en plusieurs points de sa masse, à moins qu'il n'ait été refroidi avec beaucoup de précautions.

Il y a une substance qui présente des phénomènes de trempe d'autant plus singuliers, qu'ils sont exactement opposés à ceux que présente l'acier : cette substance est l'alliage des instrumens chinois que nous connaissons sou le nom de *tam-tam;* elle se compose de quatre parties cuivre pour une partie d'étain. Quand l'alliage des tams-tams est lentement refroidi, il est fragile comme le verre ; au contraire, quand il est refroidi rapidement il devient malléable, il peut être travaillé au marteau, façonné en instrumens, et exécuter par son élasticité ces vibrations multipliées qui produisent des sons si graves et si pleins. C'est même d'après cette observation curieuse que nous pouvons maintenant en France exécuter des tams-tams, moins bons peut-être que ceux des Chinois, mais assez sonores cependant pour entrer dans nos orchestres.

On a coutume d'expliquer les phénomènes de la trempe

du verre et de l'acier, en disant que les molécules super-
ficielles saisies par le froid se consolident brusquement en
formant une espèce de voûte qui enveloppe de toutes parts
le noyau intérieur, tandis qu'il est encore très-dilaté par
la chaleur : si ce noyau se refroidissait librement, il dimi-
nuerait de volume; mais forcé, comme il l'est, d'occuper
en se refroidissant le même espace qu'il occupait étant très-
chaud, ses molécules éprouvent une grande tension et
font un effort continuel pour briser la voûte de dehors en
dedans, et la brisent en effet avec explosion quand une
cause extérieure vient favoriser leur action. Par cette
espèce de comparaison l'on explique tout au plus la facilité avec laquelle le verre trempé se brise ou se réduit en
poudre, mais l'on n'explique ni la dureté que prend l'a-
cier, ni l'élasticité, ni les autres propriétés remarquables
qui correspondent aux divers degrés de trempe, et l'on
n'explique pas à plus forte raison ce qui arrive à l'alliage
des tamtams. On a coutume de dire aussi que les autres
corps n'ont pas la propriété de se tremper, mais cela
signifie seulement qu'ils n'ont pas la propriété de devenir
fragiles par le refroidissement, car il est bien probable que
tous les corps brusquement refroidis diffèrent des corps
recuits par quelques propriétés physiques, comme ils en
diffèrent par leur densité ou par la marche de leur dilatation.

De l'écrouissage. Lorsqu'un corps métallique peut-être
martelé à froid sans se rompre et sans se gercer, il devient
ordinairement plus ferme, plus élastique, plus sonore, et
l'on dit alors qu'il est *écroui.* Le laiton, l'argent, le cuivre, l'étain et même le plomb présentent de grandes différences dans leurs propriétés lorsqu'ils ont été simplement
fondus et refroidis ou lorsqu'ils ont reçu un écrouissage convenable. Ce qui se produit par le marteau se produit encore
à un degré plus ou moins marqué par l'action de la lime, par
celle du burin et par les pressions qui s'exercent dans les

trous des filières ou entre les cylindres des laminoirs. Lorsqu'un métal a été trop fortement écroui par l'une ou l'autre
de ces actions mécaniques, il devient cassant au point qu'il
est impossible de le courber ou même de continuer sur lui
le même travail sans le voir se rompre ou se gercer. Alors
on le fait recuire comme l'acier qui a reçu une trempe trop
dure, et l'on peut sans danger le reporter sous le marteau ou
lui donner d'autres traits à la filière. Toutes ces propriétés
méritent quelque attention de la part des physiciens, car
elles peuvent avoir une influence sur beaucoup de phénomènes, tels que l'élasticité, la dilatation, la conductibilité
pour la chaleur ou pour l'électricité, et particulièrement
sur les irrégularités que présentent quelquefois les instrumens de précision ; car il suffit, par exemple, qu'un cercle
soit inégalement écroui dans les divers points de son contour ou de son épaisseur pour qu'il se tourmente et se
gauchisse avec le temps.

457. *Des propriétés que prennent les corps en se conso-
lidant après une fusion complète ou incomplète.*

Cristallisation de l'eau. Il y a peu d'observateurs qui
n'aient eu la curiosité d'examiner la congélation de l'eau,
et de suivre l'accroissement des fines aiguilles de glace qui
se forment d'abord à sa superficie ou sur les solides qu'elle
touche. D'un instant à l'autre ces aiguilles se développent
et se ramifient de mille manières par le progrès de la solidification. Il est rare, à la vérité, qu'elles prennent des
formes cristallines régulières comme celles qu'on observe
dans le givre ou la neige (*voyez* la météorologie), mais leur
aspect suffit cependant pour montrer comment les corps
solides se constituent, et comment, dans un volume donné
de glace, on peut concevoir une infinité de surfaces courbes,
qui séparent ce qui a été solide dans un moment de ce qui
a été solide dans l'instant suivant. C'est au reste ce que nous
allons mieux voir encore par d'autres exemples.

Cristallisation du soufre. Un cylindre de soufre paraît

à peu près homogène à l'extérieur, mais lorsqu'on le brise on voit autour de son axe une infinité de petites aiguilles transparentes qui se croisent sous tous les angles. Cette cristallisation régulière s'est opérée dans l'intérieur, parce que le refroidissement y a été plus lent qu'à l'extérieur. En effet, la grandeur des cristaux dépend de la masse qui était en fusion et de la rapidité de son refroidissement. En faisant fondre ensemble 50 livres de soufre, M. Mitscherlich a obtenu des cristaux d'un demi-pouce d'épaisseur qui avaient une grande régularité. Le bain était refroidi lentement pendant quatre ou cinq heures, et l'on perçait la croûte épaisse qui s'était formée au-dessus pour *décanter* le liquide intérieur. Ces cristaux, une fois formés, ne se seraient pas sans doute décomposés pendant la solidification du liquide restant; ils se seraient seulement enveloppés de nouvelles couches solides plus ou moins régulières, et lorsqu'on aurait brisé la masse après une solidification complète, *sans décantation,* la cassure, tout en présentant quelques facettes cristallines, n'aurait pu donner une juste idée de l'état d'agrégation des molécules.

Cristallisation du bismuth. Le bismuth très-pur est, parmi tous les métaux, celui qui cristallise avec la plus grande facilité; on le fait fondre dans un creuset, on le verse dans un test un peu chauffé d'avance, et l'on attend que la croûte superficielle ait acquis une solidité convenable; alors on *décante,* c'est-à-dire que l'on prend le test comme pour verser ce qu'il contient; le liquide intérieur coule après avoir percé la croûte par son poids, et la calotte solide qui reste attachée au test présente des cristaux irrisés de plusieurs lignes de surface, formant par leur arrangement mille reflets et mille accidens singuliers.

Cette expérience curieuse et la précédente sont bien propres à nous faire pénétrer la structure intérieure des corps; ce n'est qu'en suspendant ainsi leur formation, et en séparant à un instant donné ce qui est déjà solide de

ce qui reste encore liquide, que l'on peut se faire une idée
des groupemens moléculaires qui constituent les masses.
Et comme les cristaux qu'on obtient par ce procédé dépendent, pour leur grandeur et leur arrangement, de la
vitesse avec laquelle la masse se refroidit, on ne peut douter que toute la texture d'un corps solide quelconque ne
dépende des circonstances sous lesquelles il s'est consolidé.

Consolidation sous diverses pressions. La pression sous
laquelle se trouve le liquide au moment où il se solidifie
exerce aussi, pour l'ordinaire, une influence marquée
sur l'état d'agrégation qui en résulte. Ainsi, lorsqu'on jette
dans le moule une cloche de grandes dimensions, les
couches inférieures ne prennent pas exactement la même
texture que les couches supérieures ; il en est de même
pour les canons, et l'on sait qu'il n'est pas indifférent
de les jeter dans un moule horizontal ou vertical, ni de
les forer en plaçant l'âme à la partie supérieure ou inférieure du cylindre de coulée.

De la fonte et de l'acier fondu. Il y a des corps qui
semblent changer de nature par des fusions répétées, tels
sont le laiton, la fonte et l'acier; mais on peut remarquer
en général que ces modifications ne se montrent que dans
les corps composés qui peuvent éprouver quelque altération dans les proportions de leurs principes constituans,
soit par la haute température à laquelle ils sont soumis,
soit par l'action des corps étrangers avec lesquels ils sont
en contact. Ainsi, quand la fonte douce devient aigre par
une seconde ou par une troisième fusion, il est probable
que cet effet singulier ne tient pas seulement à des états
d'agrégations différens, mais bien à des proportions variables de charbon que l'analyse chimique ne peut pas assigner.
Il en est sans doute de même pour l'acier fondu, car nous
avons remarqué, en parlant du damassé (page 44), que de
très-petites différences dans les proportions du charbon
pouvaient donner des états cristallins très-différens à l'œil.

Du fer. Il paraît que le fer du commerce le mieux purifié contient encore des traces de charbon, et comme dans cet état on éprouve déjà de grandes difficultés à le mettre en fusion, l'on peut conclure que du fer absolument pur serait excessivement difficile à fondre, surtout à cause de la nécessité où l'on serait d'éviter le contact de toutes les matières charbonneuses. Ce n'est donc pas par une fusion complète que l'on obtient le fer dans les arts, mais seulement par une fusion pâteuse qui donne aux molécules assez de liberté pour qu'elles puissent s'arranger et même former divers systèmes cristallins, très-perceptibles dans la cassure. Ce métal nous donne donc une nouvelle preuve que, même à l'état solide et sans liquéfaction, les molécules peuvent se déplacer et s'agréger par leur affinité mutuelle, de manière à produire des cristaux plus ou moins volumineux. Car les martinets qui corroient le fer, et les cylindres qui le compriment pour en chasser les scories liquides, peuvent bien lui donner de la ténacité; mais à coup sûr ces forces mécaniques sont peu propres à déterminer les cristallisations régulières qu'on y observe souvent.

Du platine. Le platine en petites masses peut bien être fondu par l'action de la pile (35o) ou par celle d'un chalumeau à gaz oxigène, mais il est si réfractaire que nos moyens les plus efficaces ne peuvent en fondre que des parcelles. Cependant on sait à présent l'obtenir en grande masse; on le passe à la filière, on le lamine, on le travaille au marteau pour en faire des fils, des tubes, des creusets, des cornues, des syphons, des chaudières et plusieurs autres instrumens qui sont d'une grande utilité dans la chimie et dans les arts. Toutes ces formes qu'il peut prendre supposent entre ses molécules une affinité puissante et une mobilité assez grande pour qu'elles puissent s'arranger sans que la masse soit liquéfiée. Pour mieux faire comprendre cette vérité il suffit de rappeler en peu de mots la série des manipulations que reçoit le platine pour être tiré du minerai et transformé en une masse solide.

D'abord on fait passer le minerai par une série dé dissolutions qui ont pour objet de séparer le platine des nombreux métaux auxquels il est allié, et l'on arrive enfin à une dissolution qui ne contient plus que de l'hydrochlorate de platine et d'ammoniaque.

Ce sel double se précipite par l'évaporation en une poudre dont la couleur est un jaune orangé assez éclatant.

On l'expose à une haute température, et tout se vaporise, excepté le platine qui reste en masse spongieuse, plus friable que de la cendre agglomerée par le feu. C'est avec cette poussière sans consistance qu'il faut faire une masse solide et homogène.

Pour cela on la tasse dans des mortiers de fer, on la comprime pendant qu'elle est soumise à une haute température, et l'on obtient enfin une espèce de pâte que l'on achève de solidifier en la forgeant.

Il n'est sans doute pas nécessaire d'entrer dans de plus longs développemens sur les divers modes d'agrégation par lesquels peuvent passer les corps solides soumis à l'action du feu ; l'art de la verrerie, la fabrication des porcelaines et des poteries, nous en offriraient encore une foule d'exemples. On pourra sur ce point consulter les observations intéressantes de M. Fleuriau de Belle-Vue, et de M. Dartigues sur la dévitrification du verre (*Journal de physique*), et celles de M. Mitscherlich sur des micas artificiels trouvés dans les scories des forges de Garpenberg (*Ann. de chimie*, t. 24, p. 69).

458. *Des propriétés que prennent les corps en se précipitant des dissolutions qui les contiennent.* S'il y a, comme nous venons de le voir, un grand nombre de corps solides que l'on peut obtenir par la fusion, ou en général par l'action du feu, il y en a beaucoup d'autres que l'on ne peut obtenir que par *la voie humide*, c'est-

à-dire par des liquides qui les prennent en dissolution et qui les laissent déposer par l'évaporation. C'est ainsi, par exemple, que le sel ordinaire se produit dans les marais salans par l'évaporation de l'eau de mer, et que le sucre solide se tire du suc de cannes par une évaporation convenablement ménagée. Les corps que l'on obtient par cette voie peuvent prendre des structures encore plus distinctes et plus variées dans leurs apparences que ceux que l'on obtient par le feu. Quand l'évaporation s'accomplit lentement dans un lieu tranquille, sans variations sensibles de température, le corps solide qui se dépose s'arrange en beaux cristaux parfaitement réguliers, transparens pour l'ordinaire, et terminés par de larges faces planes et polies; mais quand l'évaporation est très-rapide, le corps solide se précipite en poudre opaque, qui n'offre aucune trace de régularité ni d'agrégation. Entre ces deux extrèmes il est vrai de dire en général que le corps solide prend en se précipitant toutes les nuances de structure que l'on peut imaginer depuis l'état pulvérulent le plus informe jusqu'à l'état cristallin le plus parfait. Ainsi la pierre à bâtir ordinaire (*carbonate de chaux*) et le beau marbre blanc de Carrare ou de Paros, ne sont qu'une même substance qui a pris à son origine des états d'agrégation différens; le marbre lui-même n'est encore qu'une *cristallisation confuse*, car elle est sans transparence, et il y a bien des degrés intermédiaires entre sa structure et celle des cristaux limpides *du spath d'Islande*. Pareillement le charbon, la houille, le lignite, l'anthracite et le diamant ne sont qu'une seule et même substance diversement agrégée. Toutefois il y a cette différence entre ces deux exemples, que nous pouvons artificiellement produire des cristaux de chaux carbonatée, tandis que, jusqu'à présent, l'on n'a fait pour produire le diamant que des essais malheureux.

Les substances qui se déposent en cristallisant dans les

dissolutions aqueuses, se combinent ordinairement avec une certaine quantité d'eau qu'elles conservent à l'état sec, et que l'on appelle *l'eau de cristallisation.*

M. Haidinger avait observé, et M. Mitscherlich a confirmé récemment par un grand nombre de faits, cette vérité importante pour la cristallographie, qu'une même substance, en cristallisant à diverses températures, peut prendre des proportions variables d'eau de cristallisation et en même temps affecter des formes différentes.

Ainsi le sulfate de soude, qui est comme on sait plus soluble à 33° qu'à tout autre degré de chaleur moindre ou plus élevé, cristallise à cette température sans eau de cristallisation, tandis qu'à la température ordinaire il prend de l'eau et une tout autre forme.

Le séléniate de zinc peut prendre trois proportions d'eau et trois formes distinctes, suivant qu'on le fait cristalliser dans une dissolution chaude, dans une dissolution tempérée ou dans une dissolution convenablement refroidie.

Comme chaque forme primitive peut donner naissance à de nombreuses variétés de formes secondaires, on conçoit toutes les différences caractéristiques qu'une même substance peut offrir dans sa structure lorsqu'elle est ainsi obtenue par la voie humide, et toutes les différences encore plus tranchées qu'elle offrirait si l'on tenait compte des cristallisations confuses.

459. *Des fluides contenus dans les cavités des cristaux.* Plusieurs substances, et particulièrement le quartz cristallin, présentent dans leur intérieur des cavités fermées de toutes parts, ou des *geodes* qui sont presque remplies de liquide. Sir H. Davy et quelques autres observateurs ont essayé dans ces derniers temps de déterminer la nature de ces liquides, celle des gaz qui les accompagnent ordinairement et les pressions sous lesquelles ils se trouvent. On pouvait espérer que ces recherches fourniraient quel-

ques données importantes sur les circonstances qui ont déterminé la formation des géodes, et par conséquent la consolidation des substances dans lesquelles elles se trouvent.
Mais jusqu'à présent les observations qui ont été faites sur
ce sujet ne peuvent conduire à aucune conclusion décisive.
Il résulte seulement des expériences de sir H. Davy :
1° Que les géodes sont assez hermétiquement fermées pour
qu'on ne puisse rien y faire entrer, ni rien en faire sortir
par des pressions mécaniques ; 2° que le liquide qu'elles
contiennent paraît être de l'eau assez pure pour ne donner
aucun nuage dans le nitrate d'argent, ni dans d'autres
réactifs ; 3° que les fluides élastiques qui accompagnent
l'eau ne sont autre chose que du gaz azote ; 4° que dans
cinq ou six géodes, ce gaz était à une pression sept ou huit
fois moindre que la pression atmosphérique, et que dans
une seule il s'est trouvé à une pression de deux ou trois
atmosphères.

CHAPITRE III.

De l'élasticité.

460. Tous les corps sont élastiques, c'est-à-dire qu'ils peuvent tous, sans se rompre ou se désagréger, éprouver par des actions mécaniques quelques changemens dans leur structure, leur forme ou leur volume, et reprendre *exactement* leur état primitif dès que ces puissances mécaniques cessent d'agir sur eux. Nous avons déjà fait voir (233) que les volumes des gáz dépendent des pressions qu'ils supportent, et qu'à température égale ils reprennent toujours le même *volume* sous la même pression ; cette propriété constitue une espèce d'élasticité que nous appellerons *élasticité de compression ;* c'est la seule dont jouisse les gaz, et à peu près la seule aussi dont paraissent jouir les liquides. Les solides la possèdent comme les liquides et les gaz, mais en outre ils peuvent être fléchis ou allongés, et reprendre leurs dimensions ou leur *forme*, ce qui constitue *l'élasticité de tension;* enfin ces corps peuvent être plus ou moins tordus sans cesser de revenir à leur disposition ou plutôt à leur structure primitive, ce qui constitue *l'élasticité de torsion.* Nous allons successivement étudier ces diverses propriétés.

461. *Compressibilité des gaz.* La loi de Mariotte (233) n'avait été démontrée pour l'air que dans des limites assez restreintes ; M. OErsted a essayé dernièrement de voir jusqu'à qu'elle pression elle peut s'étendre. L'une des plus grandes difficultés qui se présentent dans ce genre d'expérience, est de mesurer exactement les pressions qu'on exerce, car il n'y a pour cela que deux moyens : les

soupapes chargées de différens poids ou les diverses hauteurs d'une colonne liquide. M. OErsted a choisi le premier, et le roi de Danemarck a bien voulu favoriser l'importante entreprise de l'illustre savant de Copenhague, en lui confiant ses propres fusils à vent, avec leurs pompes et une très-bonne balance. Les capacités des réservoirs dans lesquels on comprimait l'air, étaient déterminées par le poids de l'eau qu'elles pouvaient contenir; les quantités d'air qu'on y accumulait avec les pompes étaient pareillement déterminées par des pesées; enfin les pressions étaient évaluées par les poids que des soupapes de dimensions bien connues pouvaient supporter avant de s'ouvrir de dehors en dedans. Par ces moyens M. OErsted a constaté que jusqu'à 60 atmosphères l'air reste soumis à la loi de Mariotte, c'est-à-dire que les volumes qu'il prend sont toujours en raison inverse des pressions qu'il supporte.

Ce résultat fondamental doit inspirer d'autant plus de confiance qu'il a été obtenu par un des plus habiles physiciens de notre temps.

Dans quelques autres expériences, M. OErsted avait poussé la pression jusqu'à 110 atmosphères (alors le réservoir contenait 101 grammes d'air); mais il paraît que la soupape éprouvait une espèce de flexion sous l'énorme poids dont il fallait alors la charger, et qu'elle n'était plus propre à donner des indications exactes.

Ainsi lorsqu'on ne dépasse pas 60 atmosphères, on peut en toute sécurité employer les manomètres à air pour mesurer les pressions. C'est le moyen que M. OErsted a proposé pour reconnaître si les gaz composés, et ceux qui se liquéfient aisément, suivent encore la loi de Mariotte dans leur compressibilité. Il en a même fait l'application au gaz sulfureux, qui se liquéfie à 3 atmosphères et demie, et il a constaté que ce gaz ne se comprime, suivant la loi de Mariotte, que jusqu'à 2 atm. 1/3 à peu près; passé ce terme, ses condensations deviennent de plus en plus rapides, tellement qu'elles sont de 3,3, lorsque celles de l'air ne sont que de 3,2.

Ces expériences se disposent de la manière suivante : On prend deux tubes bien calibrés et à peu près de même dimension, l'un est rempli d'air sec, l'autre de gaz sulfureux pareillement sec, et on les renverse dans une petite capsule de mercure. Ce double manomètre est porté dans un tube de verre très-résistant, disposé verticalement, que l'on achève de remplir avec de l'eau ; c'est sur l'eau de ce tube que l'on exerce la pression par un moyen quelconque ; cette pression se communique au mercure et aux gaz, le manomètre à air en donne la mesure, et c'est par la comparaison de sa marche avec celle du manomètre voisin que l'on déduit la loi de condensation du gaz que celui-ci contient.

M. Despretz a employé le même appareil pour étendre les expériences de M. OErsted au cyanogène, à l'ammoniaque et à l'acide hydrosulfurique ; il a trouvé que ces gaz sont comme l'acide sulfureux plus compressibles que l'air ; ce résultat pris en général est très-probable, mais les valeurs numériques que donne M. Despretz sont sans doute inexactes, puisqu'elles supposent que l'air lui-même ne se comprime pas suivant la loi de Mariotte.

Arrivée au point où elle a été portée par M. OErsted, la question de la compressibilité des gaz devient une des plus intéressantes de la physique : il serait très-important de suivre au-delà de 6o atmosphères la compression des gaz simples, et de déterminer avec précision la marche des gaz composés ; car s'il est vrai, comme tout semble l'indiquer, que ceux-ci suivent une autre loi, il est extrêmement probable qu'ils suivraient aussi une autre loi de dilatation en les exposant à de très-hautes températures.

462. *De la compressibilité des liquides et de la chaleur qui en résulte.* C'est encore M. OErsted qui nous servira de guide en ce que nous avons à dire sur ce sujet : l'appareil

au moyen duquel il observe et mesure la compressibilité des liquides, est représenté dans les fig. 41 et 42 ; il se compose essentiellement d'un réservoir de compression *cc*, fait en verre épais, et d'un réservoir à tube capillaire *zz* que l'on peut, avec quelques physiciens, appeler un *piézomètre*. M. OErsted donne à peu près au piézomètre (*fig.* 42) la forme et les dimensions d'un gros thermomètre cylindrique; seulement le tube reste ouvert et se termine par un entonnoir ou par un petit renflement. Un point important pour l'exactitude de l'instrument, est de graduer ce tube en parties égales, dont la capacité soit une fraction connue de la capacité du cylindre; pour cela on détermine le poids du mercure contenu dans le cylindre, qui sera, par exemple, 1000 grammes, et le poids du mercure contenu dans une longueur donnée du tube, qui sera par exemple 2 décigrammes pour une longueur de 100 millimètres. Alors il est évident que la capacité correspondante à 1 millimètre du tube (supposé bien calibré) sera 0,000002 de la capacité du cylindre, et comme on peut lire aisément les demi-millimètres, soit sur le tube lui-même divisé au diamant, soit sur une échelle qui lui est adaptée, on pourra observer les millionièmes du volume primitif.

Supposons maintenant qu'on veuille employer ce piézomètre à déterminer la compressibilité de l'eau : on le remplit de ce liquide bien purgé d'air, et, par de légères variations de chaleur, on fait pénétrer dans le tube une petite colonne d'air, de mercure ou de carbure de soufre qui sépare et limite le volume d'eau sur lequel on veut opérer. Le piézomètre ainsi ajusté, on adapte à son échelle un petit manomètre à air *mm*, c'est-à-dire un tube cylindrique de 10 à 15 millimètres de diamètre, de 15 à 20 centimètres de longueur fermé en haut et ouvert en bas; on le porte dans le réservoir de compression préalablement rempli d'eau, comme il est représenté fig. 41, en prenant toutes les pré-

cautions nécessaires pour qu'il n'éprouve aucun changement sensible de température, car il ne faudrait peut-être
qu'un demi-degré d'élévation pour repousser l'index dans
l'entonnoir, et un ou deux degrés d'abaissement tout au plus
pour le faire tomber dans le cylindre. Il reste à comprimer
la grande masse d'eau du réservoir, afin qu'elle transmette
sa pression au liquide contenu dans le piézomètre au
moyen de l'ouverture de l'entonnoir t; pour cela on visse
la pompe PP' sur la forte virole en métal vv' qui termine le
réservoir en verre, et l'on serre fortement avec la clef F
pour intercepter tous les joints. On voit en BB' un tube par
lequel on verse de l'eau jusqu'au piston s, et que l'on ferme
ensuite; pendant ce temps-là, l'air s'échappe par l'ouverture latérale o, qui doit à son tour être fermée par le piston dès qu'il commence à descendre. Enfin cela fait, il
suffit de tourner la traverse TT' pour faire descendre dans
son écrou la vis G, qui pousse le piston devant elle, et alors
on observe en même temps le manomètre mm', pour avoir
la mesure de la pression, et l'index du piézomètre pour
avoir la diminution de volume correspondante.

Voici maintenant les principaux résultats auxquels
M. OErsted est arrivé :

1° Pour une pression de 1 atmosphère l'eau se comprime
de 0,000045, c'est-à-dire des quarante-cinq millionièmes
de son volume primitif ;

2° Jusqu'à 70 atmosphères, la compressibilité reste proportionnelle aux forces comprimantes, en sorte que si cette
loi se soutenait indéfiniment, une pression de 100 atmosphères ne produirait qu'une diminution de 0,0045 dans le
volume primitif, et il faudrait plus de 10,000 atmosphères pour le réduire à moitié ;

3° La compressibilité du mercure ne dépasse guère *un
millionième* de son volume pour chaque atmosphère ;

4° Celle de l'alcool est de 20 millionièmes ;

5° Celle du sulfure de carbone de 30 millionièmes ;

6° Celle de l'éther sulfurique de 60 *id.* ;

7° Celle de l'eau, contenant des sels, des alcalis ou des acides, est un peu moindre que celle de l'eau pure.

Ces nombres sont les résultats directs de l'expérience, mais il se présente ici une question fondamentale qui a été l'objet de plusieurs discussions entre les physiciens, et qui paraît enfin complétement résolue par les recherches de M. Poisson sur l'élasticité des corps. On demande si le piézomètre, dont l'enveloppe est comprimée entre le liquide extérieur et le liquide intérieur, n'éprouve pas un changement sensible de capacité qui nécessite une correction dans les observations directes. M. OErsted avait implicitement admis que cette correction pouvait être négligée ; d'autres avaient pensé que l'enveloppe du piézomètre se comprime comme une simple plaque et qu'il en résulte une *augmentation de capacité*, dont il faut tenir compte ; d'autres au contraire regardaient comme certain qu'un corps tout-à-fait solide de même forme et de même substance que le piézomètre, diminuant de volume par la compression, l'enveloppe seule doit diminuer exactement de la même quantité ; qu'il en résulte par conséquent une *diminution de capacité* dont il faut corriger les résultats directs.

M. Poisson adopte cette dernière opinion, il en démontre la justesse comme nous le verrons (463), et de plus, il fait voir que si l'on représente par c la capacité primitive du piézomètre, cette capacité deviendra

$$c \left(1 - \frac{3\delta}{2} \right)$$

sous la pression P :

δ étant la contraction qu'éprouverait dans sa longueur une tige de même substance que le piézomètre et supportant à ses deux bouts *seulement* la même pression P, rapportée à l'unité de surface.

Si au lieu de presser cette tige on la tirait dans sa longueur avec le même effort, on admet en principe qu'elle prendrait le même allongement δ ; ainsi, d'après les expériences de MM. Colladon et Sturm, une baguette de verre s'allongeant de 11 dix millionièmes lorsqu'elle est tirée avec un effort égal à une atmosphère, c'est-à-dire avec un poids égal à celui d'une colonne de mercure de 760 millimètres de hauteur et d'une base égale à la section de la baguette, il en résulte que c étant la capacité d'un piézomètre de verre sous la pression ordinaire, cette capacité deviendra c $(1 - 0{,}00000165)$ sous une atmosphère de plus et c $(1 - 0{,}00000165\,n)$ sous un nombre n d'atmosphère de plus. On voit, d'après cette théorie, que toute l'exactitude des expériences de compressibilité repose sur la détermination précise de la contraction en volume ou de l'allongement linéaire de la substance qui compose l'enveloppe du piézomètre.

On trouvera réunis dans le tableau suivant les résultats de M. OErsted et ceux qui ont été obtenus par MM. Colladon et Sturm, dans le travail qui a été couronné par l'académie des sciences (*Ann. de chim.*, 1827).

La 2ᵉ colonne contient les nombres donnés par les observateurs, et la 3ᵉ contient ces nombres corrigés d'après la formule précédente, en adoptant 11 dix millionièmes pour l'allongement linéaire du verre sous un poids équivalent à une atmosphère.

Cette correction augmente les nombres de M. OErsted, parce qu'il avait supposé la capacité du piézomètre constante, et elle diminue ceux de MM. Colladon et Sturm, parce qu'ils avaient supposé que la capacité augmente de 3 δ au lieu de $\dfrac{3\delta}{2}$.

Tableau de la compressibilité des liquides.

Noms des substances.	Compressibilités pour une atmosphère évaluées en millionièmes du volume primitif.	Compressibilités corrigées.
	M. OErsted.	
Mercure.	1	2,65
Alcool.	20	21,65
Sulfure de carbone. .	30	31,65
Eau.	45	46,65
Ether sulfurique. . .	60	61,65
	MM. Colladon et Sturm.	
Mercure.	5,03	3,38
Acide sulfurique. . .	32,	30,35
Acide nitrique. . . .	32,2	30,55
Ammoniaque.	34,7	33,05
Acide acétique. . . .	42,2	40,55
Eau non privée d'air.	49,5	47,85
Eau privée d'air. . . .	51,3	49,65
Ether nitrique. . . .	71,5	69,85
Essence de térébenth.	73,	71,35
Ether acétique. . . .	79,3	77,65
Ether hydrochlorique.	85,9 p. la 1re atm.	84,25
	82,25 p. la 9e atm.	80,60
Alcool.	96,5 p. la 1re atm.	94,95
	93,5 p. la 9e atm.	91,85
	89, p. la 24e atm.	87,35
Ether sulfurique à 0°.	133, p. la 1re atm.	131,35
	122, p. la 24e atm.	120,45
id. à 11°.	150, p. la 1re atm.	148,35
	141, p. la 24e atm.	139,35

On voit qu'en général les nombres de MM. Colladon et Sturm sont un peu plus forts que ceux de M. OErsted. La différence est faible pour le mercure et pour l'eau ; mais elle est considérable pour l'éther sulfurique, et bien plus grande encore pour l'alcool. Ces deux derniers liquides et l'éther hydrochlorique donnent lieu à une observation importante, c'est que la compressibilité diminue à mesure que la pression augmente ; enfin l'on remarque une augmentation très-sensible dans la compressibilité de l'éther sulfurique, depuis la température o° jusqu'à la température de 11°.

La *chaleur* qui se dégage pendant la compression des liquides est toujours très-difficile à observer. M. OErsted n'a pas pu la rendre sensible. MM. Colladon et Sturm sont parvenus à faire marcher de 4 à 6° un thermomètre de Bréguet, en comprimant subitement l'éther sulfurique à grands coups de marteau. L'eau et l'alcool soumis à la même expérience n'ont produit aucune variation appréciable. Cependant comme des pressions de 3o à 36 atmosphères, produites un peu plus lentement que par le choc, faisaient marcher l'aiguille du thermomètre en sens contraire, on est forcé de supposer que la compression peut, indépendamment de toute chaleur, modifier la lame métallique qui forme les spires, et qu'en conséquence il ne faudrait pas se fier aux indications de cet instrument.

M. OErsted croyait avoir remarqué dans ses premières expériences que l'eau, plusieurs fois comprimée, perdait jusqu'à un certain point la propriété de revenir à son volume primitif; mais cette observation n'a point paru se confirmer par les expériences ultérieures. On peut donc admettre premièrement que les gaz et les liquides jouissent d'une *élasticité parfaite* ; c'est-à-dire que les plus violentes pressions que l'on exerce sur eux, soit lentement, soit rapidement, sont toujours insuffisantes pour en altérer la structure d'une manière permanente, et que ces causes venant à cesser, ces fluides reprennent identiquement leur volume primitif : secondement que l'enveloppe solide du piézomètre jouit aussi d'une *élasticité parfaite* dans les conditions sous lesquelles on a expérimenté jusqu'à présent ; car si elle se comprimait sensiblement d'une manière permanente, on n'obtiendrait pas sans doute les mêmes compressibilités avec un piézomètre neuf et un piézomètre qui aurait déjà été soumis à des pressions repétées.

463. *De la compressibilité des solides et de la résistance qu'ils opposent à l'écrasement.* — Il faut distinguer dans les solides la compressibilité permanente, et la compressibilité passagère qui disparaît avec la cause qui l'a produite. Nous avons vu dans le chapitre précédent que les métaux peuvent prendre par le travail une augmentation sensible de densité ; ainsi ils se compriment par le choc du marteau ou du balancier, ou par la pression du laminoir : mais cette compressibilité est une preuve de leur imparfaite élasticité, puisqu'ils conservent l'empreinte des forces auxquelles ils ont été soumis, même quand ces forces ont cessé d'agir. Si l'or et l'argent étaient des corps parfaitement élastiques on pourrait bien les graver, mais on ne pourrait pas les frapper en monnaies ou en médailles. Ces considérations s'appliquant à la plupart des corps solides, on peut en conclure que sous certaines conditions ils sont compressibles sans retour et imparfaitement élastiques. Quand les corps solides ont été comprimés comme nous venons de le supposer, on dit que leurs molécules ont été *forcées* et qu'elles ont pris un nouvel arrangement ; mais on admet en général qu'il y a pour chacun d'eux un certain degré de compression au-dessous duquel ils sont parfaitement élastiques et reviennent toujours à leur état primitif ; c'est cette dernière espèce de compressibilité qui nous occupera d'abord. Tout ce que l'on sait sur ce sujet délicat et important est dû aux recherches des géomètres ; nous allons choisir, parmi les résultats curieux

auxquels ils sont parvenus, ceux qui sont d'une utilité plus immédiate pour diriger les expérimentateurs ; car, en cette matière, la théorie a devancé de beaucoup les expériences. (M. Poisson, *Mém. de l'Acad. des Sciences*, *Ann. de Chimie*, 1827 et 1828.)

Lorsqu'une sphère creuse, homogène et d'une épaisseur constante (*Fig.* 43), est soumise en dehors et en dedans à des pressions données, on détermine de la manière suivante les changemens qu'elle éprouve par l'effet de ces pressions.

Soit R la valeur primitive du rayon extérieur CR,

R' sa valeur après la compression,

r la valeur primitive du rayon intérieur cr,

r' sa valeur après la compression,

H la pression sur chaque unité de la surface extérieure,

h la pression sur chaque unité de la surface intérieure,

A une constante qui dépend de la nature de la substance, comme nous le verrons tout à l'heure :

On a ces relations.

$$R' = R \left\{ 1 - \frac{4(H R^3 - h r^3) + 5(H - h)r^3}{20 A (R^3 - r^3)} \right\}$$

$$r' = r \left\{ 1 - \frac{4(H R^3 - h r^3) + 5(H - h)R^3}{20 A (R^3 - r^3)} \right\}$$

1° Si la sphère creuse est également pressée en dehors et en dedans, on a $H = h$, et les valeurs de R' et r' se réduisent aux suivantes :

$$R' = R \left\{ 1 - \frac{H}{5 A} \right\}$$

$$r' = r \left\{ 1 - \frac{H}{5 A} \right\}$$

Ainsi, dans ce cas, le grand et le petit rayon éprouvent proportionnellement la même contraction, et cette contraction est en raison directe de la pression et en raison inverse de la constante A.

2° Pour déduire de ces formules ce qui arrive à une sphère pleine, il suffit de faire $r=0$; et l'on obtient alors:

$$\text{R}' = \text{R}\left\{ 1 - \frac{\text{H}}{5\,\text{A}} \right\}$$

D'où il suit que sous la même pression, une sphère creuse et une sphère pleine, de même matière, éprouvent des contractions égales.

3° Quand la pression intérieure est nulle on a $h=0$, et les valeurs de R' et r' deviennent

$$\text{R}' = \text{R}\left\{ 1 - \frac{\text{H}(4\,\text{R}^3 + 5\,r^3)}{20\,\text{A}(\text{R}^3 - r^3)} \right\}$$

$$r' = r\left\{ 1 - \frac{9\,\text{H}\,\text{R}^3}{20\,\text{A}(\text{R}^3 - r^3)} \right\}$$

Alors le rayon extérieur éprouve une contraction toujours plus petite que le rayon intérieur, et lorsqu'il est très-grand par rapport à celui-ci sa contraction n'en est que les $\dfrac{4}{9}$.

4° On peut toujours exercer à l'intérieur une pression telle que le rayon intérieur n'éprouve aucun changement; il suffit pour cela que le rapport de cette pression à la pression extérieure H soit le suivant :

$$\frac{h}{\text{H}} = \frac{9\,\text{R}^3}{5\,\text{R}^3 + 4\,r^3}$$

Le rapport des pressions qui produit cet effet dépend donc du rapport des rayons intérieurs et extérieurs. Quand on a par exemple $\text{R}=2\,r$, il suffit d'exercer en dedans une pression qui soit les 18/11 de la pression extérieure pour que le rayon intérieur n'éprouve aucun changement ;

5° On peut aussi exercer des pressions, telles que le rayon extérieur R reste le même; il suffit pour cela que l'on ait

$$\frac{h}{\text{H}} = \frac{4\,\text{R}^3 + 5\,r^3}{9\,r3}$$

Par exemple, pour $\mathbf{R}=2r$, on trouve

$$\frac{h}{\mathbf{H}}=\frac{37}{9}$$

Ainsi, pour de tels rayons, il faudrait exercer en dedans une pression plus que quadruple de la pression extérieure pour que le rayon extérieur n'éprouvât pas de changement.

6° Si la cavité intérieure de cette enveloppe sphérique était remplie d'une substance homogène solide ou liquide pour laquelle la constante analogue à $\mathbf{A}$ eût une valeur $\mathbf{A}'$ moindre ou plus grande que $\mathbf{A}$, les valeurs des rayons extérieurs et intérieurs deviendraient après la compression :

$$\mathbf{R}'=\mathbf{R}\left\{1-\frac{\mathbf{H}\left(4\mathbf{A}+5\mathbf{A}'\right)\mathbf{R}^3-5\mathbf{H}\left(\mathbf{A}'-\mathbf{A}\right)r^3}{5\mathbf{A}\mathbf{D}}\right\}$$

$$r'=r\left\{1-\frac{9\mathbf{H}\mathbf{R}^3}{5\mathbf{D}}\right\}.$$

La valeur de $\mathbf{D}$ est :

$$\mathbf{D}=\mathbf{A}'\left(5\mathbf{R}^3+4r^3\right)+4\mathbf{A}\left(\mathbf{R}^3-r^3\right).$$

Or, la valeur de r' s'appliquant à la fois à la dernière couche intérieure de l'enveloppe $\mathbf{R}r$ (*fig.* 43) et à la première couche extérieure du noyau cr, on voit en même temps la compressibilité qu'éprouve ce noyau ; elle est dépendante de la constante $\mathbf{A}'$, qui appartient à sa substance.

Si $\mathbf{A}'=\mathbf{A}$, il est facile de voir que le noyau se comprime, comme si la pression extérieure $\mathbf{H}$ lui était immédiatement appliquée. Ainsi une sphère liquide se comprime suivant les mêmes lois qu'une sphère solide, et même elle se comprime de la même quantité lorsque la constante $\mathbf{A}'$ de sa substance est la même.

Si $\mathbf{A}'=0$, on retombe sur les valeurs de $\mathbf{R}'$ et r' que nous avions tout à l'heure pour $h=0$, ce qui doit être encore, puisqu'en supposant $\mathbf{A}'=0$, c'est attribuer à la substance du rayon une compressibilité indéfinie et sans résistance.

Pour toutes les valeurs de $\mathbf{A}'$ comprises entre 0 et $\mathbf{A}$, les

valeurs de A' et de r' sont comprises entre celles qui correspondent à $h=0$ et $h=H$; d'où il suit que le noyau est toujours moins comprimé que s'il avait reçu directement la
pression H.

Enfin, si on a $A' > A$, les valeurs de R' et r' deviennent
analogues à ce qu'elles sont pour $h > H$; c'est à-dire que
l'on peut toujours trouver une valeur de h supérieure à
H, qui donnerait à R' et à r' les mêmes valeurs que la supposition $A' > A$; et si l'on cherche alors l'effet que produirait la pression extérieure H en l'appliquant directement au
noyau, on le trouverait toujours moindre que l'effet qu'elle
produit par l'intermède de l'enveloppe solide. Ce résultat
singulier peut se concevoir en observant que si le noyau
est moins compressible que l'enveloppe sphérique, il empêche le rayon intérieur cr de prendre toute la diminution
qu'il devrait prendre, et il agit alors comme une certaine
pression intérieure plus grande que la pression extérieure.
La limite de cet effet s'obtient en supposant $A' = \infty$, c'est-à-
dire en supposant que le noyau est absolument incompres-
sible: alors le rayon intérieur est constant; et comme on

le rend constant aussi avec une pression $h = H \dfrac{9 R^3}{5 R^3 + 4 r^3}$

il est évident que le noyau doit recevoir cette pression.
Voilà comment il se trouve plus comprimé que s'il rece-
vait directement la pression extérieure H.

Pour vérifier par l'expérience ces déductions de la théorie,
il faut pouvoir déterminer la valeur de la constante A qui
caractérise chaque substance par rapport à sa compressibilité. M. Poisson donne pour cela la formule suivante,

$$A = \frac{2L}{5\,as}\left(P + \frac{P'}{2}\right)$$

qui est d'une application facile pour les substances qui peuvent être reduites en fils ou en tiges. Car, si l'on fait un fil
dont la longueur soit L, le poids P', la section s, et qu'a-

près l'avoir fixé verticalement par son extrémité supérieure on le charge à son extrémité inférieure d'un poids P, puis qu'on observe l'allongement a qu'il éprouve, il suffira de substituer toutes ces données dans la formule pour avoir la valeur de A.

Comme on admet en principe dans toute cette théorie que la compressibilité qui est produite par certaines forces est toujours égale à l'extensibilité qui serait produite par les mêmes forces, agissant de la même manière et en sens contraire, on voit que la formule précédente pourrait donner aussi la valeur de A au moyen de la compressibilité.

Car, en négligeant $\dfrac{P'}{2}$, qui sera toujours très-petit par rapport à P, et en supposant que le poids P comprime la tige dans le sens de sa longueur, et que a désigne alors la contraction, l'on aura :

$$A = \frac{2\,L\,P}{5\,a\,s}$$

Le poids P s'exerçant sur la surface s, il en résulte que la pression H sur l'unité de surface est $H = \dfrac{P}{s}$, et en faisant aussi $L = 1$ on a :

$$A = \frac{2\,H}{5\,a}$$

Cette formule établit une relation remarquable entre la contraction a qu'éprouve une tige pressée par ses bouts et libre par son contour, et celle qu'éprouve une sphère de même substance supportant la même pression H sur toute sa surface ; car nous avons trouvé pour ce dernier cas

$$R' = R\left(1 - \frac{H}{5\,A}\right)$$

qui devient, par la substitution de A,

$$R' = R\left(1 - \frac{a}{2}\right)$$

Ce qui fait voir que la contraction qu'éprouve une tige pressée seulement par ses bouts, est double de celle qu'éprouve la même tige pressée avec la même force sur tous les points de sa surface.

Le volume de la sphère comprimée est sensiblement $v\left(1-\dfrac{3a}{2}\right)$, v étant son volume primitif. D'où il suit enfin que, si l'on connaît l'*allongement linéaire* a d'une substance tirée à ses bouts par une certaine force, il en faudra prendre la moitié pour avoir la contraction linéaire de cette même substance pressée sur tous ses points par la même force, et les $\dfrac{3}{2}$ pour avoir sa contraction de volume. C'est d'après ces principes que nous avons corrigé précédemment les observations piézométriques.

En comprimant les solides au-delà les limites de leur parfaite élasticité, ils restent plus ou moins comprimés et prennent des densités croissantes, qui ont été jusqu'à présent très-peu étudiées. Si la compression continuait indéfiniment sans cesser d'être égale sur tous les points de la surface, il paraît qu'à la fin la plupart des solides se briseraient en poussière; mais quand les pressions sont inégales, il ne faut pas de grands efforts pour *écraser* les substances les plus résistantes. Comme il est souvent utile, soit pour les recherches physiques, soit pour les applications des arts, d'avoir quelques données sur ces propriétés des solides, nous avons rassemblé dans le tableau suivant plusieurs résultats qui ont été obtenus par M. Rondelet et par M. G. Rennie. Ils sont extraits de l'ouvrage de M. Navier (*Résumé des leçons données à l'École royale des ponts et chaussées*).

Résistance des pierres à l'écrasement, d'après les expériences de M. Rondelet, sur des cubes de 5 centimètres de côté.

Indication des pierres.	Densités.	Poids produisant l'écrasement.
		kilogrammes.
Basalte d'Auvergne.	2,88	51945
Grès blanc.	2,48	23086
Marbre noir de Flandre.	2,72	19719
Granit de Normandie, dit *gatinos*.	2,66	17555
Granit gris de Bretagne.	2,74	16353
Pierre noire de Saint-Fortunat employée à Lyon, très-dure et coquilleuse.	2,65	15668
Granit vert des Vosges.	2,85	15487
Liais de Bagneux, près de Paris, très-dur, d'un grain fin.	2,44	11113
Marbre blanc statuaire.	2,69	8176
Roche d'Arcueil, près de Paris.	2,08	6334
Roche de Chatillon, près de Paris, dure, un peu coquilleuse.	2,29	4347
Pierre de Saillancourt, près de Pontoise, 1re qualité.	2,41	3536
2e qualité.	2,29	2994
3e qualité.	2,10	2304
Pierre ferme de Conflans employée à Paris.	2,07	2245
Pierre à plâtre de Montmartre, près de Paris.	1,92	1785
Vergelée des environs de Paris, tendre, d'un grain grossier, résistant à l'eau.	1,33	1496
Pierre tendre ou lambourde de Conflans, 1re qualité.	1,82	1407
Lambourde de qualité inférieure, tendre, résistant mal à l'humidité.	1,56	575
Grès tendre.	2,49	98

Résistance des bois à l'écrasement, d'après les expériences de M. G. Rennie, sur des cubes de 1 pouce anglais de côté.

Bois.	Poids produisant l'écrasement en livres avoir du poids.
Chêne anglais.	3860
Sapin blanc.	1928
Pin d'Amérique.	1606
Orme.	1284

Résistance des métaux à l'écrasement, d'après les expériences de M. G. Rennie, sur des cubes de 1/4 de pouce anglais de côté.

Métaux.	Densités.	Poids produisant l'écrasement en liv. av. du poids.
Fer tiré du centre d'une large masse	7,033	9773
Fer tiré de barres coulées horizontalement.	7,113	10114
Fer tiré de barres coulées verticalement.	7,074	11137
Cuivre coulé.	»	7318

La livre *avoir du poids* vaut en kilogrammes $0_k,45355$, et le pouce anglais vaut $25^{mm},3999$.

Il serait facile avec ces données de calculer la hauteur qu'il faudrait donner à une colonne pour que sa base fût écrasée par son poids. On trouverait, par exemple, pour le basalte d'Auvergne, une hauteur de 7215 mètres, c'est-à-dire environ deux lieues. Ainsi on en pourrait conclure qu'une montagne cylindrique de basalte se briserait par son poids si elle avait deux lieues de hauteur, depuis son sommet jusqu'au sol ; mais au-dessous du sol les pressions latérales soutiennent une partie de la charge.

464. *De l'élasticité de tension et de la ténacité.*—Les corps solides travaillés en fils, en tiges ou en barres, éprouvent divers phénomènes lorsqu'ils sont tirés dans le sens de leur axe par des forces successivement croissantes : 1° leur longueur

augmente et leur diamètre diminue ; 2° ils reviennent exactement à leurs dimensions primitives quand les forces tractives viennent à cesser sans avoir dépassé certaines limites ; 3° au-delà de ces limites ils restent allongés dans un sens et rétrécis dans l'autre ; 4° pour des forces plus grandes encore ils se rompent, tantôt brusquement dans toute leur largeur, tantôt lentement en s'amincissant de plus en plus.

1° Il est naturel de supposer que pendant la traction le volume du corps augmente à peu près comme il diminue pendant la compression. C'est, en effet, ce que M. Cagniard La Tour a observé en étirant un fil de cuivre dans un long tube rempli d'eau et convenablement disposé ; et M. Poisson a démontré que, si l'on représente en général par a l'allongement que prend par la traction un cylindre dont la longueur est l'unité, le rétrécissement dans le sens perpendiculaire à l'axe sera seulement $\dfrac{a}{4}$. De telle sorte que le volume primitif étant v, le volume pendant la traction sera

$$v\left(1+\frac{a}{2}\right)$$

2° C'est, je crois, S'gravesande qui a le premier établi les lois fondamentales de l'élasticité de tension des fils. L'appareil dont il se servait repose sur les principes suivans : le fil est tendu horizontalement entre deux points fixes F et F′ (*Fig.* 44) ; vers son milieu on pose un petit plateau de balance au moyen d'un crochet c ; mais pour que ce premier poids ne donne aucune flexion au fil, on l'équilibre au moyen d'un contre-poids soutenu par un fil de soie et passant sur une petite poulie p, au centre de laquelle est fixée une aiguille G. Cela fait, on observe la position de l'aiguille sur le cadran divisé D G D′, et l'on commence à mettre doucement des charges successives dans le plateau du crochet ; le fil se tend et se courbe de plus en plus ; il en résulte une *flèche* H H′, dont on détermine la longueur par le nombre des divisions que l'aiguille a parcourues, et il suffit alors de calculer les triangles F H H′ et F′ H H′ pour en déduire la longueur actuelle F H′ F′ du fil. Quant à la tension qu'il éprouve, on la déduit, par les règles ordinaires de la mécanique, des poids additionnels dont on a chargé le plateau, en tenant compte s'il est nécessaire du poids du fil lui-même. Au moyen de cet appareil S'Gravésande a démontré d'abord que l'élasticité de tension est parfaite entre certaines limites dans les fils et dans les lames ; car ils reviennent exactement dès que la force de traction est supprimée, et ensuite il a reconnu qu'entre ces limites *les allongemens sont proportionnels aux forces de traction.*

3° Les fils qui ont été *forcés*, c'est-à-dire qui ont conservé une partie de l'allongement qu'ils avaient reçu par la traction, ne cessent pas pour cela d'être élastiques. Ce nouvel état est analogue à l'état primitif, et ils y reviennent aussi entre certaines limites. Il ne faut pas s'étonner d'après cela, que dans un même fil on trouve des parties plus ou moins élastiques et plus ou moins denses.

4° La ténacité des corps est la résistance qu'ils opposent à la rupture lorsqu'ils sont tirés dans le sens de leur longueur. Soit s, le nombre des millimètres carrés de la section perpendiculaire à l'axe d'un fil, d'une tige, ou en général d'un corps prismatique ; soit K, le nombre des kilogrammes nécessaires pour produire la rupture par la traction. En admettant que l'effort se partage également entre tous les millimètres carrés de la section s, il est évident que $\frac{K}{s}$ sera l'effort supporté par 1 millimètre carré ; c'est en général cette expression que l'on prend pour la mesure de la ténacité. Ainsi une substance aura une ténacité double d'une autre quand la valeur de $\frac{K}{s}$ sera pour la première double de ce qu'elle est pour la seconde.

Ténacité de diverses substances, ou nombre de kilogrammes que supporte 1 millimètre carré.

Noms des substances.	Ténacité moyenne.	Noms des observateurs.
		MM.
Fer en fil, non recuit. . . . 5o à 87. . . . 68		Seguin aîné.
N° 1 à 23 (Franche-Comté).		
Fer en fil, non recuit. . . . 5o à 84. . . . 67		Dufour.
N° 4 à 19 (Ferrière, St-Gingolf).		
Fer en fil (Bourgogne). 60		Buffon.
Fer en fil (anglais). 64		Telford.
Fer en fil, recuit. . . . . . . 36 à 44 envir. 40		
Fer en barres carrées ou rec-		
tangulaires . . . . 3o à 6o. 45		Seguin aîné.
Id. . . . . 32 à 56. 43		Peronnet.
Id. 47		Soufflot et Rondelet.
Id. (anglais). 46		Telford.
Fer fondu. 14		Brown.
Fer fondu horizontalement. 13		G. Rennie.
Fer fondu verticalement. 14		Id.
Barres d'acier *blistered* (anglais). 28		Brown.
Id. fondu Id. 44		Id.
Tôle dans le sens du laminage 36 à 45 41		Navier.
Id. perpendiculairement au		
laminage. . . . . 33 à 39 36		Id.
Laiton en fil, non recuit. . . 4o à 8o 60		Dufour.
Id. . . . . . . recuit. . . 20 à 4o envir. 3o		Id.
Cuivre rouge laminé. 21		Navier.
Plomb laminé. 1,35		Id.
Verre, en tige ou en tube. 1,7 à 3,3 . . . 2,5		Id.

On voit sur les fils de fer et de laiton que le recuit diminue singulièrement la ténacité, puisqu'il la réduit presque à moitié. Les tableaux complets de M. Seguin font voir aussi que la ténacité des fils augmente à mesure que leurs diamètres diminuent, à moins qu'ils ne deviennent trop fins : ces deux circonstances sont sans doute liées entre elles.

465. *De la résistance du corps à la flexion.*—Lorsqu'on fléchit un corps dans les limites de son élasticité , il reprend exactement sa forme dès que la cause a cessé. Pendant la flexion, il éprouve à la fois une *traction* et une *compression;* car toutes les fibres ou tous les filets que l'on peut alors concevoir sur la surface convexe sont évidemment allongés , tandis qu'ils sont sur la surface concave raccourcis ou comprimés , et il faut nécessairement qu'il s'en trouve entre ces deux positions qui n'éprouvent ni allongement ni contraction. C'est ce que l'on voit (*Fig.* 45) sur le cylindre AB, *encastré* par son extrémité A , et tiré par un poids à son extrémité B. Les filets *ab* sont allongés, les filets *a'b'* sont accourcis, et les filets qui conservent leur longueur forment une certaine surface, telle que *pqrs.* C'est donc en vertu de la double élasticité de tension et de compression que le cylindre AB se redresse quand on supprime le poids P. Ce que nous disons ici d'un cylindre s'étend à un corps prismatique quelconque, ou *encastré* ou posé sur *deux appuis.* Mais l'on n'a fait sur ce sujet que des recherches pratiques pour connaître la force des matériaux de construction ou des recherches mathématiques, dont nous ne pouvons rendre compte ici (*voyez* l'ouvrage de M. Navier). Nous devons donc nous borner à rappeler ce sujet à l'attention des physiciens : en l'étudiant par la voie de l'expérience on parviendra sans doute à déterminer d'une manière plus sûre et plus facile le coefficient d'élasticité de tension et celui d'élasticité de compression, à faire voir directement s'ils sont égaux comme on le suppose ou s'ils peuvent différer sous certaines conditions ; et l'on pourra au moins vérifier plusieurs résultats importans qu'il serait difficile de soumettre à l'épreuve par d'autres moyens.

466. *De la résistance des vases.*—Pour prendre une idée de l'effet que produisent les liquides sur les parois des

vases, concevons un anneau ATBG (*fig.* 46) ou plutôt un fil flexible dont tous les points soient pressés de dedans en dehors par des forces égales CA, CT, etc. S'il est élastique, il est évident que toutes ces forces normales tendront à l'étendre d'abord et ensuite à le rompre ; ainsi elles se transforment en forces *tangentielles*, telles que TF et TF′, qui agissent directement pour séparer la substance comme une traction agit dans le sens de la longueur d'un fil pour en opérer la rupture. On démontre en mécanique les lois suivant lesquelles s'accomplit cette transformation de forces normales en forces tangentes, et l'on arrive à cette conséquence, sur laquelle nous allons nous appuyer : que la tension T, qui s'exerce suivant les tangentes TF, TF′, est égale à la pression normale P qui s'exerce suivant CA, CT, etc., multipliée par le rayon R de l'anneau ; c'est ce qui est exprimé par l'équation

$$T = PR.$$

Si nous considérons maintenant un tuyau cylindrique horizontal, rempli d'un liquide qui s'écoule sous une pression quelconque, chacune de ses sections perpendiculaires éprouve des pressions normales comme l'anneau dont nous venons de parler, et il en résulte aussi une tension ou un effort qui tend à rompre ses parois parallèlement à l'axe. On aura donc

$$T = PR ;$$

T étant la tension, P la pression sur l'unité de surface ou sur 1 millimètre carré, et R le demi-diamètre du tuyau, évalué aussi en millimètres.

Les parois n'éprouvent aucune pression dans le sens de la longueur, si nous supposons que le liquide s'écoule librement par les deux bouts.

Soit E l'épaisseur du tuyau en millimètres, et T′ la ténacité de sa substance pour 1 millimètre carré ; on aura T′E pour le nombre des kilogrammes que pourrait supporter sans se rompre une tranche du tuyau perpendiculaire à l'axe et d'un millimètre de longueur. Il faudra donc que la tension τ, qu'il éprouve, soit tout au plus égale à $\tau'\mathrm{E}$. Ce qui donne

$$\tau = \tau'\mathrm{E},$$

et en vertu de l'équation précédente

$$\tau'\mathrm{E} = \mathrm{P\,R};$$

d'où . . . . $\mathrm{E} = \dfrac{\mathrm{P\,R}}{\tau'}.$

C'est l'épaisseur qu'il faut donner à un tuyau pour qu'il soit à la limite de ce qu'il peut supporter sans éclater. Ainsi cette épaisseur est en raison directe de la pression intérieure et du rayon, mais en raison inverse de la ténacité.

Pour prendre un exemple, nous chercherons sous quelle pression doit se rompre un tuyau de plomb de 5 millimètres d'épaisseur et de 25 millimètres de rayon intérieur, la ténacité du plomb étant, comme nous avons vu, $\mathrm{1^k,35}$.

On trouve en faisant le calcul $\mathrm{P} = \mathrm{0^k,27}$.

Or, une atmosphère exerçant une pression de $\mathrm{0^k,01}$ sur un millimètre carré, il en résulte que le tuyau pourra supporter 27 atmosphères. M. Jardine d'Edimbourg a en effet trouvé qu'un tuyau de plomb ayant à peu près les dimensions précédentes supportait, sans altération apparente, une pression de 800 pieds d'eau, c'est-à-dire environ 24 atmosphères et demie, et qu'il éclatait sous 1000 pieds (anglais), c'est-à-dire sous 30 atmosphères environ. Si le diamètre du tuyau eût été double il n'aurait pu supporter que 15 atmosphères.

Dans les tuyaux fermés par les deux bouts les pressions que supportent les bases terminales produisent une traction sur la longueur, et il est facile de voir que cette traction, rapportée à l'unité de surface, est $\dfrac{\mathrm{P\,R}}{2}$, ou la

moitié seulement de celle qui agit pour faire éclater le
tuyau parallèlement à l'axe.

. Par la même raison, la tension qui s'exerce sur chaque
unité de surface dans un vase sphérique est aussi $\dfrac{PR}{2}$, et la
relation qui existe entre la pression limite P, l'épaisseur
E, le rayon R et la ténacité T' est alors

$$E = \dfrac{PR}{2\,T'}$$

La moindre ténacité de la tôle étant de $36_k,4$ par millimètre carré, on voit qu'une sphère, de 168 millimètr. de
diamètre, faite avec de la tôle de 2,6 d'épaisseur, doit éclater quand la pression P est de $1^k,13$ par millimèt. carré;
c'est-à-dire environ 113 atmosphères. M. Navier a en effet
trouvé qu'une sphère de très-bonne tôle ayant les dimensions précédentes a éclaté sous 140 atmosphères; la ténacité de sa substance était sans doute un peu plus grande
que 36,4.

Nous nous bornerons à ces exemples. On trouvera dans
l'ouvrage de M. Navier une théorie complète de la résistance des vases, fondée sur des considérations très-simples
et très-ingénieuses. .

467. *De l'élasticité de torsion.* La facilité avec laquelle
les fils fins de métal peuvent être tordus, et la régularité
parfaite avec laquelle ils reviennent sur eux-mêmes pour
reprendre leur position primitive, ont conduit les physiciens à plusieurs découvertes importantes.

C'est Coulomb qui a le premier observé cette propriété
avec l'attention qu'elle mérite, et c'est lui aussi qui en a
fait le premier les applications les plus heureuses, en déter-
minant, dans sa balance de torsion, les lois fondamentales
des fluides électriques et magnétiques (312 et 371). Quelques années plus tard, Cavendish parvint de son côté à un
résultat plus extraordinaire encore, puisqu'il détermina
la densité et par suite le poids de la terre au moyen de la

torsion d'un petit fil d'argent de quelques décimètres de longueur et de quelques centièmes de millimètres de diamètre (58).

Avant de rapporter les lois expérimentales de la torsion, telles que Coulomb les a observées dans la soie, les cheveux et les fils fins de métal, nous décrirons l'appareil dont on peut se servir pour ces recherches délicates (*Fig.* 47).

P P', pied de l'appareil portant trois vis calantes.

T T', tube vertical de laiton très-résistant.

c c', curseur inférieur terminé en c' par un disque qui peut être divisé en degrés, ou sur lequel on adapte une division circulaire.

s s', Curseur supérieur terminé en s' par une pince au moyen de laquelle on fixe l'extrémité du fil.

N N', pince qui arrête l'extrémité inférieure du fil, et peut se visser sur des cylindres de différens poids ou de différens rayons. Ces cylindres peuvent être en métal lorsqu'on fait les expériences sur des fils de métal, mais pour la soie ou les cheveux, il convient qu'ils soient en bois ou en ivoire.

Voici maintenant les lois générales que l'on peut constater par l'expérience.

1° *En chargeant un fil de différens poids il s'arrête en général dans des positions de stabilité différentes.*

Quelquefois cette variation peut s'étendre jusqu'à une demi-circonférence, ou même jusqu'à une circonférence entière.

Pour constater ce résultat, on adapte à la pince inférieure une espèce de petit plateau de balance dans lequel on ajoute des poids successifs, en notant à chaque fois la position d'un point de repaire à l'égard de la circonférence divisée du disque c' dont le centre est sur le prolongement du fil. Un assemblage de plusieurs fils présente le même phénomène; ainsi, quand on suspend, par exemple, une aiguille aimantée à un faisceau de soie plate, il importe de trouver d'avance la position d'équilibre de ce fil composé en y suspendant un poids égal à celui de l'aiguille aimantée qu'il doit porter. Un poids plus fort ou plus faible lui donnerait une torsion qui pourrait probablement exercer une influence sensible sur l'amplitude des variations diurnes.

2° *Les oscillations du fil sont isochrones.*

C'est-à-dire qu'elles s'accomplissent toutes dans le même temps, quelle que soit leur amplitude, pourvu toutefois que cette amplitude ne dépasse pas une certaine limite qui dépend de la nature et de la longueur du fil. Par exemple, pour un fil de fer de 9 pouces de longueur et d'un diamètre tel que 6 pieds de longueur ne pèsent que 5 grains, les oscillations sont très-sensiblement isochrones quand leur amplitude ne dépasse pas une demi-circonférence ; mais si l'écart primitif était de 3 circonférences entières, il en résulterait des oscillations de 6 circonférences qui seraient plus lentes que les premières d'environ 1/20 ou 1/30. Dans tout ce qui va suivre, nous ne parlerons que des oscillations *très-petites* c'est-à-dire *isochrones.*

Pour vérifier par l'expérience cette loi de l'isochronisme, on se sert de l'appareil précédent, (*Fig.* 46), on attache le fil à la pince supérieure, on le charge d'un poids de forme cylindrique assez fort pour le *tendre* et trop faible pour l'*étirer*, et quand l'équilibre est bien établi, on tourne le cylindre de 50, de 100 ou même de 180°, avec la précaution de le maintenir dans son axe, qui est aussi l'axe du fil ; ensuite on l'abandonne à lui-même ; les oscillations commencent, on les compte à partir d'un instant donné, au moyen d'un repaire ou d'un index qui est adapté au cylindre, et l'on mesure le temps avec une bonne montre à secondes.

On démontre par les principes de la mécanique, que les oscillations étant isochrones, il faut nécessairement que *la force de torsion qui les produit soit proportionnelle à l'angle de torsion.* Cette vérité fondamentale pourrait aussi se démontrer directement par l'expérience : il suffirait pour cela de remarquer que la force avec laquelle le magnétisme de la terre tend à ramener une aiguille aimantée dans le méridien magnétique, est évidemment proportionnelle au sinus de l'angle que cette aiguille fait avec le méridien, ou à l'angle lui-même s'il ne dépasse pas 8 ou 10°. Ainsi, une aiguille aimantée horizontale étant en repos dans la balance de torsion, et bien dirigée dans le plan du méridien magnétique (n° 312); il faudra pour l'en écarter de 3° par exemple, tourner le micromètre supérieur de 47°, et le tourner de 94 pour l'en écarter de 6°. Dans le 1er cas, l'angle de torsion est de $47-3=44°$, et dans le 2_e cas, il est de $94-6=88$. Mais la seconde force de torsion doit être double de la première puisqu'elle balance une force magnétique dont l'effet est double. Donc la force de torsion est proportionnelle à l'angle de torsion.

3° *Les durées des oscillations sont entre elles comme les racines carrées des poids qui tendent le fil.*

Cette vérité ne peut être constatée avec une grande exactitude, que sur les fils qui ont en même temps assez de souplesse pour être tendus par un poids très-faible, et assez de ténacité pour supporter un poids considérable sans être *étirés.* Car on peut alors, entre ces deux limites, prendre des poids qui soient entre eux, par exemple, comme les nombres 1, 4, 9, 16, 25, et reconnaître par des oscillations analogues aux précédentes, que les durées des oscillations sont entre elles comme les nombres 1, 2, 3, 4, 5, etc.

Il est à peine nécessssaire d'ajouter que tous ces poids divers doivent être essentiellement des cylindres de même rayon, ayant aussi des surfaces également polies.

On démontre par les principes de mécanique, que cette 3 loi ne peut subsister qu'autant *que la force de torsion d'un fil reste exactement la même sous les différens poids qui le tendent.*

4° *Les durées des oscillations sont entre elles comme les racines carrées des longueurs du fil.*

C'est-à-dire, que si l'on prend diverses longueurs d'un même fil, qu'on les ajuste successivement à l'appareil (*Fig.* 46), de manière que les longueurs comprises entre les deux pinces soient entre elles comme les nombres 1, 4, 9, 16, 25, etc., et qu'on les fasse osciller après les avoir chargées du même poids, les durées des oscillations seront entre elles comme les nombres 1, 2, 3, 4, 5, etc.

Puisque la durée des oscillations augmente avec la longueur du fil, il est évident que la force de torsion diminue, et l'on démontre théoriquement qu'elle diminue comme la longueur du fil augmente, car cette hypothèse est la seule qui reproduise la loi expérimentale précédente.

Au reste, on peut se rendre compte de cette vérité théorique en observant que, pour un même angle de torsion, l'écartement des molécules est véritablement réduit à la moitié quand la longueur du fil est double, au tiers quand elle est triple, etc., et qu'il est tout simple que la force de torsion soit alors réduite à la moitié, au tiers, etc., puisque cela prouve seulement qu'elle est proportionnelle à l'écartement des molécules, comme on pourrait le supposer *a priori.*

5° *Les durées des oscillations sont en raison inverse des carrés des diamètres des fils.*

C'est-à-dire que si l'on prend successivement des fils de *même substance* et de *même longueur*, dont les diamètres soient entre eux comme les nombres 1, 2, 3, 4, et qu'on les fasse osciller après les avoir chargés des *mêmes poids*, es durées des oscillations seront entre elles en raison inverse des nombres 1, 4, 9, 16, etc.

On en conclut par la théorie que les forces de torsion

sont entre elles comme les quatrièmes puissances des diamètres des fils, car les forces de torsion sont en raison inverse des carrés des temps d'une oscillation.

468. Après avoir rapporté les lois expérimentales de la torsion et les avoir rapprochées des lois théoriques auxquelles elles se trouvent nécessairement liées, il n'est peut-être pas inutile de donner ici la formule générale qui comprend tous ces résultats. Cette formule est la suivante :

$$\mathrm{T}^2 = \frac{\pi^2 \, \mathrm{P} \, \mathrm{R}^2}{2 \, g \, \mathrm{F}}$$

π, rapport approché de la circonférence au diamètre 3,141592.

g, gravité, à Paris, ou $9^m,8088$, en prenant le mètre pour unité de longueur, et la seconde sexagésimale pour unité de temps.

T, durée d'une oscillation évaluée en secondes.

P, poids cylindrique qui tend le fil.

R, rayon du cylindre dont le poids est P, il doit être évalué en mètres.

F, force de torsion du fil, c'est-à-dire l'effort qu'il faudrait exercer à l'extrémité d'un levier d'un mètre de longueur pour le maintenir tordu d'un arc dont la valeur rectiligne serait aussi un mètre en le comptant sur une circonférence d'un mètre de rayon. Ainsi la force de torsion est exprimée par un poids, et elle est évaluée en grammes ou en kilogrammes, suivant que l'on a évalué le poids P au moyen de l'une ou l'autre de ces unités.

Cette formule peut servir à calculer la valeur absolue de la force de torsion, et à mettre en évidence les différens rapports qui existent entre cette force et la durée des oscillations, leur amplitude, le poids cylindrique qui tord le fil et son rayon.

Par exemple, dans une expérience de Coulomb sur un

fil de fer n° 12, dont le mètre de longueur pesait 159 milli-
grammes, on avait

$$\text{T} = 12'',1 \; ; \; \underset{\text{grammes}}{\text{P}} = 979,012 \; ; \; \underset{\text{mètres}}{\text{R}} = 0,02143.$$

La longueur du fil était seulement de $0^m,0203$.

On trouve au moyen de ces données, que sa force de
torsion était telle, que pour le maintenir tordu d'une
circonférence entière, il aurait fallu exercer un effort
de $0,^{gr}00968$, ou d'environ 1 centigramme, à l'extrémité
d'un bras de levier de 1 mètre de longueur.

La formule précédente s'obtient, en supposant que la
force de torsion est proportionnelle à l'angle de torsion,
et comme elle exprime que la durée des oscillations est
indépendante de l'amplitude, on en conclut réciproquement que l'expérience indiquant l'isochronisme des oscillations, il faut que la force de torsion soit proportionnelle à l'angle de torsion.

Pour le même fil tendu par des poids cylindriques P et P',
de même rayon, on aurait

$$\text{T}^2 = \frac{\pi^2\,\text{P}\,\text{R}^2}{2\,g\,\text{F}} \text{ et } \text{T}'^2 = \frac{\pi^2\,\text{P}'\,\text{R}^2}{2\,g\,\text{F}'}$$

Et puisque l'expérience donne

$$\frac{\text{T}^2}{\text{T}'^2} = \frac{\text{P}}{\text{P}'} \text{ ou } \frac{\text{T}}{\text{T}'} = \sqrt{\frac{\text{P}}{\text{P}'}}$$

On en conclut F=F'; c'est-à-dire que les forces de torsion d'un fil sont indépendantes des poids qui le tendent.

Pour des longueurs inégales du même fil tendues par le
même poids, on aurait

$$\text{T}^2 = \frac{\pi^2\,\text{P}\,\text{R}^2}{2\,g\,\text{F}} \text{ et } \text{T}'^2 = \frac{\pi^2\,\text{P}\,\text{R}^2}{2\,g\,\text{F}'}$$

$$\text{ou } \frac{\text{T}^2}{\text{T}'^2} = \frac{\text{F}'}{\text{F}}$$

Et puisque l'expérience donne

$$\frac{T^2}{T'^2} = \frac{L}{L'} \quad \text{ou} \quad \frac{T}{T'} = \sqrt{\frac{L}{L'}}$$

L et L' étant deux longueurs différentes du même fil, on en conclut

$$\frac{F'}{F} = \frac{L}{L'}$$

C'est-à-dire que les forces de torsion sont en raison inverse des longueurs.

Enfin, deux fils de *même substance* et de *différens diamètres* D et D' étant tendus par le *même poids*, on aurait

$$\frac{T^2}{T'^2} = \frac{F'}{F}$$

Et comme l'expérience donne

$$\frac{T}{T'} = \frac{D^2}{D'^2} \quad \text{ou} \quad \frac{T^2}{T'^2} = \frac{D^4}{D'^4}$$

On en conclut

$$\frac{F'}{F} = \frac{D^4}{D'^4}$$

C'est-à-dire que les forces de torsion sont en raison inverse des quatrièmes puissances des diamètres.

On peut remarquer encore que si le même fil était tendu successivemement par deux poids égaux, mais de rayons différens R et R', on aurait

$$T^2 = \frac{\pi^2 P R^2}{2 g F} \qquad T'^2 = \frac{\pi^2 P R'^2}{2 g F}$$

d'où $\dfrac{T^2}{T'^2} = \dfrac{R^2}{R'^2}$ ou $\dfrac{T}{T'} = \dfrac{R}{R'}$

C'est-à-dire que, dans ces circonstances, les durées des oscillations sont proportionnelles aux rayons des poids qui tendent le fil.

469. Toutes ces lois sont sans doute restreintes aux cas où les fils ont des dimensions assez petites pour que les actions moléculaires, qui constituent l'élasticité de torsion, puissent s'exercer identiquement de la même manière dans toute l'étendue de leur masse. Quand ces conditions ne sont pas remplies, les phénomènes sont beaucoup plus compliqués, et tout ce que l'on peut faire alors, c'est de multiplier les expériences, afin de pouvoir au moins établir entre eux quelque analogie probable. C'est dans cette vue que nous rapporterons ici les tableaux des principaux résultats qui ont été obtenus sur ce sujet en France et en Angleterre ; ces tableaux offrent d'ailleurs l'avantage de contenir plusieurs nombres qui peuvent être utiles dans la pratique.

*Tableau de la résistance que le fer forgé oppose à la torsion,
d'après M. Duleau.*

DÉSIGNATION DES FERS.	Longueur en mètres.	Grosseur en mètres.	Angle de torsion produit par un poids de 10 k. agissant à l'extrémité d'un bras de levier de 0^m,32.
Fer rond du Périgord. . . .	2,81	0,0142	13,4
Id.	3,17	0,0197	6,
Fer rond angl. marq. Dowlois	2,40	0,0198	4,
Fer rond de l'Arriège. . . .	3,57	0,0215	4,8
Id.	2,89	0,0215	4,5
Fer rond du Périgord. . . .	3,19	0,0221	3,32
Id.	2,89	0,0230	3,
Fer rond anglais.	3,24	0,0235	2,34
Fer rond du Périgord. . . .	2,94	0,0265	1,82
Id.	3,35	0,0267	1,87
Id.	2,92	0,0357	0,625
Fer rond de l'Arriège. . . .	2,77	0,0268	1,65
		Côtés.	
Fer carré anglais marqué c 2	4,12	0.0200	6,5
Id.	2,52	0,0200	4,
Fer carré du Périgord. . . .	2,52	0,0204	3,08
Id.	3,39	0,0326	0,62
Fer plat anglais.	2,91	0,0340 0,0086	11,4
Id.	1,55	0,0340 0,0086	5,62
Fer plat du Périgord. . . .	2,91	0,0340 0,0105	7,2
Fer plat anglais marqué b. .	1,45	0,0678 0,0147	0,85

                                    LIVRE SIXIÈME.

*Tableau de la résistance que divers métaux opposent à la rupture,
par torsion, d'après M. Rennie.*

INDICATION des corps soumis à la torsion.	Longueur des pièces.		Equarrissage		Poids produisant la rupture au moyen d'un levier de 2 pieds angl. ou de $0^m,6096$.	
	en pouces angl.	en mètres.	en pouces angl.	en mètres.	en livres avoir.	en kilog.
					l. onc.	k.
Fer coulé horizontalement	0	0,	1/4	0,006	9 15	4,501
Fer coulé verticalement. .	0	0,	1/4	0,006	10 10	4,813
Fer coulé horizontalement	1/2	0,012	1/4	0,006	7 3	3,255
Id..	3/4	0,018	1/4	0,006	8 1	3,652
Id..	1	0,025	1/4	0,006	8 8	3,850
Fer coulé verticalement. .	1/2	0,012	1/4	0,006	10 1	4,567
Id..	3/4	0,018	1/4	0,006	8 9	3,386
Id..	1	0,025	1/4	0,006	8 5	3,766
Id..	6	0,150	1/4	0,006	9 12	4,416
Fer coulé horizontalement	0	0,	1/2	0,012	93 12	42,183
Id..	0	0,	1/2	0,012	74 00	33,522
Id..	10	0,254	1/2	0,012	52 00	23,556
Acier..	0	0,	1/4	0,006	17 1	7,727
Fer forgé d'Angleterre. . .	0	0,	1/4	0,006	10 2	4,584
Fer forgé de Suède. . . .	0	0,	1/4	0,006	9 8	4,303
Métal de canon dur	0	0,	1/4	0,006	5 0	2,255
Fonte jaune fine.	0	0,	1/4	0,006	4 11	2,123
Cuivre coulé.	0	0,	1/4	0,006	4 5	1,953
Etain,.	0	0,	1/4	0,006	1 7	0,650
Plomb. . . . . s	0	0,	1/4	0,006	1 0	0,453

Les extrémités de chaque pièce étaient engagées dans des matrices carrées
très-exactes. La longueur de la pièce est la longueur comprise entre les matrices.

*Tableau de la résistance que le fer rond oppose à la rupture,
d'après M. DUNLOP.*

Longueur des pièces.		Diamètre.		Poids produisant la rupture. Le bras du levier est de 14 pi. 2 po. anglais.	Poids produisant la ruptur en supposant le bas du levier de 1 mètre.	
Pouces anglais.	Pouces français.	Pouces anglais.	Pouces français.		Exprimé en livres avoir du poids.	Exprimé en kilogrammes.
2,750	0,0698	2,	0,0508	250	1097,4	497,12
3,250	0,0825	2,25	0,0571	384	1685,7	763,61
3,	0,0762	2,50	0,0635	408	1791,2	811,36
3,	0,0762	2,75	0,0698	700	3073,0	1391,5
4,	0,1016	3,25	0,0825	1170	5136,3	2326,7
5,	0,1270	3,50	0,0889	1240	5443,6	2466,0
5,	0,1270	3,75	0,0952	1662	7296,1	3305,1
5,	0,1270	4,	0,1016	1938	8200,0	3707,7
6,	0,1524	4,25	0,1079	2158	9473,6	4291,5

FIN DU SIXIÈME LIVRE.

LIVRE SEPTIÈME.

ACOUSTIQUE.

470. L'acoustique a pour objet de déterminer les lois suivant lesquelles le son se produit dans les corps et se transmet ensuite jusqu'à nos organes. Cette science est du ressort de la physique, parce que les corps, tandis qu'ils retentissent, et qu'ils produisent du bruit ou du son, éprouvent dans leur masse des modifications remarquables, tout-à-fait dépendantes des forces physiques qui les constituent. Nous verrons qu'ils sont alors ébranlés dans toutes leurs parties, et que les molécules qui les composent exécutent des oscillations ou des mouvemens de vibrations si rapides, qu'il est impossible d'en compter le nombre par des observations directes. L'étendue et la durée de ces mouvemens, la direction suivant laquelle ils se propagent, et l'harmonie qui doit exister entre eux, pour qu'ils se soutiennent et se perpétuent sans se détruire, sont les phénomènes les plus frappans qui se présentent aux physiciens pour étudier l'arrangement moléculaire des corps, leur élasticité et toutes les circonstances de leur structure intérieure.

Pour prendre une première idée du nombre et de la variété des phénomènes que l'acoustique embrasse, il suffit de remarquer que tous les sons que nous pouvons entendre, que toutes les nuances que notre organe peut saisir entre eux, correspondent certainement à des modifications physiques différentes dans l'air qui nous apporte ces impressions, et dans le corps sonore, plus ou moins éloigné, duquel l'air les a reçues. C'est la série de ces mouvemens divers, communiqués de proche en proche depuis le corps sonore jusqu'à nous, qu'il s'agit de développer. Ainsi l'acoustique prend le son à sa naissance; elle constate, pour ainsi dire, le mouvement de toutes les molécules du corps qui le produit, elle montre comment il se communique à l'air, comment il en traverse la masse, et comment il vient enfin ébranler les membranes extérieures de notre organe; là, la science est à son terme; dès que le nerf acoustique est frappé, il n'y a plus de traces perceptibles de modifications matérielles, et, par conséquent, plus de phénomènes physiques.

Ces notions générales font assez voir en quoi l'acoustique diffère de la musique : la première de ces sciences considère le son hors de nous et des sensations qu'il peut produire; la seconde le considère en nous, dans les émotions qu'il peut faire naître, dans les sentimens ou dans les passions qu'il peut exciter ou modifier.

CHAPITRE PREMIER.

De la production du son et de sa transmission dans l'air atmosphérique.

471. *Le son est un mouvement particulier excité dans la matière pondérable.*

Si l'on écoute un son et qu'en même temps on observe la cause qui le produit, on remarque que la cause a cessé d'agir avant que le son soit parvenu jusqu'à notre organe : ainsi, dans l'explosion d'une arme à feu, on voit la lumière avant d'entendre le coup, pourvu qu'on soit placé seulement à la distance de quarante ou cinquante pas ; à une moindre distance, la lumière et le coup semblent frapper en même temps l'œil et l'oreille ; et, à mesure que la distance augmente, le temps qui s'écoule entre l'apparition de la lumière et la perception du bruit devient de plus en plus sensible. Il en est de même de l'explosion de la foudre : l'éclair brille avant que le coup de tonnerre se fasse entendre, et le temps qui s'écoule entre ces deux phénomènes, peut donner une mesure de la hauteur ou plutôt de la distance à laquelle la foudre éclate. Les chocs ou les bruits quelconques, dont on peut saisir l'instant, donnent lieu à la même observation. D'après cela, on peut juger que plusieurs observateurs, placés sur une même ligne à cent pas les uns des autres, n'entendraient pas au même instant le bruit qui serait excité à l'une des extrémités de cette ligne aux pieds du premier observateur : celui-ci entendrait le son avant tous les autres, le 2ᵉ l'entendrait avant le 3ᵉ, le 3ᵉ avant le 4ᵉ, etc., et ce qu'il importe de remarquer aussi, c'est qu'au moment où le 3ᵉ observateur, par exemple, entendrait le son , le 1er et le 2e ne l'entendraient *plus*, tandis que le 4e et les suivans ne l'entendraient *pas encore*; on peut donc conclure de cette expérience, qu'un son brusque et instantané, comme celui qui résulte d'un choc ou d'une explosion, *passe* successivement d'un lieu à l'autre ; qu'il n'est jamais entendu que dans un lieu à la fois, et que, par conséquent, il est un mouvement particulier dont notre organe est affecté.

Mais, dans quelle substance ce mouvement peut-il se propager avec tant de rapidité? est-ce dans l'air lui-même ou dans quelque autre fluide plus subtil et plus élastique, tel, par exemple, que le fluide qui propage la chaleur et la lumière? Cette question, fort difficile en apparence, peut être résolue d'une manière décisive par l'expérience suivante :

Au milieu de la platine de la machine pneumatique, fig. 5o, on dispose un petit coussinet de laine ou de coton, sur lequel on place un mouvement d'horlogerie à détente, muni d'un timbre; cet appareil étant couvert d'une cloche à tige et à boîte à cuir, on fait le vide aussi exactement qu'il est possible, puis on tourne la tige pour presser la détente et lâcher le ressort. A l'instant l'horloge marche, le marteau frappe le timbre par intervalle, et aucun bruit ne se fait entendre au dehors. Mais, si l'on rend un peu d'air, on commence à distinguer un petit bruit très-aigu, correspondant à chaque coup du marteau ; un peu plus d'air donne à ce bruit un peu plus de force; enfin, quand l'air est tout-à-fait rentré, le son est fort et se fait entendre au loin. Donc le son ne peut pas se propager dans le vide ; là où il n'y a plus de matière pondérable il n'y a plus de véhicule du son.

Ainsi le son diminue d'intensité, par une double cause, à mesure qu'il s'élève dans l'atmosphère : il diminue parce que la distance augmente, et parce que l'air dans lequel il pénètre est de plus en plus raréfié. Les bruits les plus violens qui retentissent sur la terre ne peuvent pas sortir des limites de l'atmosphère ; ils s'affaiblissent à mesure qu'ils en approchent et s'éteignent sans pouvoir les franchir. Réciproquement, nul bruit ne peut venir des espaces célestes jusqu'à la terre ; les plus terribles explosions pourraient éclater sur le globe de la lune, sans qu'il nous soit donné d'en entendre le moindre retentissement.

Il suffit déjà des hauteurs, toujours petites, que les hommes ont pu atteindre, en gravissant les montagnes ou en s'élevant en ballon, pour produire un grand affaiblissement dans l'intensité du son. De Saussure dit qu'au sommet du Mont-Blanc, un coup de pistolet fait moins de bruit qu'un petit pétard tiré dans la plaine, et M. Gay-Lussac a constaté que l'intensité de sa voix était très-affaiblie lorsqu'il essayait de former des sons à 7,000 mètres de hauteur, suspendu dans son ballon, loin des nuages et de tous les corps solides.

L'air n'est pas le seul corps qui puisse transmettre les sons, tous les fluides élastiques jouissent de cette propriété ; on s'en assure aisément en faisant résonner le timbre de l'expérience précédente dans des cloches remplies de différens gaz ou de différentes vapeurs. Pour ces derniers fluides, les expériences peuvent se faire encore d'une manière plus commode en suspendant au centre d'un grand ballon (*Fig.* 49.) une petite sonnette avec des fils de chanvre non tordus. Quand le vide est fait, la sonnette ne peut plus se faire entendre ; alors si on fait passer dans le ballon quelques gouttes d'un liquide volatil, tel que l'éther, la vapeur se forme à l'instant et le bruit se transmet au dehors.

L'eau transmet très-bien le son, les plongeurs peuvent entendre ce que l'on dit sur le rivage, et du rivage on entend le bruit des cailloux qui sont heurtés sous l'eau à de grandes profondeurs.

Enfin les corps solides peuvent non-seulement produire

le son, mais ils peuvent aussi le transmettre dans toute l'é-
tendue de leur matière : quand le timbre est sous la cloche,
il faut bien que le son traverse toute l'épaisseur des parois pour se faire entendre au dehors. Un grand nombre
d'expériences analogues démontrent cette vérité ; nous nous
bornerons à indiquer ici le phénomène curieux que l'on
observe dans les longues pièces de bois. Si un observateur
approche l'oreille de l'une des extrémités d'une poutre de
sapin de 20 à 25 mètres de longueur, il entendra le bruit
que l'on pourra faire à l'autre extrémité en y passant légèrement des barbes de plume contre le bout des fibres, et
cependant ce bruit est si faible dans l'air qu'il est à peine
entendu par ceux qui le produisent. Un moindre frémissement peut encore se transmettre de la même manière,
car il suffit de parler très-bas, mais directement contre
l'extrémité des fibres, pour que le bruit parcoure rapidement toute la longueur de la poutre et affecte l'organe
qui écoute à l'autre extrémité ; cette longue masse solide
fait en quelque sorte l'office de porte-voix.

Après avoir montré que le son est un mouvement, qu'il
est produit dans la matière pondérable, et qu'il peut se
propager dans tous les corps, il faut essayer de reconnaître
quelle est la nature de ce mouvement.

472. *Le mouvement qui produit le son est toujours un
mouvement de vibration.* La plupart des corps sonores
accomplissent des oscillations sensibles pendant tout le
temps qu'ils rendent des sons. Ce phénomène est surtout
frappant dans les cordes de violon, de harpe, de guitare et
des autres instrumens de cette espèce ; les oscillations, il
est vrai, sont trop rapides pour que l'esprit puisse les
compter ; mais l'œil les aperçoit, il saisit les limites
des excursions de la corde, et il croit la voir en même
temps, dans toutes les positions intermédiaires, à peu près
comme il voit un cercle de feu lorsqu'un charbon en-
flammé est tourné en rond avec une vitesse suffisante,

c c′ (*fig.* 53), étant, par exemple, la position primitive de la corde, c L c′ la position qu'on lui donne en l'écartant avec le doigt ou autrement, dès qu'on l'abandonne, elle vient en c L′ c′, retourne en c L c′ et accomplit ainsi quelques milliers d'oscillations qui diminuent peu à peu d'amplitude et qui finissent par s'éteindre d'elles-mêmes après quelques instans. Le son cesse avec le mouvement, et recommence avec lui. Ce sont ces *oscillations* ou ces mouvemens de *va et vient* que l'on a coutume d'appeler en acoustique des *vibrations*.

Dans les timbres ou les cloches, ces vibrations sont moins apparentes ; mais elles existent comme dans les cordes ; pour s'en assurer, on prend une grande cloche de verre dans laquelle on suspend une petite balle de métal ; on la frappe pour lui faire rendre un son, et ensuite on l'incline pour que la balle vienne en toucher la paroi (*Fig.* 48) ; alors la balle saute d'un mouvement rapide, et l'on entend les chocs répétés qu'elle produit, en retombant, par son poids.

Enfin, il suffit de poser le doigt légèrement sur un corps sonore quelconque, pour sentir, dans toutes les parties de ce corps, un frémissement qui accompagne toujours la production du son ; mais si en un seul point l'on exerce une pression un peu forte, le mouvement est arrêté dans toute la masse et le son est éteint.

Il y a des instrumens, tels que la flûte et le sifflet, qui semblent faire exception au principe général que nous avons énoncé, car rien dans ces corps sonores ne paraît être en vibration ; mais nous verrons bientôt que, si la matière solide de ces instrumens ne vibre pas ou ne vibre que d'une manière insensible, il y a cependant une matière vibrante, et cette matière est la masse d'air qu'ils contiennent. Ainsi, le principe est vrai dans toute sa généralité, lorsqu'on l'applique seulement au corps sonore lui-même, et nous allons essayer de faire voir qu'il est également vrai lorsqu'on l'applique à l'air ou au milieu quelconque qui enveloppe le corps sonore et qui doit recevoir le son pour le transmettre à des distances indéfinies.

473. *Chaque vibration du corps sonore excite dans l'air une ondulation d'une longueur déterminée.*

Cette proposition est une des plus importantes et des plus difficiles de l'acoustique; mais nous devons l'aborder dès à présent, et mettre d'autant plus de soin à la faire comprendre, qu'elle nous servira comme de point de départ pour exposer les théories de l'optique.

Concevons un tube horizontal T T', fig. 51, ayant, par exemple, 10,000 pieds de longueur et 1 pied de diamètre; l'air qui le remplit est partout à la même température et sous la même pression; un piston P P', joignant bien contre les parois, peut, en 1″ de temps, accomplir une oscillation entre les deux positions P P' et s s' qui sont à 1 pied de distance. Rien n'est établi d'avance sur les vitesses croissantes et décroissantes qu'il pourra prendre dans cet intervalle.

Tout étant en repos, le piston part de P P' pour arriver en s s'; pendant ce mouvement, l'air du tuyau se *modifie* d'une certaine manière, et, pour mieux étudier les modifications qu'il éprouve, nous saisissons l'instant précis où le piston arrive en s s', et nous supposons que toutes les molécules d'air *restent* comme elles se trouvent alors, ou pour mieux dire, nous supposons que celles qui sont comprimées ne puissent pas se débander, que celles qui sont dilatées ne puissent pas se rapprocher, et que celles qui sont en repos conservent leur état de repos.

Si la colonne d'air se comportait comme un corps solide parfaitement dur, il est clair que l'une de ses extrémités étant poussée par le piston, l'autre extrémité sortirait du tuyau au même instant et de la même quantité; mais il n'y a point de corps parfaitement dur; l'air est très-fluide et très-compressible, et quand le piston pousse devant lui l'une des extrémités de la colonne, l'autre extrémité ne peut pas obéir au même instant ; il faut du temps pour que l'impression se transmette jusqu'à elle ; et, d'après la longueur que nous avons donnée au tuyau, nous pouvons bien affirmer qu'aucune molécule d'air n'est sortie par l'extrémité ouverte t' pendant que le piston est passé de p p' en s s'. Donc, l'air est *comprimé* dans le tuyau à droite du piston, puisqu'il occupe 1 pied de longueur de moins qu'il n'occupait tout à l'heure. De plus, il est évident qu'il n'est pas comprimé *également* dans toute l'étendue du tuyau ; car, pendant la durée de 1″ que le piston a dû mettre pour venir de p p' en s s', la compression n'a pu se communiquer et se faire sentir qu'à une certaine distance, telle que a a', par exemple. Cette partie de la colonne d'air, qui a pu être *modifiée* pendant le mouvement du piston, est ce que l'on appelle *une onde* ou *une ondulation*, et la *longueur de l'onde* est la distance de ses deux extrémités s s' et a a'.

Examinons maintenant comment l'air est modifié dans les différentes parties de l'onde ; et, pour cela, concevons des plans parallèles au piston, qui partagent la colonne d'air en petites tranches, telles que a b c d, c d e f, etc., ayant toutes la même épaisseur ; il est probable que dans chaque tranche toutes les molécules d'air, depuis l'axe jusqu'au contour du tuyau, éprouvent les mêmes modifications, car tout est pareil pour chacune d'elles. Ainsi, pour savoir ce qui est arrivé à toute la masse d'air qui compose l'onde, il suffit de connaître ce qui est arrivé à une molécule de chaque tranche. Or, puisque l'air qui était compris depuis p p' en a a' a été comprimé dans sa totalité et réduit à n'occuper que l'espace s s' a a', il faut bien que dans chaque tranche les molécules aient éprouvé deux effets : 1° qu'elles aient été comprimées, 2° qu'elles aient reçu une certaine vitesse *impulsive*, c'est-à-dire, qui les éloigne du centre d'ébranlement ou du piston qui les a poussées.

Il est évident que, dans toute la longueur de l'onde, les différentes tranches ne peuvent être au même état : la dernière tranche, par exemple, celle qui touche A A', n'a pu recevoir qu'une très-petite vitesse et une compression très-petite, puisque le mouvement ne fait que d'y arriver; la première tranche, celle qui touche s s', est déjà revenue au repos, puisque nous considérons les phénomènes à l'instant où le piston s'arrête; et comme elle n'a plus de vitesse, elle n'a pareillement plus de compression; elle a déjà communiqué tout ce qu'elle avait. Au contraire, les tranches qui sont vers le milieu de l'onde ont en même temps la plus forte compression et la plus grande vitesse. Il y a donc un certain ordre dans les diverses modifications des différentes tranches, tant pour la vitesse des molécules d'air, que pour leur compression. Cet ordre dépend de l'ordre des vitesses croissantes et décroissantes par lesquelles le piston a dû passer en se transportant de p p' en s s'.

On peut représenter, par une figure qui parle aux yeux, tous les mouvemens qui caractérisent une onde depuis son origine jusqu'à sa fin; pour cela, il suffit d'élever sur la ligne s A, qui en marque la longueur, des perpendiculaires dont les hauteurs représentent le degré de compression des tranches correspondantes; les extrémités de ces perpendiculaires formeront une ligne dont la courbure ou les sinuosités représenteront fidèlement l'ordre dans lequel se succèdent les compressions des tranches successives. En s, la hauteur de la perpendiculaire sera nulle puisque la compression est nulle; il en sera de même en A; en x la hauteur de la perpendiculaire sera, par exemple, x x', en y elle sera y y', en M elle sera M M', etc., en sorte que la courbe des compressions s M' A pourrait être une demi-circonférence de cercle. Mais on conçoit que, sur cette longueur s A, on peut tracer une foule de courbes continues passant par les points s et A, comme on le voit en s n A, s n′ A, et même, l'une de ces courbes étant donnée, on peut toujours attribuer au piston, dans son passage de p p′ en s s′, un mouvement tel qu'il excite une onde dont les compressions successives soient représentées par cette courbe. Quand il y a plusieurs sinuosités dans la courbe des compressions comme en s′ p q r A, on dit que l'onde correspondante est une *onde dentelée*.

Après avoir fait l'analyse des diverses modifications que le piston peut imprimer à la colonne d'air en passant de p p′ en s s′ dans l'intervalle de 1″, essayons de voir ce qui arrivera dans les instans suivans, le piston restant toujours arrêté en s s′. L'air momentanément comprimé depuis s s′ en A A′, ne peut pas rester dans cet état ; car, le tuyau étant ouvert en r′, il faut qu'après un certain temps, l'air excédant soit sorti, et que toute la colonne soit revenue au repos. Or, on démontre, en mécanique, que la compression et la vitesse se communiquent de proche en proche de la manière suivante ; dans le 1er instant de la 2e *seconde*, la vitesse passe à droite de A A′, envahit une première tranche, et en même temps la tranche qui touche le piston tombe au repos ; dans le 2e instant une deuxième tranche à droite de A A′ est envahie, et une deuxième tranche en avant du piston tombe au repos ; dans le 3e instant, le mouvement gagne la 3e tranche en avant de A A′, et le repos gagne la 3e tranche en avant du piston, etc. ; de telle sorte, qu'à la fin de la 2e *seconde* l'air est en repos depuis s en A, et il est agité depuis A en B ; la longueur A B est égale à s A, et de plus, les compressions et les vitesses depuis A en B sont exactement ce qu'elles étaient depuis s en A. Ainsi, l'ondulation s'avance et se transporte, en quelque sorte, tout d'une pièce en conservant sa longueur et tout ses caractères ; à la fin de la 3ᵉ *seconde* elle serait en в c ; à la fin de la 4ᵉ, en c,d, etc.

L'onde que nous venons de décrire, dans laquelle toutes les tranches sont *comprimées* et toutes les vitesses *impulsives*, s'appelle *onde condensée* ou quelquefois *onde condensante*.

Mais il est facile de voir que des phénomènes inverses se sont développés à gauche du piston p p′ pendant qu'il s'est transporté en s s′. En effet, un espace plus grand a été offert à la colonne d'air, la 1ʳᵉ tranche s'est précipitée à la suite du piston *en se raréfiant*, la 2ᵉ tranche s'est précipitée pour suivre la 1ʳᵉ et prendre sa place, etc., etc. ; et après la 1ʳᵉ *seconde*, quand le piston s'arrête en s s′, la raréfaction s'est fait sentir jusqu'en *a*. L'onde qui en résulte s'appelle *onde raréfiée*, ou bien *onde raréfiante* ; sa longueur est exactement la même que celle de l'onde condensée qui se produit devant le piston ; les raréfactions sont nulles en s s′ et en a a′, et, dans toutes les tranches, les vitesses sont *apulsives*, c'est-à-dire dirigées vers le centre de l'ébranlement.

Cette onde raréfiée se propage aussi, de proche en proche, dans toute l'étendue de la colonne d'air, en conservant partout la même longueur et la même succession de vitesses et de raréfactions.

Ces considérations nous laissent entrevoir, dès à présent, les principes sur lesquels repose le phénomène de l'audition ; car, si nous imaginons dans quelques points du tuyau une tranche quelconque н н′, fig. 51, nous pouvons remarquer qu'elle éprouve successivement toutes les modifications qui constituent l'onde s a, puisqu'elle devient, tour à tour, la 1ʳᵉ, la 2ᵉ, la 3ᵉ..., et la dernière tranche de cette onde. Et, si dans cette tranche nous imaginons une petite membrane mm′, très-délicate et très-élastique, il est évident qu'elle devra recevoir dans leur ordre toutes les impulsions qui sont successivement données aux molécules d'air; or c'est là précisément ce qui arrive à la *mem-brane du tympan* qui termine le conduit, dont le pavillon de l'oreille est l'épanouissement. On conçoit donc que cette membrane, dont la mobilité égale celle de l'air, puisse recevoir et compter en quelque sorte toutes les modifications des différentes tranches de l'onde sonore.

Si le piston après s'être arrêté en s s', pendant un instant imperceptible, revient dans sa position primitive p p' en repassant par les mêmes vitesses, on voit qu'il excitera derrière lui, à droite de s s', une onde raréfiée toute pareille à celle qu'il avait excitée à gauche pendant *son allée*, et que cette onde se mettra à la suite de la première onde condensée, de telle sorte qu'à la fin de la 2ᵉ *seconde*, l'onde condensée sera entre A et B, et l'onde raréfiée entre A et s. De l'autre côté, au contraire, l'onde raréfiée sera de a en b, et l'onde condensée de a en s, puis une autre *allée* et une autre *venue* du piston exciteront encore des ondes semblables, et semblablement disposées, qui *courront* après les premières, et ainsi de suite. Alors une oreille qui serait placée quelque part dans le tuyau n'entendrait plus un son passager comme le bruit d'une explosion, mais un *son continu* plus ou moins grave, plus ou moins fort et d'un timbre plus ou moins agréable. Entre le son de droite et celui de gauche, il n'y aura que cette seule différence, que dans l'un c'est l'onde condensée qui marche la première, et dans l'autre c'est l'onde raréfiée.

474. *De la gravité et de l'acuité des sons.* La différence qui existe entre les sons graves et les sons aigus est si frappante pour nos organes, qu'elle doit certainement correspondre à quelque modification physique bien caractérisée dans l'air qui porte ces sons. Nous démontrerons plus tard, par des observations directes, que le son le plus grave que nous puissions entendre a une longueur d'onde de 32 pieds, et que le son musical le plus aigu n'a qu'une longueur de 18 lignes environ. Entre ces deux limites, sont

compris tous les sons et toutes les nuances que l'oreille humaine puisse distinguer , et deux ondes de même longueur donnent toujours *l'unisson* parfait, quelle que soit d'ailleurs l'intensité ou le timbre des sons qu'elles portent. Les ondes plus longues que 32 pieds et celles qui sont plus courtes que 18 lignes, viennent sans doute à leur manière frapper aussi la membrane du tympan ; mais il n'en résulte aucune sensation distincte ; l'organe reste sourd pour ces sons-là. Le rapport de gravité et d'acuité de deux sons est ce qu'on appelle le *ton*.

475. L'*intensité* du son ne peut pas dépendre de la longueur des ondes, elle dépend seulement des compressions plus ou moins fortes ou des vitesses plus ou moins grandes que l'air a reçues du corps sonore et qui se transmettent de couche en couche jusqu'à notre organe. Une corde de basse peut être à l'unisson avec le bruit déchirant du tamtam ; c'est-à-dire que les ondes sont de même longueur, mais l'air frappé par le tam-tam accomplit des vibrations dont l'amplitude est beaucoup plus grande ; c'est là ce qui fait son intensité assourdissante.

476. Le *timbre* des sons est bien plus difficile à caractériser que le ton et l'intensité ; les physiciens ne sont pas complétement d'accord sur ce point, mais il paraît bien probable que le timbre dépend de l'ordre dans lequel se succèdent les vitesses et les changemens de densité dans les différentes tranches d'air qui sont comprises entre les deux extrémités de l'onde. On a même supposé que les *sons articulés* par une voix diffèrent des sons inarticulés, en ce que les ondes sont toujours *dentelées* pour les premiers et ne le sont jamais pour les seconds.

477. *Tous les sons, quel que soit leur ton, leur timbre ou leur intensité, se propagent dans l'air avec la même vitesse.* Lorsque plusieurs observateurs écoutent un concert à diverses distances, il entendent tous la même mesure et la même harmonie. Ainsi, en se propageant au loin, tous

les sons se succèdent dans le même ordre et aux mêmes intervalles ; ce qui suppose nécessairement qu'ils marchent avec la même vitesse ; car, si les sons graves, par exemple, prenaient l'avance sur les sons aigus, la mesure serait bientôt rompue, et ce qui serait une harmonie à 10 pas serait à 100 pas une insupportable cacophonie.

478. *La vitesse du son dans l'air est de 340 mètres par seconde à 16°.* On a fait de nombreuses expériences en différens lieux de la terre, pour déterminer avec exactitude la vitesse du son. On peut citer particulièrement en France, celles du P. Mersennes, celles de Cassini et Huyghens, celles des académiciens en 1738, et celles du Bureau des Longitudes en 1822 ; en Angleterre, celles de Walker en 1698, celles de Flamsteed et Halley, et celles de Derham en 1704 ; en Italie, celles de l'académie del Cimento en 1660, et celles de Blanconi, en 1440 ; en Allemagne, celles de Mayer en 1778 ; celles de Muller en 1791, et celles de Bensenberg en 1809 ; dans les Pays-Bas, celles de Moll et Vanbeek en 1823 ; enfin en Amérique, celles de La Condamine en 1740 et celles d'Espinosa de Bauza en 1794. Ces expériences offrent dans leurs résultats des différences assez considérables. Nous nous bornerons à exposer seulement celles qui ont été faites, près de Paris en 1822, par le Bureau des Longitudes, sur la proposition de M. Delaplace.

Les deux stations que l'on avait choisies étaient Villejuif et Montlhéry. A Villejuif, le capitaine Boscary fit disposer, sur un point élevé, une pièce de six avec des gargousses de deux et de trois livres de poudre. Les observateurs placés autour de la pièce, étaient MM. de Prony, Arago et Mathieu. A Montlhéry, le capitaine Pernetty fit disposer une pièce de même calibre, avec des gargousses de même poids ; les observateurs étaient MM. de Humboldt, Gay-Lussac et Bouvard. Les expériences furent faites de nuit et commencèrent à 11 h. du soir le 21 et le 22 juin 1822. De Villejuif, l'on apercevait très-distinctement le feu de l'explosion de Montlhéry et *vice versá*; le ciel était serein et l'air à peu près calme.

Les chronomètres étant bien réglés, il avait été convenu que chaque station tirerait 12 coups à 10′ les uns des autres, et que la station de Montlhéry commencerait 5′ avant celle de Villejuif; de telle sorte qu'un observateur qui aurait été placé juste au milieu de la ligne des deux canons aurait entendu de 5′ en 5′ des *coups croisés* ou *réciproques*, le 1ᵉʳ venant de Montlhéry, le 2ᵉ de Villejuif, le 3ᵉ de Monthléry, etc. Ces coups réciproques étaient le seul moyen de découvrir l'influence du vent sur la vitesse du son, ou plus généralement de découvrir si au milieu des variations sans nombre qui modifient l'atmosphère à chaque instant, le son emploie le même temps pour parcourir le même espace dans les deux directions opposées.

Les observateurs de Villejuif entendirent parfaitement tous les coups de Montlhéry; chacun d'eux notait sur son chronomètre le temps qui s'écoulait entre l'apparition de la lumière et l'arrivée du son; la plus grande différence que l'on trouve entre les trois résultats correspondans à une observation ne s'élève pas à plus de 3 ou 4 dixièmes de seconde, et entre les douze observations la différence des moyennes ne dépasse pas 3 dixièmes de seconde; le temps le plus long est 55″, le plus court 54″,7 et le temps moyen de 54″,81.

A Montlhéry, on ne put entendre que sept des douze coups tirés à Villejuif; et même sur ces sept coups il n'y en eut pas un seul qui fût entendu par les trois observateurs à la fois. Cependant les résultats sont assez concordans : le temps le plus long est 54″,9, le plus court 53″,9 et le temps moyen de 54″,43.

Ainsi on peut prendre 54″,6 pour le temps moyen que le son mettait à passer d'une station à l'autre.

Restait à mesurer exactement l'intervalle des deux stations; M. Arago fut chargé de ce soin, et en s'appuyant sur la triangulation de la méridienne, il trouva que les deux canons étaient à une distance de 9549,6 toises.

En divisant cette longueur par 54″,6, durée moyenne de propagation, l'on trouve 174,9 toises ou 340^m,88, pour l'espace que le son a parcouru en 1″ dans la nuit du 21 juin 1822; la température était de 16° centigrades; le baromètre marquait à Villejuif 756,^{mm}5, et l'hygromètre de Saussure 78°.

Ainsi la vitesse du son est de 340^m,88 à la température de 16°.

En réduisant, par le calcul que nous verrons plus loin, cette vitesse à ce qu'elle serait pour 10°, on trouve 337^m,28, et pour la température 0 on trouve 331^m,12.

CHAPITRE II.

Évaluation numérique des sons par les vibrations des cordes, des tuyaux cylindriques, des lames et de la sirène.

479. *Lois générales des vibrations des cordes et des sons harmoniques qu'elles produisent.*

Lorsqu'on pince une corde tendue sur un instrument quelconque, comme une harpe ou une guitare, les vibrations qu'elle accomplit sont beaucoup trop rapides pour que l'on puisse en compter le nombre absolu ; cependant l'on peut alors distinguer assez nettement deux phénomènes remarquables : premièrement le son *monte* et devient plus aigu dès qu'on raccourcit la corde ou qu'on lui donne une plus forte tension, et secondement le nombre des vibrations augmente d'une manière sensible. Ainsi, il y a certainement une dépendance entre le son de la corde, sa longueur, sa tension, et la rapidité de ses vibrations ; mais cette dépendance, si facile à constater par l'expérience, ne peut être déterminée que par le secours du calcul ; elle constitue ce que l'on appelle en mécanique le *problème des cordes vibrantes*, problème qui fut résolu en premier lieu par Taylor (*Methodus incrementorum*, etc., 1716), et qui eut beaucoup de célébrité, parce qu'il excita pendant près d'un demi-siècle de vives discussions entre les plus grands géomètres. Jean Bernouilli, D'Alembert, Euler et Daniel Bernouilli, avaient beaucoup écrit sur ce sujet, quand Lagrange, en 1759, presque à son début dans la carrière des sciences, eut la gloire de lever toutes les difficultés et de mettre un terme à la discussion.

Voici les résultats auxquels on arrive par le calcul, et qui expriment les lois des vibrations des cordes :

1° *Les nombres de vibrations d'une corde sont en raison inverse de sa longueur*, c'est-à-dire, que si une corde sonore quelconque est tendue sur un instrument, comme le violon, la basse, la guitare, etc., et qu'elle fasse dans un certain temps un nombre de vibrations représenté par 1, lorsqu'elle vibre à vide ou dans toute sa longueur, elle fera dans le même temps des nombres de vibrations représentés par 2, 3, 4, etc., lorsque, *sans changer sa tension*, l'on fera vibrer seulement $\frac{1}{2}$, $\frac{1}{3}$, $\frac{1}{4}$, etc., de sa longueur ; elle ferait des nombres de vibrations représentés par $\frac{3}{2}$, $\frac{4}{3}$, $\frac{7}{7}$, etc., si l'on faisait vibrer seulement $\frac{2}{3}$, $\frac{3}{4}$, $\frac{4}{7}$, etc., de sa longueur. Pour limiter ainsi la partie vibrante, il suffit de promener un petit chevalet sur lequel on presse légèrement la corde avec le doigt.

2° *Les nombres de vibrations d'une corde sont proportionnels aux racines carrées des poids qui la tendent ;* c'est-à-dire, que si l'on représente par 1 le nombre des vibrations d'une corde qui est tendue par un poids 1, ce nombre de vibrations dans le même temps deviendra 2, 3, 4, etc., quand, *sans changer sa longueur*, on la tendra par des poids 4, 9, 16, etc.

3° *Les nombres de vibrations des cordes de même matière sont en raison inverse de leur épaisseur ou de leur diamètre*, c'est-à-dire, que si l'on prend, par exemple, deux cordes de cuivre ou deux cordes d'acier comme celles d'un piano, dont l'une ait un diamètre double de l'autre, qu'on les tende par *un même poids* et qu'on en fasse vibrer *des longueurs égales*, la plus mince fera dans le même temps deux fois plus de vibrations que la plus grosse. Il est probable que deux cordes à boyaux ne suivraient pas exactement cette loi, parce qu'on n'est jamais sûr qu'elles soient absolument de même matière.

4° *Les nombres de vibrations des cordes de matières*

différentes sont en raison inverse des racines carrées de leurs densités; c'est-à-dire, que si l'on prend, par exemple, une corde de cuivre dont la densité est presque 9, et une corde à boyau dont la densité est à peu près 1, qu'elles aient le même diamètre, qu'on les tende par des poids égaux et qu'on en fasse vibrer des longueurs égales, le nombre des vibrations de la corde de cuivre sera trois fois moindre que le nombre des vibrations de la corde à boyau. Il est évident que les lois précédentes ne peuvent s'appliquer qu'à des cordes homogènes dans leur longueur et dans leur épaisseur, et que, par exemple, elles ne s'appliquent nullement aux cordes à boyau revêtues d'un fil de métal, dont on se sert pour la harpe et pour les 4.ʳˢ des basses et des violons. Le métal enveloppant est ici une masse inerte qui doit être entraînée par l'élasticité de la corde et qui augmente par conséquent la durée des vibrations.

Ces principes une fois posés, il devient très-facile de représenter les sons par des nombres. On se sert pour cela d'un instrument qui donne des sons purs et qui permette de mesurer avec exactitude les longueurs des cordes. Cet instrument s'appelle *sonomètre* ou *monocorde;* on peut lui donner différentes formes; nous supposerons que l'on emploie celui qui est représenté dans la *Figure* 52, il porte une corde à boyau et une corde de métal, pour montrer que sur l'une et sur l'autre les effets sont les mêmes. La corde est attachée à un crochet c, passe sur les chevalets fixes f et f′, sur une poulie mobile m, et s'attache à un autre crochet c′ auquel on suspend les poids p. Le chevalet mobile h h′ peut glisser sous la corde sans la toucher, on l'arrête où l'on veut, et pour réduire la longueur de la corde il suffit de la presser avec le doigt sur l'arête t de ce chevalet. Nous verrons plus tard que la caisse s s′ sert à renforcer le son. Supposons maintenant que la corde soit convenablement chargée pour rendre un son plein et pur en vibrant à vide, que l'on prenne ce son pour point de départ, ou pour l'*ut*, et qu'on avance peu à peu le chevalet pour obtenir successivement les autres *notes* de la *gamme, ré mi fa sol la si ut*, la longueur de la corde entière étant représentée par 1, on trouvera pour les autres notes les longueurs suivantes :

Noms des sons. . . . . ut ré mi fa sol la si ut.
Longueurs des cordes. $1 \quad \frac{8}{9} \quad \frac{4}{5} \quad \frac{3}{4} \quad \frac{2}{3} \quad \frac{3}{5} \quad \frac{8}{15} \quad \frac{1}{2}$.

Mais les nombres de vibrations de la corde étant en raison inverse de sa longueur, on aura donc, en représentant par 1 le nombre des vibrations qui donnent l'*ut* :

Noms des sons. . . . . ut ré mi fa sol la si ut.
Nombre des vibrations. $1 \quad \frac{9}{8} \quad \frac{5}{4} \quad \frac{4}{3} \quad \frac{3}{2} \quad \frac{5}{3} \quad \frac{15}{8} \quad 2$.

On sait que *l'intervalle* de *ut* à *ré* s'appelle une *seconde*; de *ut* à *mi* une *tierce*; de *ut* à *fa* une *quarte*; de *ut* à *sol* une *quinte*; de *ut* à *la* une *sixième*; de *ut* à *si* une *septième*; de *ut* à *ut* une *octave*, etc. Ainsi quand deux sons forment *l'octave*, le nombre des vibrations du plus aigu est double du nombre des vibrations du plus grave; pour la *tierce*, le plus grave fait 4 vibrations et le plus aigu 5; pour la *quarte*, le plus grave 3 et le plus aigu 4; pour la *quinte*, le plus grave 2 et le plus aigu 3, etc. Ces rapports sont invariables, l'oreille n'y tolère aucune altération, c'est-à-dire, qu'il faut pour que deux sons soient à l'octave que le nombre des vibrations du plus aigu divisé par le nombre des vibrations du plus grave donne 2 ; qu'il donne 3/2 pour la quinte, etc. Ainsi le nombre des vibrations du *ré* étant $\frac{9}{8}$, son *octave aiguë* sera $\frac{9}{8} \times 2 = \frac{9}{4}$, et son *octave grave* $\frac{9}{8} : 2 = \frac{9}{16}$, etc.; sa tierce sera $\frac{9}{8} \times \frac{5}{4} = \frac{45}{32}$; sa quinte $\frac{5}{9} \times \frac{3}{2} = \frac{24}{18}$, etc.; réciproquement, le *ré* et le *sol* forment une *quarte*, parce que le rapport de sol à ré est $\frac{3}{2} : \frac{9}{8} = \frac{3}{2} \times \frac{8}{9} = \frac{4}{3}$ qui est le rapport *de quarte* ; tandis que le *ré* et le *la* ne forment pas une *quinte*, parce que le rapport de *la* à *ré* est $\frac{5}{3} : \frac{9}{8} = \frac{5}{3} \times \frac{8}{9} = \frac{40}{27}$ qui n'est pas $\frac{3}{2}$ comme il est nécessaire pour la quinte, etc.

On peut d'après cela écrire facilement autant d'octaves que l'on voudra, *au-dessus* ou *au-dessous* de l'octave précédente ; puisqu'il suffira de multiplier tous les nombres de celle-ci par 2, par $2^2 = 4$, par $2^3 = 8$, etc., pour avoir successivement la 1re, la 2e, la 3e octave *au-dessus*, et de les multiplier par $\frac{1}{2}$, par $\frac{1}{2^2} = \frac{1}{4}$, par $\frac{1}{2^3} = \frac{1}{8}$, etc., pour avoir la première, la deuxième, la troisième octave *au-dessous*, etc.

Ces sons ne sont pas les seuls que l'on emploie dans la musique, on emploie aussi des *dièses* et des *bémols*. Mais il est facile de s'assurer au moyen du monocorde, par des expériences analogues aux précédentes, que *diéser* un son, c'est multiplier le nombre de ses vibrations par $\frac{25}{24}$; et que le *bémoliser*, c'est le multiplier par $\frac{24}{25}$. Ainsi tandis que l'*ut*, par exemple, fait 24 vibrations, l'*ut dièze* en fait 25 et tandis que le *si* fait 25 vibrations le *si bémol* n'en fait que 24.

Lorsque deux sons s'approchent tellement de l'unisson que l'un d'eux fait 80 vibrations tandis que l'autre en fait 81, en sorte que leur *intervalle* ou leur rapport soit $\frac{80}{81}$, on dit qu'ils ne diffèrent que d'un *comma*. Les organes exercés sentent très-bien cette différence.

Lorsqu'on fait résonner ensemble deux sons qui sont à l'*octave*, ou à la *tierce*, ou à la *quinte*, ils forment une *consonnance*, ou un *accord* ; au contraire, la *seconde* ou la *septième* forment une *dissonance*.

Les *sons harmoniques* sont ceux qui suivent la série des nombres naturels, 1, 2, 3, 4, 5, etc. ; le 2e est l'*octave* du 1er ; le 3e en est la *douzième*, ou la double quinte ; le 4e la *double octave* ; le 5e la *dix-*

septième ou la triple tierce, etc.; ainsi ils ne forment jamais de dissonance. C'est sans doute pour cette raison qu'on les appelle depuis long-temps sons harmoniques, mais un phénomène remarquable, est l'existence simultanée de tous ces sons dans les vibrations d'une seule corde. En effet, si l'on met en mouvement avec l'archet une corde de violon ou de violoncelle, on n'entend pas seulement le *son fondamental* de cette corde, celui qu'elle rend en vibrant dans toute sa longueur, mais on entend encore le son 3 ou sa douzième, et le son 5 ou sa dix-septième; il y en a même qui prétendent démêler aussi le son 6 ou sa dix-neuvième. Ce phénomène trouve son explication dans l'expérience suivante que l'on doit à Sauveur. On place le chevalet mobile sous le milieu de la corde du monocorde, et avec le doigt on appuie *très-légèrement* sur ce point, tandis que l'on passe l'archet *près du chevalet fixe* pour ébranler l'une des moitiés de la corde; cette moitié s'ébranle en effet, mais l'autre moitié entre aussi en vibration très-visiblement, et si l'on veut s'en assurer il suffit de mettre en divers points près de son milieu de petits chevrons de papier qui seront lancés au loin. La figure que prend alors la corde est représentée dans la *Fig.*54. On peut ensuite placer le chevalet mobile à la fin du premier tiers de la corde, et quand on ébranle ce premier tiers avec l'archet comme tout à l'heure, les deux autres tiers entrent à l'instant en vibration; mais chacun d'eux vibre séparement, autour du point n qui reste fixe quoique libre, *Fig.* 55. Pour s'en assurer on met encore de petits chevrons de papier, en v, en n et en v'. Ceux qui sont en v et v' santillent d'abord et sont bientôt renversés, tandis que celui qui est en n reste immobile. Le point n s'appelle un *nœud*, et les points v et v' des *ventres*.

L'expérience réussit de même lorsqu'on place le chevalet à la fin du premier quart, du premier cinquième ou du premier sixième de la corde; il y a alors, 2, 3 ou 4 nœuds sur lesquels les chevrons restent immobiles, tandis qu'ils sautent vers le milieu de tous les ventres.

Sauveur s'appuie sur ces résultats curieux, pour conclure qu'une corde sonore ébranlée à vide ne vibre pas seulement dans toute sa longueur, mais que chacune de ses moitiés, chacun de ses tiers, chacun de ses quarts, de ses cinquièmes et de ses sixièmes, etc., vibre séparément et produit le son qui convient à sa longueur, et que telle est la cause de la formation des harmoniques; en effet : que le milieu m de la corde *Fig.* 56, oscille de h en h', quand la corde vibre en totalité, ce mouvement n'empêche pas que chaque moitié ne vibre autour de lui, comme s'il était en repos ; il en est de même de tous les nœuds correspondans à chaque tiers, à chaque quart, etc. ; et si f $m f'$, *Fig.* 56, représente par exemple une position de la corde entière pendant ses vibrations, il faut concevoir qu'elle est là partagée en une foule de parties vibrantes dont plusieurs sont indiquées sur la figure.

480: *Lois générales des vibrations des tuyaux cylindriques et du battement qui résulte de deux sons voisins.*

Les tuyaux sonores tels qu'ils entrent dans la composition des orgues sont en général disposés comme un *sifflet* ou comme un *flageolet*. On y distingue le *pied*, la *bouche* et le *tuyau* proprement dit : le *pied* apporte le *vent*, la *bouche* fait *parler*, le *tuyau* contient la colonne d'air qui doit entrer en vibration et produire le son. Dans le sifflet le pied p p', *Fig.* 62, apporte le vent par la *lumière* $l\,l'$, la bouche $b b'$ a sa *lèvre inférieure* au bord b de la lumière et sa *lèvre supérieure* au *biseau* b'. Dans le tuyau d'orgue, *Fig.* 61, le pied est creux, et la lumière $l\,l'$ qui apporte le vent n'est qu'une espèce de fente dans la plaque qui ferme la grande base du pied ; la bouche est plus ou moins ouverte, c'est-à-dire, que la lèvre supérieure b' est plus ou moins éloignée ; quelquefois cette lèvre est mobile pour s'approcher ou s'éloigner à volonté.

Pour donner le vent aux tuyaux dans les expériences, on se sert d'un soufflet ordinaire s s′, *Fig.* 60, qui se gonfle au moyen de la pédale p; le petit conduit τ τ′ apporte le vent dans la caisse c c′ dont la table supérieure est percée d'une douzaine de trous o o.; ces trous sont fermés par de petites soupapes à ressort et s'ouvrent à volonté au moyen des touches нн′.

Un tuyau étant mis en place et le soufflet gonflé, on met le doigt sur la touche, et au moyen de la tige t t′ que l'on presse plus ou moins on donne le vent avec plus ou moins de force.

Supposons d'abord que le tuyau soit *ouvert* et qu'il ait partout le même diamètre; en lui donnant le vent avec plus ou moins de force et en changeant, s'il le faut, la largeur de la bouche on parviendra à lui faire rendre différens sons; et si l'on représente par 1 le *son fondamental*, c'est-à-dire, le plus grave qu'il puisse donner, les autres sons suivront la série des nombres naturels 1, 2, 3, 4, etc., et quelque moyen que l'on essaie on ne parviendra jamais à lui faire rendre un son quelconque compris entre ceux-là.

Tous les tuyaux cylindriques ou prismatiques de même longueur donneront le *même son fondamental* et la même série 2, 3, 4, etc., pourvu que leur longueur soit 10 ou 12 fois leur diamètre, et que la matière qui les compose ait une rigidité convenable; seulement si les tuyaux sont très-minces ils octavieront presque toujours, c'est-à-dire, qu'ils donneront le son 2 et les suivans, et il sera très-difficile d'en tirer le son fondamental.

Quand le tuyau rend le son 2, on peut le couper par le milieu et enlever sa moitié supérieure sans que le son éprouve la moindre altération; de même quand il produit le son 3, on peut le diviser en trois et enlever l'un des tiers et même les deux tiers supérieurs, etc.

Ainsi pour le son 2 il y a un *ventre* au milieu de la

longueur du tuyau, c'est-à-dire, que la couche d'air qui s'y trouve n'est, pendant la vibration sonore , ni raréfiée ni condensée ; car si elle éprouvait un changement de densité, on ne pourrait pas en ce point faire une ouverture sans altérer le son, et à plus forte raison ne pourrait-on pas enlever la moitié supérieure du tuyau. Pour le son 3 il y a deux *ventres intermédiaires,* l'un à la fin du premier tiers, l'autre à la fin du second tiers de la longueur, car si l'on fait des ouvertures dans ces points le son n'est pas changé, et il l'est toujours si l'on fait des ouvertures ailleurs. Il y a trois ventres intermédiaires pour le son 4 ; 4 pour le son 5 , etc.

C'est à Daniel Bernouilli que l'on doit ces expériences, et toute la théorie des instrumens à vent (*Acad. des sciences,* 1762), telle à peu près qu'elle est admise aujourd'hui ; on en conclut que l'onde sonore qui correspond au son fondamental d'un tuyau a la même longueur que ce tuyau ; que celle qui correspond au son 2 a une longueur moitié, que celle du son 3 est $\frac{1}{3}$ du tuyau ; celle du son 4, seulement $\frac{1}{4}$, etc. Car, les deux extrémités d'un tuyau ouvert sont essentiellement des ventres où la couche d'air ne peut être ni condensée ni raréfiée, puisqu'elle communique avec l'air extérieur, et l'espace compris entre deux ventres est toujours la longueur de l'onde.

Pour les *tuyaux fermés,* la loi des vibrations est différente : on en peut faire l'expérience avec un tube de verre d'environ 30 pouces de longueur sur 1 pouce de diamètre, *Fig.* 57, dans lequel on fait glisser un piston P, au moyen de la tige T. Après avoir ajusté le tube sur une embouchure convenable on l'adapte au soufflet, comme on le voit plus en petit dans la figure 60, et en laissant passer le courant d'air d'abord très-lentement on obtient le son fondamental que nous représenterons par 1 ; un courant un peu plus fort fait sortir le son 3 ; et en augmentant progressivement la force du courant par une pression croissante on fait sortir à la suite les sons 5, 7, 9, etc. ; ainsi un tuyau fermé, de longueur constante, rend différens sons qui suivent la série des nombres impairs 1, 3, 5, 7, etc., sans qu'il soit possible d'en faire sortir aucun son intermédiaire.

A cette loi il faut ajouter encore ce fait remarquable que le son fondamental d'un *tuyau fermé* et le son fondamental d'un *tuyau ouvert*, de même longueur, sont toujours à l'octave ; et que le tuyau fermé donne le son grave ou le son 1, tandis que le tuyau ouvert donne le son aigu ou le son 2. C'est ce qu'il est facile de vérifier par l'expérience. Comme, d'une autre part, l'onde correspondante au son fondamental d'un tuyau ouvert a une longueur égale à celle du tuyau, il en résulte que *l'onde* correspondante au son fondamental d'un *tuyau fermé* a une *longueur double* de celle du tuyau. Daniel Bernouilli explique ce fait en admettant que le mouvement du son va se réfléchir sur le fond du tuyau et revient vers l'embouchure ; cette hypothèse explique aussi comment le son 3 est le premier qui puisse succéder au son fondamental ; car si l'on divise la longueur du tuyau en trois parties égales, *Fig.* 58, E T, T T′, T′ F, on pourra considérer les deux premiers tiers E T′ comme formant un tuyau ouvert, qui vibre à l'unisson du tuyau fermé T′ F, formé par le troisième tiers, et le son produit est évidemment le son 3, puisque E T′ est le tiers en longueur du tuyau ouvert qui donnerait le son fondamental, et T′ F aussi le tiers du tuyau fermé E F. S'il en est ainsi, le deuxième son du tuyau fermé E F doit être le même que le son fondamental d'un tuyau fermé dont la longueur serait T′ F ou E T ; en effet lorsqu'on enfonce le piston jusqu'en T on retombe exactement sur le deuxième son qui était produit lorsque le piston était en F. Il en résulte donc que, pendant les vibrations qui donnent le deuxième son, la couche d'air T reste dans le même état que s'il y avait là un fond fixe, c'est-à-dire, qu'elle n'éprouve point d'oscillations ;

elle forme alors ce qu'on appelle un *nœud*, parce qu'en réalité elle reste immobile. Ainsi pour le deuxième son d'un tuyau fermé, il y a dans la longueur de ce tuyau deux *ventres* et deux *nœuds*; le premier ventre est à l'embouchure E, le deuxième est aux deux tiers de la longueur en T′, et le premier nœud est au premier tiers en T; le deuxième est au fond du tuyau en F.

Pour le troisième son qui est le son 5, il y a 3 ventres et 3 nœuds : le premier ventre est toujours à l'embouchure, le deuxième aux $\frac{2}{5}$ et le troisième aux $\frac{4}{5}$; le premier nœud est à $\frac{1}{5}$, le deuxième à $\frac{3}{5}$ et le troisième à $\frac{5}{5}$, c'est-à-dire, au fond.

De même pour le son 7 il y a 4 ventres et 4 nœuds; pour le son 9, 5 ventres et 5 nœuds, etc.

On peut vérifier, par l'expérience, le lieu et l'existence de tous les ventres et de tous les nœuds correspondans à un son quelconque; pour cela il suffit de faire des ouvertures en tous les points que nous venons de désigner comme appartenant aux ventres, le son ne sera pas changé; et l'on pourra aussi, au moyen de la tige T du piston P, *Fig.* 57, pousser ce piston dans tous les points que nous venons de désigner comme appartenant aux nœuds, le son n'en recevra non plus aucune altération, il restera le même pour toutes ces positions du piston.

Il résulte de tout ce qui précède que, pour monter une gamme avec des tuyaux ouverts ou fermés en tirant seulement leur son fondamental, il suffira de prendre 7 tuyaux ouverts dont les longueurs soient entre elles comme les nombres 1, $\frac{8}{9}$, $\frac{4}{5}$, $\frac{3}{4}$, $\frac{2}{3}$, $\frac{3}{5}$, $\frac{8}{15}$, $\frac{1}{2}$, ou 7 tuyaux fermés dont les longueurs soient dans le même rapport. L'expérience semble en ce point s'écarter un peu de la théorie, car des tuyaux qui auraient exactement les rapports précédens donneraient une gamme fausse; mais cela tient à ce que la colonne d'air éprouve près de l'embouchure des mouvemens très-compliqués, et il suffit d'altérer très-peu les proportions précédentes pour avoir une gamme parfaitement juste.

Lorsqu'on fait vibrer ensemble deux tuyaux qui donnent des sons très-rapprochés, comme, par exemple, l'ut et l'ut dièse, on entend à de petits intervalles un renflement très-sensible dans le son ; c'est ce phénomène remarquable que les organistes appellent le *battement*. Sauveur en a le premier donné l'explication. Lorsque nous entendons à la fois deux sons dont l'un fait 24 vibrations, tandis que l'autre en fait 25, il est évident qu'à chaque 24 vibrations du premier ou à chaque 25 vibrations du second, les ondes sonores recommencent à partir ensemble, et leurs commencemens viennent ensemble frapper l'oreille, et c'est cette coïncidence qui produit le battement. Ainsi plus les sons diffèrent entre eux, plus les battemens sont fréquens, et au contraire plus les sons approchent de se confondre et plus les battemens sont rares. Ce phénomène ne s'observe que difficilement entre les sons qui résultent des vibrations des cordes, parce qu'en général ils ont une moindre intensité ; cependant Rameau en a aussi reconnu l'existence, et l'on sait tout le parti qu'il en a su tirer pour fonder un système de musique dont on ne parle plus guère.

481. *Lois des vibrations des lames ou des tiges.*

Une lame ou une tige qui est fixée solidement par une de ses extrémités, *Fig.* 47, et qui est frottée par un archet ou simplement écartée de sa position avec la main, exécute de L en L′ une série de vibrations isochrones qui deviennent, si elles sont assez rapides, de véritables vibrations sonores. Daniel Bernouilli a déterminé par la théorie la loi de ces vibrations ; il a démontré que pour une même lame, à laquelle on donne successivement diverses longueurs vibrantes, les nombres de vibrations exécutées dans le même temps sont en raison inverse des carrés de ces longueurs.

Cette loi s'applique aux tiges cylindriques ou prismatiques et aux lames, quelle que soit la nature de leur substance; il est nécessaire seulement qu'il y ait homogénéité des matières et égalité de largeur et d'épaisseur dans toute leur étendue.

Cette loi peut être vérifiée par l'expérience; il suffit pour cela de fixer sur la table d'une caisse sonore, des tiges de fer ou de laiton, par exemple, des fils de 1 ou 2 lignes de diamètre coupés au même bout, et de leur donner des longueurs qui soient entre elles comme les nombres $1, \sqrt{\dfrac{8}{9}}, \sqrt{\dfrac{4}{5}}, \sqrt{\dfrac{3}{4}}, \sqrt{\dfrac{2}{3}}, \sqrt{\dfrac{3}{5}}, \sqrt{\dfrac{8}{15}}, \sqrt{\dfrac{1}{2}}$. Les sons résultans formeront une gamme juste.

C'est là précisément ce qui se trouve réalisé dans l'instrument que l'on appelle *le violon de fer*, qui est représenté dans la *Fig.* 63, vu en dessus et vu de face; on lui donne cette forme arrondie afin que l'archet ne touche qu'une tige à la fois.

Une seule tige peut comme un seul tuyau produire une série de sons différens, par divers modes de vibration. Le mode que nous venons de considérer donne le son fondamental, les modes suivans offrent successivement 1, 2, 3 nœuds de vibration et donnent des sons de plus en plus aigus. Chladni a démontré par l'expérience que le son fondamental étant représenté par 4, le deuxième son correspondant à 1 nœud de vibration est représenté par 25; et que si celui-ci est représenté par 3^2, les suivans pour 2 nœuds, 3 nœuds, etc., se trouvent représentés par la série des nombres 5^2, 7^2, 9^2, etc.

482. *Loi des vibrations de la sirène.* Cet instrument a reçu de son inventeur, M. Cagniard de la Tour, le nom de *sirène*, parce qu'il a, comme nous le verrons plus tard, la

propriété d'exciter directement des vibrations sonores dans l'eau et dans les divers fluides. Nous allons d'abord examiner sa construction et les vibrations qu'il produit dans l'air.

T T' F F', *Fig.* 70. Boîte cylindrique en cuivre, de 2 ou 3 pouces de diamètre et d'environ 1 pouce de hauteur ; la surface supérieure de la table T T' est plane et très-bien polie.

s s', ouverture percée au milieu du fond F F'.

Y Y', tuyau *porte-vent* qui se visse ou s'ajuste dans l'ouverture s s'.

v, ouvertures percées dans la table T T' ; elles sont disposées circulairement et équidistantes entre elles, *Fig.* 69 ; on en peut faire 10, par exemple, et on leur donne de telles dimensions que les intervalles pleins qui les séparent aient un peu plus de largeur que les ouvertures elles-mêmes.

P P', plateau mobile dont la surface inférieure s'applique exactement sur la table, sans cependant exercer de frottement sensible.

x, axe autour duquel le plateau P P' peut tourner d'un mouvement plus ou moins rapide.

u, ouvertures percées dans le plateau P P', et exactement correspondantes aux ouvertures v de la table, par leur nombre, leur position et leurs distances respectives, *Fig.* 69. Ainsi toutes les ouvertures de la table sont ouvertes à la fois ou fermées à la fois, suivant que la rotation du plateau amène sur elles les ouvertures v ou les intervalles pleins qui séparent ces ouvertures.

I, vis sans fin qui se trouve vers la partie supérieure de l'axe de rotation x.

R R', roue de 100 dents que la vis sans fin met en mouvement.

C C', roue indépendante qui ne passe qu'une dent pour chaque révolution de la roue R R' ; c'est un bras fixé à l'axe de R R' qui vient la pousser d'un cran.

Les axes de ces roues portent des aiguilles qui parcourent des cadrans divisés D et D', *Fig.* 68 ; ces aiguilles et les roues qui les mettent en mouvement forment le *compteur* de la sirène. On peut à volonté faire marcher le compteur ou l'arrêter ; pour cela il suffit de presser le bouton B pour faire engréner la roue R R′ avec la vis sans fin , ou le bouton B′ pour désengréner; dans ce dernier cas les dents de cette roue vont heurter contre un arrêt qui amortit immédiatement la vitesse acquise.

Nous devons ajouter encore que les ouvertures du plateau sont inclinées aux faces, *Fig.* 59, de telle sorte que la vitesse du vent qui est poussé dans la boîte par le porte-vent suffit pour imprimer au plateau un mouvement de rotation de plus en plus rapide.

Cela posé, pour comprendre le jeu de la sirène comme instrument d'acoustique , imaginons pour un moment qu'il n'y ait qu'un seul trou dans la table et 10 dans le plateau. Alors , pendant une révolution du plateau le trou de la table sera 10 fois ouvert et 10 fois fermé , et par conséquent l'écoulement de l'air qui arrive par le porte-vent , aura lieu 10 fois et sera 10 fois arrêté. Cet effet se produira dans $1''$ ou dans $1''/10$ ou dans $1''/100$ suivant que le plateau fera 1 tour, 10 tours ou 100 tours par seconde ; et comme l'air qui est vivement poussé et brusquement arrêté produit à chaque alternative une vibration , il en résulte que l'on aura de la sorte 20 vibrations pour chaque tour du plateau, et par conséquent 20, 200 ou 2000 vibrations par seconde. Ainsi la sirène doit rendre des sons qui montent par degrés, ou plutôt par nuances insensibles depuis le plus grave jusqu'au plus aigu. Et c'est en effet ce que l'expérience confirme. Maintenant si au lieu de supposer, comme nous l'avons fait, un seul trou dans la table , on suppose qu'il y en ait 10 comme dans le plateau, on aura seulement un son 10 fois plus intense, car chaque trou produira son effet comme s'il était seul.

Le nombre, la forme et la grandeur des trous paraissent avoir sur le *timbre* du son une influence dont jusqu'à

présent on ne s'est rendu compte que par des considérations trop peu rigoureuses pour qu'il nous soit permis
de les développer ; il en est de même des divers effets que
l'on obtient en laissant entre les trous des intervalles pleins
plus ou moins grands ; seulement M. Cagniard de la Tour
pense que si les intervalles pleins sont très-petits le son
se rapproche de la voix humaine, et que s'ils sont très-
grands le son se rapproche de celui de la trompette. Enfin
l'épaisseur de la table et celle du plateau doivent aussi
imprimer aux sons des caractères particuliers qui sont
encore trop peu étudiés.

On voit par les notions précédentes qu'il ne faudrait
pas songer à faire de la sirène un instrument de musique ;
mais elle est un instrument d'acoustique très-ingénieux
et qui peut servir à résoudre une foule de questions fondamentales sur la théorie du son et sur les phénomènes
physiques qui en dépendent.

483. *Détermination d'un son fixe ou du nombre absolu
des vibrations qui correspondent à un son donné.*

On peut compter le nombre absolu des vibrations qui
correspondent à un son quelconque, au moyen de la sirène, au moyen des lames, des tuyaux et des cordes.

1° Supposons, par exemple, que l'on se propose de déterminer au moyen de la sirène le nombre des vibrations
qui correspondent au son du *diapason* dont on se sert
pour accorder les instrumens de musique. Pour cela on
devra mettre sur la table du soufflet, *Fig.* 60, un tuyau ouvert ou fermé dont le son fondamental soit à l'unisson du
diapason ; ensuite à côté de ce tuyau on mettra le tuyau
porte-vent de la sirène, et en modifiant sans cesse la pression de l'air du soufflet avec la tige $t\,t'$, on parviendra à
mettre la sirène à l'unisson avec le tuyau voisin, et à soutenir cet unisson pendant quelques minutes. Lorsqu'on
sera exercé à produire et à maintenir cet unisson avec une
grande exactitude, il faudra à un instant donné, pendant

que les sons se produisent, presser à la fois le bouton du compteur de la sirène pour faire engrener la roue et le bouton d'un bon chronomètre pour mesurer le temps ; ensuite après avoir écouté l'accord attentivement pendant 2′ environ, il faudra arrêter à la fois le compteur et le chronomètre. On aura ainsi par le compteur le nombre des vibrations, et par le chronomètre le temps qui s'est écoulé ; ce qui permettra de déduire aisément combien il y a eu de vibrations en 1″. Dans quelques-unes de ses expériences M. Cagniard de la Tour avait imaginé de placer la sirène sur un gazomètre et de maintenir l'uniformité du mouvement par des volans diversement combinés ; mais le moyen précédent me semble plus simple et plus sûr. Au reste, on trouve toujours à peu près le même résultat, savoir : que le *la* du diapason ordinaire correspond à 427 vibrations par seconde.

2° Pour compter le nombre absolu des vibrations au moyen des tiges ou des lames, M. Chladni dispose l'expérience de la manière suivante : il choisit une lame de laiton bien homogène d'une demi-ligne d'épaisseur et d'un demi-pouce de largeur ; il la pince dans un étau bien fixe, *Fig.* 47, en lui donnant au dehors une longueur telle qu'elle fasse 4 vibrations en 1″. Ces vibrations sont assez lentes pour être comptées avec exactitude pendant plusieurs minutes. Alors on desserre la lame après en avoir mesuré la longueur avec précision et on l'enfonce dans l'étau de manière à diminuer de plus en plus sa longueur vibrante, jusqu'à ce qu'elle soit, par exemple, à l'unisson du diapason ; alors on en mesure de nouveau la longueur, et par la comparaison de cette deuxième expérience avec la première, on en déduit le nombre des vibrations d'après la loi que nous avons donnée précédemment (480), savoir : que les nombres des vibrations sont en raison inverse des carrés des longueurs.

Le son est plus soutenu et plus facile à comparer lorsqu'on l'obtient avec un archet, mais il faut avoir grande attention de faire vibrer la lame dans toute sa longueur sans y déterminer de nœuds de vibrations.

3° Le *battement* des tuyaux (page 122) fut employé par Sauveur à déterminer un son fixe, à une époque où l'on ne connaissait encore ni les lois des vibrations des cordes, ni celles des vibrations des lames. Il fallait sans doute un génie bien pénétrant pour analyser ce phénomène, l'expliquer et en faire en même temps une si heureuse application. Imaginons avec Sauveur, que l'on ait trois tuyaux de plusieurs pieds de longueur et qu'on les accorde de manière que le premier donne, avec le deuxième, la tierce *ut mi*, et avec le troisième la tierce mineure *ut mi*^{b}. Alors le nombre des vibrations de ut étant 1 ou $\frac{20}{20}$, celui de mi sera $\frac{5}{4}$ ou $\frac{25}{20}$, et celui de mi^b $\frac{5}{4} \times \frac{24}{25} = \frac{24}{20}$. Ainsi pendant que ut fera 20 vibrations, mi^b en fera 24 et mi 25. Or si l'on fait résonner ensemble le mi et le mi^b, on entend des battemens très-prononcés et assez distans pour que l'on puisse les compter pendant plusieurs minutes. Supposons que l'on en compte 480 en 2′, ce sera 4 battemens par seconde, c'est-à-dire qu'à chaque seconde, le mi et le mi^b se rencontrent 4 fois; mais il faut évidemment 25 vibrations de mi et 24 de mi^b pour faire une rencontre; donc mi fera 100 vibrations par seconde et mi^b seulement 96, et par conséquent ut n'en fera que 80. Tels sont dans cette hypothèse les nombres de vibrations correspondans à ces sons; il suffira ensuite de connaître le rang qu'ils occupent dans le clavier pour en déduire les nombres absolus de vibration de tous les sons.

4° Le P. Mersenne avait essayé de déterminer le nombre de vibrations des sons au moyen des cordes, mais on ne connaissait pas alors la formule générale de Taylor qui établit une relation entre la durée des oscillations, la longueur de la corde, sa nature et sa tension. Cette formule est la suivante :

$$N^2 = \frac{g \cdot P}{C L}.$$

n, nombre des vibrations en $1''$ sexagésimale.

g, gravité ou $9^{\text{mèt.}},8088.$

p, poids qui tend la corde.

l, longueur de la corde.

c, poids de la longueur l de la corde.

On voit d'après cela que pour trouver par le calcul le nombre des vibrations que fait une corde lorsqu'elle rend un son quelconque, il suffit de connaître le poids p qui lui donne sa tension, et la distance l des deux chevalets; pour la valeur de c, on la déduira aisément après avoir pesé une longueur arbitraire de la corde. En substituant ces nombres dans la formule on aura le carré du nombre des vibrations exécutées en $1''$.

On trouve dans les mémoires de l'Académie de Berlin, pour 1822 et 1823, les résultats de plusieurs expériences faites de cette manière avec beaucoup de soin par M. Fischer. Voici les nombres auxquels il est parvenu pour les diapasons de différens orchestres.

Diapason du théâtre de Berlin 437,32 vibrations en $1''$.
—   grand opéra français 431,34
—   Feydeau. 427,61
—   théâtre Italien. . . 424,17.

On a coutume d'appeler ut_1 l'ut du violoncelle, et re_1, mi_1, etc., la gamme que l'on obtient en le prenant pour point de départ; puis ut_2, mi_2, etc., la gamme qui forme l'octave aiguë de la première; ut_3, mi_3, etc., celle qui forme l'octave de la deuxième; etc.

Comme le la du diapason est un la_2, il en résulte qu'à Berlin le la du violoncelle fait $\frac{437,32}{2} = 218,66$ vibrations en $1''$, et comme le nombre des vibrations de l'ut est les $\frac{3}{5}$ de celles du la, il en résulte que l'ut du violoncelle fait à Berlin 128,2 vibrations en $1''$, tandis qu'au théâtre

Italien il ne fait que 127,23 vibrations; c'est une vibration de moins.

La voix d'homme s'étend en général du sol₁ au fa₃ , et celle de femme du re₃ au la₄ :

$$\text{Sol}_1 \text{ correspond à } 127,2.\frac{3}{2}. \quad = 190,8 \text{ vibrations en } 1''$$

$$\text{Fa}_3 \dots \dots \text{ à } 127,2. \frac{4}{3}. 4 = 678,4$$

$$\text{Ré}_3 \dots \dots \text{ à } 127,2. \frac{9}{8}. 4 = 572,4$$

$$\text{La}_4 \dots \dots \text{ à } 127,2. \frac{5}{3}. 8 = 1606.$$

Ainsi la voix d'homme fait 190 vibrations par seconde pour le son le plus grave et 678 pour le son le plus aigu, et la voix de femme 572 vibrations pour le son le plus grave et 1606 pour le son le plus aigu. Au théâtre de Berlin le la₄ correspond à 1707 vibrations; c'est par conséquent 100 vibrations par seconde de plus qu'au théâtre Italien. La plupart des voix peuvent s'élever de beaucoup au-dessus du la₄, et il n'y a sans doute pas d'exagération à supposer que la voix humaine puisse exécuter souvent plus de 3 ou 4 mille vibrations par seconde.

Les sons les plus aigus que nous puisions entendre, ceux qui résultent, par exemple, du mouvement des ailes de certains insectes, s'élèvent sans doute à plus de 12 ou 15 mille vibrations par seconde. Or il est bien probable que la membrane du tympan se met à l'unisson avec le son quelle entend, et qu'ainsi elle est capable d'exécuter en 1″, depuis les 32 vibrations qui forment le son le plus grave jusqu'aux 12 ou 15 mille vibrations qui forment le plus aigu des sons perceptibles.

484. *De la longueur absolue des ondes sonores.* Pour déterminer la longueur absolue des ondes sonores dans un

milieu quelconque, il suffit de connaître la vitesse avec laquelle le son se propage dans ce milieu et le nombre des vibrations qui produisent le son. Dans l'air, par exemple, la vitesse du son étant de 340 mètres par seconde, il est évident qu'un son qui résulterait de 340 vibrations par seconde donnerait des ondulations de 1 mètre de longueur; car chaque vibration excite une onde, et les 340 ondes qui sont excitées en $1''$ occupent précisément 340 mètres de longueur. On voit donc qu'en général la longueur de l'onde est le quotient de la vitesse du son par le nombre des vibrations. Ainsi la longueur de l'onde que donne l'*ut* du violoncelle du théâtre Italien est $\frac{340}{127,23} =$ $2^{\text{mèt.}},6$ ou 8 pieds à très-peu près. Ainsi l'ut du violoncelle se trouve à l'unisson avec un tuyau ouvert de 8 pieds ou avec le bourdon de 4 pieds, comme l'indique la théorie de Bernouilli (480).

La longueur de l'onde qui correspond au la$_4$ est $\frac{340}{1606} =$ 0,21 ou environ 8 pouces. Et celle qui correspond au la$_7$ serait de 1 pouce; c'est déjà un son excessivement aigu, mais il paraît cependant que l'on peut encore le regarder comme un son musical.

CHAPITRE III.

Vibrations des corps solides.

485. *Vibrations des corps dont deux dimensions sont petites par rapport à la troisième. Tubes, verges cylindriques, verges prismatiques, etc.*

Nous avons déjà vu (481) que les lames, les tiges ou les cylindres peuvent éprouver des vibrations rapides et exciter des ondes sonores lorsqu'on les ébranle perpendiculairement à l'axe; ces vibrations dont les lois sont assez simples, se nomment *vibrations transversales*. Nous allons maintenant considérer les *vibrations longitudinales*, c'est-à-dire, celles que l'on peut exciter dans les tubes, les verges, les cordes, etc., en imprimant à leurs molécules des vitesses parallèles à l'axe.

Supposons, par exemple, que l'on prenne un tube de verre d'environ deux mètres de longueur et de trois ou quatre centimètres de diamètre, et qu'en le soutenant d'une main juste en son milieu, on exerce de l'autre main, sur l'une de ses moitiés, une légère friction avec un morceau de drap mouillé, à l'instant on entendra un son, et avec un peu d'exercice on parviendra à lui donner beaucoup d'éclat et de pureté. Les vibrations que l'on détermine ainsi sont évidemment des vibrations longitudinales. En frottant toujours de la même manière par un mouvement de va et vient, mais avec plus ou moins de vitesse et en pressant plus ou moins, on pourra produire une série de sons différens, et si l'on représente par 1 le premier son de la série, c'est-à-dire le plus grave, il sera facile de constater que les autres sont représentés par la suite des nombres naturels 2, 3, 4, etc. Il faudra déjà beaucoup d'habitude et d'habileté pour faire sortir le son 4 quand le tube n'aura que deux mètres de longueur, comme nous l'avons supposé.

On obtiendra les mêmes résultats avec de longues lames prismatiques de verre, ou avec des cylindres pleins de la même substance, et aussi avec des tubes, des lames et des cylindres de bois ou de métal. Seulement pour ces derniers il sera souvent plus commode d'adopter un autre mode d'ébranlement : au lieu de frotter avec du drap mouillé, on pourra frotter avec du drap enduit de résine : ou, ce qui sera plus sûr encore, ce sera de fixer avec du mastic ou de la cire à cacheter, à l'une des extrémités des cylindres ou des lames et sur le prolongement de leur axe, un petit tube de verre creux ou plein, d'environ un décimètre de longueur et de 5 ou 6 millimètres de diamètre ; c'est alors ce tube auxiliaire qui sera ébranlé avec du drap mouillé, et si le mastic ou la cire ont été bien fondus et établissent une continuité parfaite, les vibrations se communiqueront sans peine.

Ainsi quand les verges droites sont soutenues au milieu et libres à leurs extrémités, elles vibrent comme les tuyaux ouverts, et *rendent des sons qui suivent la série des nombres naturels* 1, 2, 3, 4, etc.

Il est facile de s'assurer par l'expérience que *des verges de même substance sont toujours à l'unisson pour leur son fondamental quand elles ont la même longueur*, quelle que soit leur largeur ou leur épaisseur ; pourvu toutefois que ces deux dimensions restent toujours petites par rapport à la troisième. Ainsi toutes les verges de verre de 6 pieds de longueur donneront le même son, qu'elles soient minces ou épaisses et qu'elles soient travaillées en lames, en tubes ou en cylindres. Mais, à égalité de longueur, des verges de diverses substances donneront des sons différens.

On remarquera cependant que des verges très-longues donneront le son 2 ou le son 3 plus facilement que le son fondamental. Ces résultats complètent l'analogie que nous venons de remarquer entre les vibrations des verges libres à leurs extrémités et celles des tuyaux ouverts.

Pendant que ces masses solides sont en vibration, le mouvement se distribue très-inégalement dans toutes leurs molécules; la plupart d'entre elles font des excursions plus ou moins grandes; et il y en a au contraire, mais en petit nombre, qui restent toujours en repos. La série des points de repos forme sur la surface, des lignes que l'on nomme *lignes nodales*; et nous allons faire voir, d'après les ingénieuses observations de M. Savart, que, dans les vibrations dont il s'agit, les lignes nodales tracent, autour des tubes et des cylindres, des courbes à peu près semblables *aux hélices*, c'est-à-dire *aux filets d'une vis*, et que les courbes plus irrégulières qu'elles tracent autour des lames prismatiques semblent imiter encore des hélices plus ou moins imparfaites.

Supposons d'abord que l'on expérimente sur un long tube de verre dont on tire seulement le son fondamental : on tient ce tube à peu près horizontalement; sur celle de ses moitiés qui n'est pas frottée avec le drap mouillé on passe un anneau en papier très-léger (*Fig.* 64), ayant, par exemple, un diamètre double ou triple de celui du tube, et l'on observe les mouvemens de cet anneau qui est analogue aux petits chevrons de papier dont Sauveur faisait usage pour montrer les nœuds des cordes vibrantes (479). Aussitôt que le son se fait entendre l'anneau glisse sur la surface du tube avec une grande vivacité et s'arrête enfin en un certain point auquel il revient sans cesse quand on l'en écarte. On marque ce point avec de l'encre; il fait évidemment partie de la ligne nodale. Ensuite on fait un peu tourner le tube dans la main, pour amener en-dessus une autre arête sur laquelle repose l'anneau, et l'on recommence les vibrations ; on voit encore l'anneau qui glisse et s'arrête ; ce qui donne un second point de la ligne nodale que l'on marque comme le premier. En continuant de tourner le tube peu à peu et dans le même sens, on peut successivement marquer tous les points de la ligne nodale, et l'on démontre ainsi qu'elle forme une espèce d'hélice dont le pas est très-allongé et qui fait plusieurs révolutions autour du tube. C'est ce que nous avons essayé de représenter dans la figure 64. En retournant le tube pour mettre l'anneau sur son autre moitié, on y retrouve une courbe toute pareille, avec cette circonstance singulière que l'une de ces courbes n'est pas la continuation de l'autre, mais que toutes deux semblent partir du milieu et s'enrouler dans le même sens.

Il arrive quelquefois, mais rarement, que l'hélice, après avoir tourné dans un sens, par exemple de droite à gauche, se retourne subitement dans le sens contraire ou de gauche à droite ; et quand cet accident se manifeste sur l'un des bouts du tube, ou plutôt sur l'une de ses moitiés, il se manifeste sur l'autre, à peu près à la même distance de l'extrémité.

La surface intérieure du tube présente une ligne nodale tout-à-fait pareille à celle que nous venons de tracer sur la surface extérieure ; mais *ces deux lignes sont diamétralement opposées*, c'est-à-dire, que si l'on conçoit le tube, coupé en deux parties égales parallèlement à l'axe (*Fig.*65), et qu'il se trouve, par exemple, deux points de la ligne nodale v,v' sur l'arête extérieure qui est *en dessus*, il y aura deux points de repos correspondans B,B' sur l'arête intérieure qui est *en dessous* ; et réciproquement les deux points de repos o,o' de l'arête extérieure qui est en dessous se retrouveront verticalement en H,H' sur l'arête intérieure qui est en dessus.

Pour constater la trace de la ligne nodale intérieure, M. Savart met dans le tube bien desséché, un peu de sable dont les grains soient pareillement très-secs et assez gros, ou bien une petite balle de liége ou de cire. Le sable ou les balles présentent souvent dans ces expériences des mouvemens de rotation singuliers qui dépendent de l'opposition des vitesses de part et d'autre de la ligne nodale.

Lorsqu'au lieu de tirer d'un tube le son fondamental on tire les sons 2, 3 ou 4, on retrouve encore des lignes nodales analogues aux précédentes; seulement pour le son 2 il y a toujours *deux renversemens* dans la direction de l'hélice: c'est-à-dire qu'en partant de l'une des extrémités du tube, l'hélice tourne, par exemple, de droite à gauche jusqu'au premier quart de la longueur environ; là elle se renverse pour tourner de gauche à droite jusqu'au troisième quart; et là enfin elle se renverse encore pour tourner, comme elle faisait d'abord, de droite à gauche. Pour le son 3 il y *trois renversemens;* le premier au premier sixième de la longueur, le deuxième au troisième sixième et le troisième au cinquième sixième. Pour le son 4, *quatre renversemens;* savoir au premier huitième de la longueur, au troisième huitième, au cinquième huitième, et au septième huitième.

Les lignes nodales des lames et des verges prismatiques ne sont ni aussi simples ni aussi faciles à tracer. En projetant du sable sur une lame longue et étroite, on le verra pendant les vibrations longitudinales glisser vivement, et s'accumuler en certaines positions où il formera des lignes droites perpendiculaires aux arêtes, c'est-à-dire exactement transversales (*Fig.* 84); et quand on retourne cette lame pour amener *en dessus* la surface qui était *en dessous*, l'on obtient encore un résultat analogue; mais les nœuds de cette face, au lieu de correspondre à ceux de la première, se trouvent précisément opposés (*Fig.* 88). Cette opposition est mieux marquée par la figure 89, qui représente une coupe de la lame dans laquelle les nœuds de la face inférieure sont représentés comme on les obtient quand cette face est en dessus.

Lorsqu'une lame est assez épaisse pour que l'on puisse observer ce qui se passe sur sa tranche, on reconnaît à peu près la disposition de ligne nodale qui est représentée dans la figure 67. Tel est du moins le résultat auquel M. Savart a été conduit dans une de ses expériences. La lame sur laquelle il opérait, était une barre de fer carrée, d'un mètre de longueur et de deux centimètres de côté. Les vibrations étaient imprimées en frappant de petits coups de marteau contre l'une des extrémités. Et l'on voit sur les tranches des lignes nodales serpentantes qui vont établir une liaison entre les nœuds opposés des faces supérieures et inférieures.

Enfin quand la largeur des lames est un peu grande relativement à l'épaisseur, les lignes droites transversales disparaissent sur les faces supérieures et inférieures, ou plutôt elles se contournent, de manière à présenter à l'œil une toute autre apparence. La figure 66 est celle que l'on obtient avec une lame de 4 ou 5 centimètres de largeur et de quelques millimètres d'épaisseur seulement. Les traits ponctués marquent la forme et la position de la ligne nodale que donne la face inférieure quand elle est en dessus, et il n'y a aucun doute que cette ligne nodale ne se produise en dessous pendant que l'on observe en dessus la ligne nodale qui est marquée par les traits pleins.

Lorsque les verges dont nous venons de parler sont *fixées par un bout*, soit qu'elles se trouvent *pincées* dans un étau ou *encastrées* dans une masse solide, elles peuvent encore entrer en vibrations longitudinales et produire des phénomènes analogues aux précédens.

La série des sons qu'elles donnent alors est représentée par la suite des nombres 1, 3, 5, etc., comme celle des tuyaux fermés par un bout. Quant à leurs lignes nodales elles sont, à quelques modifications près, les mêmes que celles des verges libres.

Enfin l'on peut fixer les verges à leurs deux extrémités, en les scellant dans des pièces solides et tout-à-fait immobiles; les sons qu'elles produisent, les lignes nodales qu'elles présentent dans ces circonstances semblent ne différer en rien des sons et des lignes nodales que l'on obtient d'elles quand elles sont libres. Ces sortes d'expériences, qui sont en général très-difficiles, deviennent simples et faciles lorsqu'on les fait sur des cordes d'instrument.

La figure 85 représente une corde ordinaire qui est disposée pour entrer en vibrations longitudinales.

BB', règle en bois forte et épaisse.

AA', tige d'acier solidement fixée dans la règle BB'.

CC', corde vibrante; elle s'attache à la tige AA' par un nœud coulant, et elle passe sur le chevalet H pour aller se fixer à la clef F, qui sert à la tendre plus ou moins.

On frotte la tige AA' vers son extrémité supérieure, avec un archet qu'il faut avoir soin de tenir exactement parallèle à la corde, alors celle-ci entre en vibration d'une manière très-sensible. Si l'on met sur sa longueur de petits chevrons ou de petits anneaux de papier, et si l'on retourne l'appareil sur lui-même jusqu'à mettre la corde en dessous, il est facile de constater que, même sur un cylindre de si petites dimensions, il se forme encore une ligne nodale en hélice, comme dans les expériences précédentes.

Outre les vibrations transversales et longitudinales, les verges droites peuvent exécuter encore des *vibrations normales* et des *vibrations tournantes*. Ces dernières ne peuvent être excitées que dans les verges qui sont fixées par un bout; pour cela, Chladni se contente de passer l'archet très-légèrement sur une section perpendiculaire à leur axe, en prenant toutes les précautions nécessaires pour ne pas exciter les vibrations transversales dont nous avons parlé (481); ce mouvement de l'archet imprime à la verge une sorte de torsion qui va et revient assez rapidement pour produire des ondes sonores. Les *vibrations normales* se trouvent toujours mêlées aux vibrations longitudinales, et avec une telle complication, que le calcul doit venir au secours de l'expérience pour distinguer nettement ce qui appartient à chacune. Mais il nous suffira d'indiquer ici ces deux derniers modes de vibrations, pour faire comprendre qu'ils sont essentiellement liés aux deux premiers, et qu'ils dépendent comme eux de l'élasticité de la matière, tellement, que l'un de ces modes étant connu, les trois autres s'en déduisent nécessairement. Si la science n'est pas encore parvenue à établir cette dépendance d'une manière générale et complète, elle peut du moins, dans quelques cas particuliers, déterminer certains modes de vibrations quand d'autres sont donnés. Voici sur ce point curieux quelques résultats que l'on doit à M. Po'sson. (*Mémoire sur l'équilibre et le mouvement des corps élastiques.*)

1° Le carrré du nombre des vibrations longitudinales d'une corde est au carré du nombre de ses vibrations transversales dans le même temps, comme sa longueur est à l'allongement qu'elle a éprouvé par la tension qu'elle supporte.

$$\text{Ou.} \dots \dots \dots \quad \frac{N'^2}{N^2} = \frac{L}{A}$$

L, longueur de la corde qui vibre d'abord longitudinalement, et ensuite, transversalement.

A, allongement que cette corde a éprouvé, en vertu de la tension qu'elle supporte.

N', nombre des vibrations longitudinales qu'elle exécute dans un certain temps.

N, nombre des vibrations transversales qu'elle exécute dans le même temps.

2° Lorsqu'une verge est encastrée par une de ses extrémités, et qu'elle exécute successivement des vibrations longitudinales et des vibrations tournantes, on a

$$\frac{N^2}{N'^2} = \frac{5}{2}$$

N est le nombre des vibrations longitudinales.

N', ... tournantes.

Ainsi, le rapport est indépendant de la longueur et de l'épaisseur.

3° Lorsqu'une verge cylindrique est libre par ses deux bouts, le nombre des vibrations longitudinales qu'elle accomplit dans un certain temps, est au nombre des vibrations transversales qu'elle accomplit dans le même temps, comme 100 fois sa longueur est à 356 fois son rayon ;

Ou. . . . . $$\frac{N}{N'} = \frac{100\,L}{356\,R}$$

L, longueur de la verge cylindrique ; R, son rayon ; N, nombre des vibrations longitudinales ; N', nombre des vibrations transversales. Les nombres N et N' se rapportent au son fondamental de chaque genre de vibration.

4° En appliquant la proposition précédente à une verge parallélipipédique de longueur L, dont l'épaisseur est représenté par E, on a

$$\frac{N}{N'} = \frac{100\,L}{206\,E}$$

Ces deux dernières propositions ont été vérifiées par des expériences de M. Savart. Mais comme une verge doit être longue pour donner un son fondamental facile à apprécier, lorsqu'elle vibre longitudinalement, et que c'est le contraire quand elle vibre transversalement, il est nécessaire d'employer deux verges pour faire la comparaison; par exemple, une verge de 1 mètre pour les vibrations de la première espèce, et une autre de $\frac{1}{2}$ de mètre pour celles de la seconde espèce. Ayant trouvé que la verge de 1 mètre fait 1000 vibrations longitudinales, on saura bien par ce que nous avons dit précédemment, que, si l'on pouvait apprécier le son que produit une verge de même matière et de $\frac{1}{8}$ de mètre, il correspondrait à 8000 vibrations. C'est ainsi que les valeurs de N ont été déduites pour former le tableau suivant.

1° Verge parallélipipédique en cuivre jaune.

$$L = \tfrac{1}{8}(0^m,825),\ E = 3^{mm},92 \qquad N = 34133$$

Le calcul donne. . . . $\begin{cases} N' = 2668 \\ N' = 2667 \end{cases}$
L'observation a donné.

Différence . . . . . $+1$

2° Verge cylindrique en cuivre jaune.

$$L = \tfrac{1}{8}(0^m,825),\ R = 2^{mm},4 \qquad N = 34133$$

Le calcul donne. . . . $\begin{cases} N' = 2829 \\ N' = 2844 \end{cases}$
L'observation a donné.

Différence . . . -15

3° Verge cylindrique en cuivre rouge.

$$L = \tfrac{1}{8}(0^m,825),\ R = 1^{mm},7 \qquad N = 36864$$

Le calcul donne. . . . $\begin{cases} N' = 2164 \\ N' = 2133 \end{cases}$
L'observation a donné.

Différence . . . . $+31$

4° Verge cylindrique en fer.

$$L = \tfrac{1}{8}(0^m,88),\ R = 2^{mm},5 \qquad N = 45514$$

Le calcul donne. . . . $\begin{cases} N' = 3683 \\ N' = 3686 \end{cases}$
L'observation a donné.

Différence. . . . . -3

5° Verge parallélipipédique en verre.

$$\text{L} = \tfrac{1}{4}\,(0^{\text{m}},967), \quad \text{E} = 6^{\text{mm}},4 \quad \text{N} = 42667$$

$$\text{Le calcul donne.} \ldots \left\{ \begin{array}{l} \text{N}' = 4645 \\ \text{N}' = 4608 \end{array} \right.$$

$$\text{L'observation a donné.}$$

$$\overline{\text{Différence} \ldots \ldots + 37}$$

6° Verge parallélipipédique en verre.

$$\text{L} = \tfrac{1}{3}\,(0^{\text{m}},967), \quad \text{E} = 2^{\text{mm}},6 \quad \text{N} = 42667$$

$$\text{Le calcul donne.} \ldots \left\{ \begin{array}{l} \text{N}' = 1887 \\ \text{N}' = 1843 \end{array} \right.$$

$$\text{L'observation a donné.}$$

$$\overline{\text{Différence} \ldots \ldots + 44}$$

7° Verge parallélipipédique en hêtre.

$$\text{L} = \tfrac{4}{81}\,(0^{\text{m}},8925), \quad \text{E}' = 2^{\text{mm}},8 \quad \text{N} = 40960$$

$$\text{Le calcul donne.} \ldots \left\{ \begin{array}{l} \text{N}' = 2114 \\ \text{N}' = 2048 \end{array} \right.$$

$$\text{L'observation a donné.}$$

$$\overline{\text{Différence} \ldots \ldots + 66}$$

On voit dans tous ces résultats un accord assez satis-
faisant entre le calcul et l'observation.

Les expériences 1° et 2° font bien voir que le nombre
des vibrations longitudinales ne dépend que de la longueur; et elles montrent en même temps que les vibrations transversales ne sont pas simplement proportionnelles à l'épaisseur, puisqu'alors la deuxième valeur de
N', déduite de la première, serait 3265 au lieu de 2844.
La théorie de M. Poisson indique, en effet, que ces vibrations sont modifiées par la forme, et que, toutes choses
choses égales d'ailleurs, il faut multiplier les vibrations

parallélipipédiques par $\sqrt{\dfrac{3}{4}}$ pour obtenir les vibrations

cylindriques. Aussi, en multipliant 3265 par $\sqrt{\dfrac{3}{4}}$, obtient-on 2828 qui diffère très-peu de 2829, résultat de l'expérience directe.

Dans les expériences 5° et 6°, l'influence de la forme a disparu, puisque les verges sont l'une et l'autre parallélipédiques, et l'on trouve en effet que les vibrations transversales sont simplement proportionnelles aux épaisseurs.

486. *Vibrations des corps dont une seule dimension est petite par rapport aux deux autres. Plaques, membranes, cloches, etc.*

Pour faire vibrer les plaques on emploie ordinairement une pince semblable à celle qui est représentée dans la figure 86. La vis T sert à fixer la pince elle-même sur une table ou sur quelque corps très-solide, et la vis P sert à presser la plaque contre un petit cylindre saillant c; les extrémités de la vis et du cylindre doivent être garnies d'un morceau conique de peau de buffle, ferme et épais. La plaque étant ainsi fixée, soit par son centre, soit par un point plus ou moins rapproché de son bord libre, on l'ébranle avec un archet qui la frotte perpendiculairement à son plan. Le son qu'elle donne est en général assez net, pour qu'on puisse en prendre le ton sur un piano ou sur quelque autre instrument.

Sans rien changer à la disposition de la plaque et presque sans modifier le mouvement de l'archet, on peut obtenir des sons très-différens, dont la série est tellement accidentelle et variable qu'il est à peu près impossible de la reproduire indentiquement la même, dans plusieurs expériences successives. Mais s'il est difficile d'énumérer et de définir les sons que peut produire une plaque fixée d'une manière quelconque, il est toujours possible de découvrir, dans tous les cas, comment se partage sa masse en *parties vibrantes* et en *lignes de repos*. Pour cela, on maintient la plaque horizontalement pendant ses vibrations, et l'on répand sur sa surface supérieure un peu de sable sec et fin ; alors, au premier son qui est produit, le sable entre en mouvement ; il saute et retombe plusieurs fois en une seconde ; et, toujours repoussé par toutes les parties vibrantes, il va s'accumuler sur les parties immobiles, et marquer ainsi l'espace qu'elles occupent sur la plaque. Les lignes qui composent toutes les figures dessinées par le sable sont ce que l'on appelle les *lignes nodales.*

Galilée avait indiqué le premier (*Dialogues*) cet ingénieux moyen d'observer les lignes nodales ; mais on peut dire que Chladni l'a inventé de nouveau en 1787, et que, par les belles applications qu'il en a faites il a ouvert en acoustique un vaste champ de découvertes. (CHLADNI, *Traité d'Acoustique.*)

Nous n'entreprendrons pas de retracer ici toutes les lignes nodales qu'une même plaque peut donner ; car ces lignes paraissent être en nombre indéfini ; mais nous essaierons d'indiquer divers systèmes généraux, auxquels on peut rapporter toutes les lignes nodales des plaques circulaires, rectangulaires, triangulaires, etc.

Les plaques circulaires peuvent donner un *système diamétral,* un *système concentrique* et un *système composé.*

Le *système diamétral* est uniquement composé de diamètres qui divisent la circonférence en un nombre pair de parties égales : dans la figure la plus facile à obtenir on compte 2 diamètres, et 4 parties dans la circonférence (*Fig.* 90), ensuite 3 diamètres et 6 parties, etc.

Dans les cercles de métal qui ont 3 ou 4 décimètres de diamètre, on peut souvent compter jusqu'à 36 ou 40 parties (*Fig.* 91) ; dans la circonférence, il est facile de voir pourquoi, dans ce mode de division par lignes droites, les parties doivent être toujours égales et en nombre pair : car, 1° il est évident que toutes ces parties doivent vibrer à l'unisson, c'est-à-dire accomplir dans le même temps le même nombre d'oscillations, et puisqu'elles sont disposées de la même manière, il faut bien qu'elles soient égales en étendue; 2° on peut démontrer par le raisonnement et confirmer par l'expérience que deux secteurs, ou, en général, que deux parties contiguës doivent avoir des mouvemens opposés, c'est-à-dire que l'une doit passer à droite de sa position primitive, tandis que l'autre passe à gauche et *vice versâ;* ce qui ne pourrait avoir lieu si les parties étaient en nombre impair.

Dans le *système concentrique,* toutes les lignes nodales sont des circonférences dont le centre est au centre de la plaque :

Le cas le plus simple est celui d'une seule ligne nodale, *Fig.* 92; ensuite on peut en obtenir deux, trois ou davantage, *Fig.* 93 et 94. Pour reproduire ces figures plus facilement, M. Savart prend comme Chladni des plaques d'un grand diamètre, mais il les perce au centre d'un trou circulaire de quatre ou cinq millimètres de diamètre; dans ce trou, il fait passer une mèche de crin en guise d'archet, *Fig.* 87. La plaque doit être soutenue seulement par quelques points des lignes nodales que l'on veut produire.

Dans le *système composé,* les lignes nodales sont des diamètres plus ou moins courbés et des circonférences plus ou moins altérées dans leurs contours. Les figures 95 et 96 représentent quelques-unes des formes nombreuses auxquelles on peut arriver. Pour les obtenir il faut plus ou moins d'habileté, mais le principe consiste à presser avec les doigts un ou plusieurs des points par lesquels les lignes nodales doivent passer.

Dans les plaques carrées, l'on peut distinguer aussi trois systèmes analogues aux précédens. Les *Fig.* 98, 99 et 100, rentrent dans le système diamétral.

Les *Fig.* 101, 102 et 103 rentrent dans le système concentrique.

Les *Fig.* 104, 105 et 106 forment une espèce de système composé.

Les plaques triangulaires, rectangulaires ou polygonales, donnent encore des formes analogues, ainsi que les plaques elliptiques.

Ces figures sont, en général, indépendantes de la nature des substances ; elles se produisent avec la même régularité sur le métal, le verre ou le bois ; mais il y a cependant une condition comme nous le verrons plus loin, c'est que l'élasticité soit la même dans tous les sens.

Les *membranes* présentent des modes de vibration tout-à-fait analogues à ceux des plaques : on peut s'en assurer avec du papier ou du parchemin, ou, ce qui vaut mieux encore, avec de la baudruche très-souple et très-égale. Seulement, il faut employer un moyen particulier pour tendre et pour ébranler ces espèces de plaques trop minces pour se soutenir d'elles-mêmes. M. Savart, qui a fait une étude particulière de ces phénomènes, fixe les membranes par leurs bords, en les collant sur des cadres en bois ou sur l'ouverture d'une cloche de verre ; il les humecte plus ou moins pour leur donner des tensions plus ou moins grandes ; ensuite, pour les ébranler, il en approche à quelque distance un timbre vibrant, ou un tuyau d'orgue dont le son est plein et soutenu. Dès que le son se fait entendre, la membrane vibre comme si elle était directement ébranlée. Les grains de sable qui la recouvrent sautillent sur sa surface et s'accumulent sur les points de repos pour y dessiner les lignes nodales. Les figures que l'on obtient sont extrêmement variées ; elles dépendent de la tension de la membrane et de l'acuité du son qui la frappe.

M. Savart a essayé d'analyser la série des figures que peut donner une même membrane ébranlée comme nous venons de le dire : et nous ne pouvons mieux faire que de rapporter ici les observations qu'il a faites sur ce sujet intéressant. (*Ann. de phy. et de chim.* t. 32, pag. 386.)

« Pour plus de simplicité, je supposerai toujours qu'on ait d'abord obtenu une figure composée de lignes nodales rectilignes qui se coupent rectangulairement, et j'examinerai par quel chemin cette figure peut passer à une autre, composée simplement de lignes parallèles.

» Par exemple je suppose, qu'on soit parvenu à produire le mode de division représenté par le n° 1 de la *Fig.* 71 ; si la tension de la membrane est constante et que le son devienne un peu plus aigu, il pourra arriver que les angles opposés au sommet en $a\,a'$, $b\,b'$, $c\,c'$, $d\,d'$, se désunissent comme dans le n° 2, qui prendra peu à peu l'aspect des n°ˢ 3, 4 et 5, si le son monte toujours ; et ensuite celui du n° 6, composé seulement de 4 lignes parallèles ; mais ce moyen de passer du premier mode de division à celui du n° 6, par cette première espèce de séparation des angles, n'est pas le seul que puisse employer la membrane ; les *Fig.* 72 et 73 présentent des exemples de transformations différentes par lesquelles elle peut encore parvenir au même but de 4 lignes parallèles. Il peut aussi arriver, *Fig.* 74, que les angles opposés en $a\,a'$, $b\,b'$, $c\,c'$, dd', soient ceux qui se divisent d'abord, et que la figure tracée par le sable prenne successivement l'aspect des n°ˢ 2, 3, 4, 5 et 6 ; ou bien que cette division ait lieu comme dans le n° 2, des *Fig.* 75 et 76, ce qui produira encore de nouvelles modifications dans les figures successives qui conduiront à 4 lignes parallèles. Enfin il pourra même se faire que les angles opposés ne se divisent pas comme dans le n° 2 de la *Fig.* 77, qui passe au n° 6, par de simples inflexions des lignes droites en sens contraire.

» Maintenant 4 lignes parallèles peuvent passer à d'autres nombres de lignes parallèles ou dirigées rectangulairement : la *Fig.* 78, présente une transformation de ce mode de division à deux lignes nodales parallèles, et la *Fig.* 79, un passage du même mode de division à 4 lignes également parallèles, mais coupées rectangulairement par deux autres droites.

» En général quand on part d'une figure composée de

lignes qui se coupent rectangulairement, le caractère des modifications successives dépend de la manière dont les angles opposés au sommet se désunissent : c'est ce qu'on peut voir d'une manière fort nette dans les *Fig.* 80 et 81 qui sont des passages de 4 lignes parallèles. Au contraire, si l'on part des lignes parallèles, on peut dire en général que le caractère des modifications dépend des inflexions diverses que ces lignes peuvent affecter : c'est ainsi que, dans les mêmes *Fig.* 80 et 81, les n° 5, considérés comme première modification des lignes droites, doivent produire des phénomènes tout différens, dépendant de ce que dans l'un les lignes se courbent d'abord en dehors, tandis que dans l'autre elles se courbent en dedans. Mais, de toutes les modifications auxquelles les lignes droites peuvent donner naissance, il n'en est point qui offrent des phénomènes plus singuliers que ceux qui résultent des inflexions alternatives que ces lignes peuvent d'abord prendre, selon qu'il se présente deux courbures dans un sens et une dans l'autre, ou trois dans un sens et deux dans l'autre, etc., etc. On en voit des exemples remarquables, *Fig.* 82 et 83.

» Il résulte donc de ces observations, non-seulement que les membranes carrées sont susceptibles de produire tous les nombres possibles de vibration, et que pour chacun de ces nombres elles se divisent d'une manière particulière, mais encore qu'un même nombre de vibration peut être donné par plusieurs modes de division. Quant aux membranes dont les contours sont différens, circulaires, triangulaires, etc., elles présentent des phénomènes analogues quoique plus compliqués. C'est ainsi, par exemple, que, dans une membrane circulaire, trois lignes diamétrales peuvent passer graduellement à trois lignes parallèles et ensuite à une seule diamétrale accompagnée d'une ligne circulaire, *Fig.* 119 à 124; que cinq diamétrales peuvent passer à 5 lignes parallèles, *Fig.* 116 à 118, et de là à d'autres modes de division, par exemple, à deux lignes circulaires divisées par une seule diamétrale.

» Les transformations successives des lignes nodales sont beaucoup plus difficiles à observer sur les lames rigides que sur les membranes, parce que, comme on ne peut produire des modes de division donné qu'en rendant immobiles plusieurs points de la surface de ces corps, il arrive presque toujours que ces points appartiennent en même temps à un ou plusieurs autres systèmes de lignes nodales, de sorte qu'on tombe souvent d'un son très-grave à un son très-aigu et réciproquement, sans pouvoir passer par les intermédiaires. »

Après avoir constaté par l'expérience cette excessive mobilité des membranes et la facilité avec laquelle elles peuvent passer d'un mode de vibration à un autre, M. Savart a été conduit à supposer que dans les vibrations des plaques, il pourrait bien y avoir divers modes de mouvemens superposés comme dans les membranes et les cordes, et cette supposition est devenue entre ses mains habiles une vérité importante pour la théorie de l'acoustique. Voici l'extrait de son mémoire sur ce sujet. (*Ann. de phy. et de chim.*, t. 36, pag. 191).

« Je suppose maintenant qu'on fasse résonner une lame circulaire dont le centre soit immobile, et qu'elle présente le mode de division composé de deux lignes nodales diamétrales, qui se coupent rectangulairement; dans ce cas, les parties les plus fines de la poussière se réunissent sur le milieu de chacune des quatre parties vibrantes, et elles y forment un petit amas animé de divers mouvemens; si l'on remarque ces quatre points, et qu'on cherche ensuite à produire la figure qui est composée de deux lignes diamétrales et d'une ligne circulaire, on trouve que cette dernière ligne passe justement par les quatre points qu'on avait marqué sur la lame. Si ensuite l'on produit le mode de division composé de trois lignes nodales diamétrales, ce qui donne six parties vibrantes qui présentent chacune un point formé par la poussière fine, on observe de même qu'en ébranlant ensuite la lame de manière à obtenir la figure où il y a aussi trois lignes diamétrales, mais coupées par une ligne circulaire ; cette dernière ligne passe toujours par les points où s'étaient réunies les parcelles de poussière fine à l'occasion du mode de division précédent. La même épreuve étant faite lorsque la lame présente quatre, six, huit, dix lignes nodales diamétrales, on reconnaît de même qu'elle est le siége d'un mode de division que j'appellerai secondaire, et qui se compose du même nombre de lignes diamétrales que le mode principal, et de plus d'une ligne nodale circulaire. Lorsque la figure principale est formée par un grand nombre de lignes diamétrales, comme les amplitudes des oscillations sont peu considérables, la ligne circulaire de la figure secondaire se trace presque entièrement, de sorte qu'on ne peut pas douter que les petits amas de poussière fine, qui se présentent à l'observation lorsque le nombre des diamètres est très-petit, ne soient les rudimens d'une ligne nodale circulaire ; et si l'on pouvait avoir quelques doutes à ce sujet, il suffirait, pour les lever, de remarquer que ces petits amas s'allongent d'autant plus que le diamètre des lames devient plus petit, l'épaisseur et le mode de division demeurant d'ailleurs les mêmes, de sorte que, passé un certain terme, la ligne circulaire se trace presque entièrement ; ce qui indique que, si dans les lames très-grandes elle se réduit à des points placés sur le milieu de chaque ventre de vibration de la figure principale, c'est que l'amplitude des oscillations étant très-grande, le milieu de chacun de ces ventres est le seul endroit où la lame reste presque plane et horizontale, où par conséquent la poussière peut se réunir, tandis qu'à droite et à gauche de ce point la surface étant inclinée, les parcelles de poussière ne peuvent pas s'y arrêter.

» Ainsi qu'il était naturel de le présumer, les lignes nodales diamétrales de la figure secondaire sont placées dans
les mêmes lieux que celles de la figure principale ; c'est ce
qu'on peut prouver facilement en plaçant une lame circulaire dans une pince armée de deux mâchoires de bois
minces et assez longues pour qu'elles puissent serrer dans
toute sa longueur l'une des diamétrales de la lame, disposition qui n'empêche pas les vibrations de se produire
comme à l'ordinaire. On reconnaît, par ce procédé, que
la figure secondaire se prononce aussi nettement que si la
lame n'était fixée qu'à son centre, d'où il faut conclure
que ce n'est pas le milieu d'un ventre de vibration du mode
secondaire de division qui correspond à chaque ligne nodale de la figure principale, mais que les diamétrales nodales des deux mouvemens se superposent exactement.
D'après cela il ne paraît pas douteux que, dans le cas des
lignes circulaires seules, il y a des lignes secondaires qui
occupent le même lieu que les lignes nodales principales ;
ce qu'on peut d'ailleurs prouver directement, en observant que ces derniers lignes peuvent aussi être touchées
avec les doigts, et même pincées, en quelque point de
leur étendue, entre les mâchoires d'un étau, sans que
le mouvement secondaire cesse de se produire.

» Cette coexistence de deux modes de division s'observe
non-seulement quand la figure principale ne présente que
des lignes nodales diamétrales, mais encore quand les lignes
de cette espèce seront coupées par un plus ou moins grand
nombre de lignes circulaires. Dans tous ces différens cas,
la figure secondaire se compose toujours du même nombre
de diamétrales que la figure principale, et le nombre des
lignes circulaires étant représenté par n, celui des lignes
circulaires secondaires l'est par $2n + 1$, en admettant
qu'outre les lignes secondaires apparentes, il y en a encore autant que de principales, et qui sont cachées par
elles, ainsi que cela a lieu pour les lignes nodales diamé-

trales. En admettant aussi cette superposition pour le cas
des lignes circulaires seules, et en considérant le point
formé par la poussière, au centre des disques comme un
cercle d'un diamètre infiniment petit, on peut dire encore que dans ce cas le nombre des lignes principales étant
n, celui des lignes secondaires est 2 n + 1.

» D'après ce qui précède, il est donc évident que dans
les lames circulaires il y a toujours un mode secondaire
de division qui se prononce beaucoup mieux que tous les
autres. Mais quelles sont les conditions qui rendent ainsi
le mode secondaire tellement dépendant du mode principal, que celui-ci étant donné, on peut toujours prévoir
celui-là? La solution de cette question paraît assez simple;
en effet, parmi tous les modes de division qui existent avec
le mode principal (et sans doute qu'il y en a un très-grand
nombre), ceux qui ont le plus d'analogie avec lui, qui
approchent le plus d'être composés du même système de
lignes de repos, doivent se prononcer plus fortement que
les autres; et, de tous ceux qui pourront remplir cette condition, celui qui sera le plus simple, sera aussi celui dont les
parties vibrantes feront les plus grandes excursions. Ainsi,
par exemple, dans le cas de deux lignes diamétrales qui se
coupent rectangulairement, de toutes les figures secondaires composées d'abord de deux lignes rectangulaires,
la plus simple, celle qui approche le plus d'être réduite
à ces deux lignes, c'est celle qui s'accompagne d'une seule
ligne circulaire; c'est aussi cette figure qui existe toujours
avec le mode de division dont nous venons de parler. Il résulte de là, ce qui est d'ailleurs conforme à l'observation,
que la figure secondaire doit être composée de parties
vibrantes plus petites que celles de la figure principale,
et que les sons secondaires doivent toujours être plus aigus
que les sons principaux.

» Mais maintenant, pourquoi le mode de division secondaire ne peut-il être marqué que par une poussière plus

fine que celle qui trace la figure principale, comme s'il y avait une certaine liaison entre les amplitudes des excursions des parties vibrantes, et le degré de ténuité des parcelles de poussières qui peuvent dessiner les lignes nodales? D'abord, je remarquerai que quelle que soit la poussière qu'on emploie, elle peut toujours se rassembler sur les lignes de repos du mode principal de division, et que c'est seulement la figure secondaire qui ne peut être indiquée que par une poussière très-fine. Or, si l'on fait attention à la différence qu'il y a entre du sable, qui est un assemblage de petits globules indépendans les uns des autres, et une poussière très-ténue, comme du lycopode, par exemple, ou même comme la poussière qui se dépose sur les meubles, dont toutes les parties contractent entre elles, et avec la surface de la lame une certaine adhérence, ou concevra facilement que ces substances, d'ailleurs si déliées, étant placées sur le milieu d'une partie vibrante du mode principal de division, peuvent, sans se désunir, être transportées avec la partie de la lame sur laquelle elles reposent, surtout si elles se trouvent placées sur une ligne nodale du mouvement secondaire, c'est-à-dire, entre deux portions de disque qui oscillent en sens contraire.

» Pour pouvoir répéter les expériences dont je viens de parler, il faut employer des disques de laiton de plusieurs décimètres de diamètre et de deux ou trois millimètres d'épaisseur; il est indispensable qu'ils soient bien plans, d'égale épaisseur partout; et, pour qu'ils ne présentent point d'inégalité, de densité, ni de rigidité, il est nécessaire de les faire recuire avant de les battre, et de n'employer pour cela qu'un marteau de bois un peu lourd. Ils seront toujours assez raides et assez sonores lorsqu'ils seront bien plans. »

M. Savart a fait aussi une remarque curieuse sur le déplacement des lignes nodales : il a reconnu que, sous certaines conditions, elles peuvent osciller, ou même éprouver un mouvement de rotation plus ou moins rapide. Voici un extrait détaillé du mémoire qu'il a publié sur ce sujet. (*Ann. de phys. et de chim.*, t. 36, pag. 257.)

« Le nombre et la disposition des parties vibrantes d'un corps dépendent du lieu de l'ébranlement, de la forme même du corps, de sa nature, de ses dimensions et de la position des points de son étendue qu'on a préalablement rendus immobiles.

» Dans certains cas, on ne peut changer aucune de ces conditions sans que l'arrangement des parties vibrantes soit altéré, et dans d'autres, au contraire, le même arrangement peut avoir lieu quand même une ou plusieurs de ces circonstances viennent à varier. C'est ainsi, par exemple, que, quand on promène un doigt mouillé sur le bord d'une cloche d'harmonica, elle ne laisse pas de se diviser de la même manière et de faire entendre le même son, quoique le lieu de l'ébranlement varie continuellement. Il en est de même d'une lame circulaire dont le centre est immobile ; on peut ébranler un point quelconque de sa circonférence, sans que le mode de division subisse aucun changement : seulement la position des parties vibrantes varie, parce que le lieu de l'ébranlement doit toujours être le milieu d'une de ces parties ; de sorte que, si l'archet, en même temps qu'il est animé d'un mouvement de va et vient, tournait tout autour de la lame d'un mouvement uniforme, en restant parallèle à lui-même, les parties vibrantes se déplaceraient en même temps et elles le suivraient en devenant le siége d'un mouvement de rotation continu. Mais ce qui est bien remarquable, ce mouvement de rotation du système des parties vibrantes peut s'établir, quoique le lieu de l'ébranlement demeure le même, et il semble que pour cela il suffise d'abandonner la lame à elle-même après qu'elle a été mise en vibration.

» Je suppose, par exemple, qu'on ait une lame circulaire fixée par son centre, et qu'elle présente l'un des modes de

division qui ne sont composés que de lignes nodales diamétrales, l'expérience montre que ces lignes demeurent
parfaitement immobiles, tant que l'archet touche le disque ; mais s'il vient à le quitter subitement, ce qui n'empêche pas le mouvement de subsister encore pendant plusieurs secondes, les lignes de repos oscillent autour de la
position qu'elles occupaient d'abord ; et elles n'y reviennent que quand le mouvement de vibration est sur le point
de cesser. Lorsque le nombre de ces oscillations est assez
grand dans un temps très-court, le sable devient un moyen
insuffisant pour constater la position variable des lignes
nodales, parce qu'il est alors chassé avec trop de violence
pour fournir des indications bien nettes ; mais on peut lui
substituer une poussière fine susceptible d'adhérer légèrement à la surface de la lame et par conséquent de dessiner
le mode secondaire de division : les petits amas qu'elle
forme, au milieu de chaque partie vibrante principale,
sur la trace de la ligne circulaire secondaire, peuvent être
entraînée le long de cette ligne sans se désunir, à cause
de l'adhérence que contractent entre elles les parties qui
les composent, et ils indiquent parfaitement la position
variable des ventres de vibration et par conséquent celle
des lignes nodales principales. L'amplitude de ces oscillations est d'autant plus considérable qu'on promène l'archet avec plus de vitesse, et qu'on le sépare plus vivement
de la lame vibrante, de sorte qu'il peut arriver que l'oscillation soit assez grande pour que les lignes nodales,
entraînées au-delà du milieu de l'intervalle qui les sépa-
rait dans leur première position, soient transportées dans
le même sens, jusqu'à ce qu'elles aient parcouru toute
l'étendue d'une partie vibrante entière. On conçoit que
parvenues dans cette nouvelle position, elles ne peuvent
pas s'y arrêter subitement et qu'elles doivent osciller de
nouveau, c'est aussi ce qui a lieu. Tandis que ces nouvelles oscillations s'exécutent, si l'on vient à donner un

second coup d'archet, en ébranlant toujours la lame par le même point de sa circonférence, on déterminera les lignes nodales à faire un nouveau pas ; et si les coups d'archet se suivent à des intervalles réglés, on verra les petits amas de poussière passer successivement par tous les ventres de vibration, s'y arrêter un instant, pour se porter ensuite sur la partie vibrante voisine ; mais si l'on multiplie vivement les coups d'archet, le milieu de chaque ventre de vibration cesse d'être indiqué par la stagnation momentanée de la poussière, et le système des parties vibrantes devient le siége d'un mouvement de rotation qui est indiqué par un courant continu de poussière, ressemblant à un petit nuage affectant la forme d'un anneau. *Fig.* 97. Le sens de ce mouvement est subordonné à des circonstances que je n'ai pas pu saisir ; tantôt les ondulations des parties vibrantes se propagent de droite à gauche, tantôt de gauche à droite. Seulement j'ai remarqué que, pour l'entretenir, lorsqu'il était une fois produit, il ne fallait pas remonter l'archet en touchant exactement le même point de la circonférence de la lame contre lequel il frottait en descendant, et qu'il fallait le reporter un peu à droite ou un peu à gauche, en le ramenant ensuite à sa première position lorsqu'on le faisait redescendre.

» Quant à la position même que le courant occupe, elle dépend de celle de la ligne circulaire secondaire sur laquelle la poussière tend à se réunir : ainsi, plus le nombre des diamètres augmentera, plus le courant se rapprochera du bord de la lame.

» Il ne paraît pas que le nombre plus ou moins considérable des parties vibrantes influe sur la facilité avec laquelle le mouvement d'oscillation ou de rotation peut s'établir : on l'observe lorsque la circonférence de la lame se divise en quarante ou cinquante parties vibrantes, de même que quand elle ne se partage qu'en un bien moindre nombre. Il se produit aussi facilement dans les lames d'un

petit diamètre que dans celles qui ont de grandes dimensions. Il peut aussi exister lorsque le mode de division se
compose de lignes diamétrales coupées par une ou plusieurs lignes circulaires ; mais alors les lignes de cette
dernière espèce restent fixes, et il peut arriver que ces parties vibrantes qui sont en dedans d'une ligne circulaire
affectent un mouvement de rotation, tandis que celles qui
sont en dehors restent immobiles : le contraire peut aussi
avoir lieu, et il peut également se faire qu'elles tournent
toutes à la fois, mais toujours dans le même sens. Dans
ce dernier cas, la poussière forme autant de courans qu'il
y a de lignes circulaires apparentes dans le mode secondaire de division ; et tous les courans sont animés de vitesses
différentes, ceux qui sont les plus voisins du centre de la
lame se mouvant beaucoup plus rapidement que les autres.

» La condition essentielle de la production de ce mouvement consistant en ce que les parties vibrantes puissent
se déplacer sans qu'il y ait altération dans le nombre des
vibrations, on conçoit qu'on ne pourra l'exciter dans les
lames circulaires que lorsqu'elles présenteront des lignes
nodales diamétrales, soit seules, soit coupées par des lignes circulaires ; et il est clair qu'il deviendra tout-à-fait
impossible pour les lames carrées, triangulaires, etc.,
dont les parties vibrantes ne peuvent pas changer de place
sans qu'il survienne aussi un changement dans le nombre
des vibrations ; mais on pourra l'exciter dans les anneaux
et les timbres, ainsi que dans les cloches proprement dites, parce que ces divers corps peuvent produire le même
mode de division, et par conséquent le même nombre de
vibrations, quel que soit le point de leur contour qu'on
choisisse pour le lieu de l'ébranlement. Les membranes
circulaires en sont également susceptibles, même quand
elles sont ébranlées par communication, et que le corps
sonore d'où partent les ondes excitées dans l'air, reste dans
la même position. Pour parvenir à faire cette dernière

expérience il faut remarquer qu'une membrane qui vibre par communication peut, lorsqu'on l'ébranle de très-près, non-seulement renforcer le son du corps qui la met en jeu, mais encore produire un son distinct de celui du corps qui lui communique le mouvement, quoique les sons des deux corps demeurent toujours à l'unisson : c'est dans ce dernier cas qu'une membrane devient très-facilement le siége du mouvement de rotation des parties vibrantes. La poussière qu'on y répand, animée du mouvement tangentiel, forme alors des espèces de courans qui circulent avec beaucoup de vitesse et quelquefois dans des sens très-divers, mais seulement quand la tension de la membrane est inégale.

» Lorsque le changement de position des parties vibrantes est borné à de simples oscillations, l'oreille est avertie de leur existence par des alternatives dans l'intensité du son. Ces alternatives ont été remarquées depuis long-temps dans les timbres et particulièrement dans les cloches, mais sans qu'on sût à quoi les attribuer. On peut se convaincre qu'elles dépendent des oscillations des parties vibrantes en versant un peu d'eau dans un timbre qu'on ébranle avec un archet : on remarque que les rides formées à la surface de ce liquide, vis-à-vis chaque ventre de vibration, sont le siége d'oscillations qui coïncident avec les alternatives d'intensité du son, et que le plus grand renforcement a lieu lorsque les parties vibrantes atteignent la limite de leur excursion dans un sens, tandis que la moindre intensité a lieu lorsqu'elles atteignent la limite opposée. Relativement à l'organe de l'ouïe, l'effet est le même que si les parties vibrantes restaient immobiles par rapport au corps sonore, et que ce corps produisît lui-même des oscillations autour d'un point fixe. Quand le mouvement de rotation s'établit, les alternatives d'intensité disparaissent complétement et alors le son revêt un caractère particulier, sans qu'on puisse apprécier s'il est plus intense que quand les parties vibrantes sont fixes : j'ai seulement cru remarquer qu'il était moins pur. Mais ce qui n'est pas douteux, c'est qu'il devient plus aigu et d'autant plus que le système des parties vibrantes tourne plus rapidement : quand le nombre des vibrations est considérable et que le corps a de grandes dimensions, le son peut s'élever presque d'un ton. »

487. *Vibrations des corps qui n'ont pas la même élasticité dans tous les sens.*

Chladni avait reconnu dès ses premières expériences, que, sur les plaques de bois, l'inégale élasticité dans les différentes directions empêche les lignes nodales diamétrales de se déplacer et de tourner autour du centre dans tous les sens, comme sur les plaques de verre ou de métal. Cette remarque frappante n'avait pas été développée, et M. Savart l'a prise comme point de départ pour un nouveau travail sur lequel il vient de publier deux mémoires. (*Ann. de phys. et de chim.*, t. 40, pag. 5 et 113.)

Si l'inégale élasticité est la seule cause qui empêche les lignes nodales diamétrales de se déplacer autour du centre, il est évident que la réciproque sera vraie, c'est-à-dire que si l'on voit un même système de lignes nodales affecter sur une plaque des positions déterminées, on en pourra conclure que cette plaque n'a plus la même élasticité dans tous les sens parallèlement à ses faces. Or, les substances cristallisées, telles que le cristal de roche, la chaux carbonatée, etc., n'offrant pas comme le bois les traces visibles de l'arrangement des couches ou des lames qui les constituent, on conçoit qu'il devient possible de reconnaître si leur élasticité est la même dans tous les sens ; car il suffit pour cela de les tailler en plaques, de les faire vibrer, et d'observer si un même système de lignes nodales affecte de préférence certaines positions autour du centre.

M. Savart a fait d'abord sur ce sujet les expériences suivantes :

Il a remarqué que si l'on fait vibrer une plaque ellipti-que homogène, de verre ou de métal, *Fig.* 107, le système de deux lignes diamétrales perpendiculaires se place iné-vitablement suivant les directions du grand axe A A′ et du petit axe B B′, et que si l'on veut à toute force déplacer ce système en ébranlant l'une des extrémités de ces axes, il se déplace en effet, mais non pas sans s'altérer, car il se change en une espèce d'hyperbole H H′ et Y Y′ dont le pre-mier axe est dirigé suivant le grand axe de l'ellipse ; alors le son est plus grave.

Il faut un plus grand effort pour plier l'ellipse suivant A A′ que suivant B B′, ainsi le premier axe de l'hyperbole est dirigé suivant la plus grande résistance à la flexion.

Une plaque circulaire de laiton présente des phénomè-nes analogues lorsqu'on a diminué son élasticité dans un sens par plusieurs traits de scie parallèles qui ont enlevé seulement une partie de son épaisseur. Dans cet état, le système des deux lignes diamétrales perpendiculaires ne peut plus tourner autour de son centre ; l'une des lignes qui le composent reste fixée dans la direction parallèle aux traits de scie et l'autre perpendiculairement. Mais si l'on ébranle ces points, il se déforme et devient une hy-perbole dont le premier axe est encore dirigé suivant la plus grande résistance à la flexion.

Pour étudier ensuite les phénomènes que présentent les plaques dont l'élasticité varie graduellement dans des sens perpendiculaires, ou dans des sens différens, M. Savart a taillé un grand nombre de plaques circulaires de bois ayant leurs faces parallèles plus ou moins inclinées soit au plan des fibres, soit aux fibres elles-mêmes. Supposons par exemple que c c′, *Fig.* 108, représente un cube de bois de hêtre, dont la surface P soit parallèle au plan des fibres, la face T perpendiculaire à leur tranche, et la face B perpen-diculaire à leur bout. Si l'on a plusieurs cubes pareils, ti-rés de la même pièce de hêtre, tous sans défaut, et parfaitement homogènes entre eux, on en pourra tirer des plaques de même épaisseur et de même rayon, qu'il sera permis ensuite de comparer comme si elles sortaient du même cube. Les unes seront coupées perpendiculairement à la face P, dans les directions P M, P M', P D et dans les directions intermédiaires ; les autres perpendiculairement à la face T, aussi dans les directions T M, T M'', T D, etc. ; les autres enfin perpendiculairement à la face B, et aussi suivant les directions B M', B M'', B D, etc. En faisant vibrer toutes ces lames, mais seulement pour obtenir le système des lignes nodales diamétrales perpendiculaires, ou le système des deux branches hyperboliques, M. Savart a trouvé des rapports remarquables entre les positions de ces systèmes et les directions des différens axes d'élasticité du bois de hêtre. Il a reconnu que les nombres de vibrations ne sont liés qu'indirectement avec les modes de division, car deux figures nodales semblables peuvent résulter de sons différens, et réciproquement un même son peut résulter de deux figures nodales différentes. Enfin dans ces plaques hétérogènes, tous les modes de division sont doubles, c'est-à-dire que chaque mode de division, considéré en particulier, peut toujours, en subissant toutefois des altérations plus ou moins considérables, s'établir en deux positions déterminées.

En faisant vibrer trois petites verges prismatiques à bases carrées, qui avaient été taillées dans des cubes pareils aux précédens et suivant les directions D C', D F et D R, M. Savart a déduit des sons donnés par ces verges le rapport des résistances que le bois de hêtre oppose à la flexion dans ces trois sens rectangulaires. Il trouve qu'en représentant par l'unité la résistance à la flexion suivant D C', cette résistance est 2,25 suivant D R, et 16 suivant D F.

M. Savart a soumis le cristal de roche à des recherches analogues. On sait que cette substance se présente assez ordinairement dans la nature sous la forme d'un prisme hexaèdre terminé par deux pyramides *fig.* 109. La ligne s s' qui joint les deux sommets de la pyramide est l'axe du cristal. Or, dans les plaques perpendiculaires à cet axe, le système des deux lignes nodales diamétrales perpendiculaires pouvant, en général, tourner autour du centre, sans altération sensible, il en résulte que l'élasticité est à peu près la même suivant tous les rayons.

Les plaques taillées parallèlement à l'axe n'ont pas toutes la même élasticité : celles qui passent par l'axe et par un des rayons de la coupe A B C D E F du prisme *fig.* 110, donnent les lignes nodales perpendiculaires, ou le système hyperbolique, tandis que celles qui passent par l'axe et par l'apothème o p de la section précédente ne peuvent offrir que deux systèmes hyperboliques à peu près semblables, mais correspondant néanmoins à des sons différens. Les axes de ces hyperboles semblent faire entre eux un angle de 51 ou 52°.

D'autres plaques taillées dans des directions différentes donnent encore des résultats différens, et M. Savart est porté à conclure de l'ensemble de ses expériences que le cristal de roche paraît avoir trois systèmes d'élasticité, chacun représenté par trois lignes. Il essaie même par des considérations ingénieuses de déduire leurs directions ; mais nous ne pouvons entrer ici ni dans tous ces détails, ni dans la discussion qui devrait les accompagner.

488. *Vibrations des corps dont aucune dimension n'est petite par rapport aux autres.* Il résulte évidemment de tout ce qui précède que des masses solides quelconques peuvent entrer en vibration comme les verges, ou les lames, ou les membranes, et que pendant leurs mouvemens elles se partagent en diverses parties vibrantes, séparées les unes des autres par des *surfaces nodales* plus ou moins irrégulières. Ainsi, lorsqu'un bloc de bois, de pierre ou de fer, retentit sous le choc du marteau, on peut suivre par la pensée les pressions qui se communiquent de pro-

che en proche dans toutes les directions depuis la première
molécule qui reçoit le coup , jusqu'aux molécules qui en
sont les plus éloignées, et cette diffusion du mouvement se
fait comme dans une colonne d'air, c'est-à-dire, par ondes
condensées ou raréfiées ; seulement les ondes sont d'autant
plus courtes que l'élasticité de la matière est plus grande.
Mais pour ébranler des masses un peu considérables et en
faire sortir des sons purs et soutenus, on éprouve toujours
de grandes difficultés, et c'est sans doute pour cette raison
que l'on n'a fait jusqu'à présent que très-peu d'expériences sur ce sujet. Les masses de différentes substances et
de différentes formes offriraient cependant des modes de
division et des traces de lignes nodales qui seraient , sans
doute, le moyen le plus efficace d'étudier leur structure
intérieure et tous les accidens de leur élasticité.

489. *Des vibrations des corps dans différens milieux.*
Les corps peuvent vibrer dans les différens fluides élastiques,
et même dans les différens liquides, comme ils vibrent dans
l'air ; mais on conçoit que l'inertie et la résistance du milieu ambiant doivent exercer une influence sur la rapidité
des vibrations , et par conséquent sur leur nombre et sur
le ton du son qui en résulte. Cette influence est d'autant
plus grande que la masse fluide que le corps solide doit
déplacer dans ses mouvemens est elle-même plus considérable. Ainsi les vibrations perpendiculaires à la surface
de jonction d'un solide et d'un liquide seront beaucoup
plus modifiées que les vibrations tangentes à cette surface.
M. Savart a reconnu, par exemple, qu'un disque de verre,
ébranlé par un petit tube fixé à son centre et perpendiculairement à sa surface, donne dans l'eau un son beaucoup
plus grave que dans l'air ; les lignes nodales concentriques
que l'on observe alors ne restent pas non plus les mêmes :
dans l'eau elles s'éloignent du centre. Ce phénomène, qui
est très-marqué lorsqu'on passe de l'air dans l'eau, doit
se produire encore, mais avec moins d'intensité, lorsqu'on

fait vibrer le même corps successivement dans des fluides élastiques différens par leur nature ou seulement par leur densité.

Les différences sont beaucoup moindres dans les vibrations tangentielles : ainsi une lame ou une verge qui vibre dans sa longueur rend sensiblement le même son, soit qu'elle se trouve plongée dans l'air, dans l'eau, ou même dans le mercure.

On conçoit que ce dernier mode de vibration est le seul qu'il soit permis d'employer pour comparer les différens fluides par rapport à la facilité avec laquelle ils transmettent les sons ; car les sons résultans des vibrations normales étant différens dans les différens milieux, il n'y a plus aucun moyen exact de comparaison.

CHAPITRE IV.

Du mouvement de vibration des masses fluides.

490. *Divers moyens de faire vibrer les liquides.*
Quand deux corps solides choqués sous l'eau excitent
un bruit qui retentit au loin, le liquide est ébranlé
directement dans tous les points où il touche les surfaces
des corps solides vibrans, et il est alors ébranlé, comme
le sont les gaz par les frémissemens d'une cloche. C'est
encore par un choc direct que les vibrations normales des
disques et les vibrations longitudinales des verges dont
nous avons parlé précédemment peuvent ébranler l'eau,
le mercure ou les autres liquides. Ainsi l'on pourrait
penser que le choc des solides est indispensable pour
faire vibrer les liquides. Mais le jeu de la sirène peut
exciter dans l'eau et sans doute aussi dans tous les liquides
des vibrations sonores qui ont une autre origine. On en fait
l'expérience de la manière suivante : v v′ est un vase large
et profond, *Fig.* 125, dans lequel on ajuste solidement une
sirène en s ; le tuyau porte-vent т est fermé par un robinet
в et devient ici un tuyau porte-liquide, car il communique à un tube en plomb p, rempli d'eau, qui descend
d'un réservoir élevé de 12 ou 15 pieds. L'appareil étant
ajusté, on met de l'eau dans le vase v v′ jusqu'au-dessus
du plateau mobile de la sirène, on ouvre le robinet в, et
à l'instant l'eau jaillit, le plateau tourne et l'on entend
un son très-distinct. On pourrait penser que le son se
communique par les montans de l'instrument qui s'élèvent encore au-dessus du niveau, mais ces montans sont
bientôt cachés eux-mêmes par l'eau qui arrive, et quand

tout l'appareil est enfoncé sous l'eau de plusieurs pouces,
le son se fait encore entendre, et il paraît même plus pur
et mieux soutenu.

Le liquide poussé d'abord dans les ouvertures de la table et du plateau, puis arrêté, puis poussé et arrêté de
nouveau, et ainsi de suite par de rapides alternatives,
éprouve précisément ce que les gaz éprouvent dans les
mêmes circonstances.

Il y a sans doute encore d'autres moyens d'exciter dans
les liquides des vibrations sonores sans la percussion des
solides : on sait, par exemple, qu'un courant d'étincelles
électriques produit un bruit net et soutenu, au milieu
d'une masse liquide, et probablement si l'on ajustait un
appareil pour enflammer au milieu de l'eau, par l'électricité, de petites bulles du mélange détonant d'hydrogène
et d'oxigène, qui se succéderaient rapidement, l'on produirait ainsi des bruits très-intenses, sans employer d'autres solides que les deux bouts du fil mince qui apporte-
raient le fluide électrique; encore pourrait-on les rem-
placer par de petites colonnes de mercure, contenues dans
des tubes de matière très-peu élastique.

491. *Divers moyens d'exciter les vibrations sonores dans
les gaz.* Nous avons déjà vu comment des vibrations peuvent être excitées dans l'air par l'explosion d'une poudre
fulminante, par la percussion d'une masse élastique,
comme un timbre, une cloche ou un tamtam, et par les
oscillations rapides des cordes, des verges ou des plaques.
Nous avons aussi indiqué comment la lame mince d'air
qui vient se briser contre le biseau du flageolet ou du tuyau
d'orgue détermine une oscillation dans toute la colonne
d'air adjacente, le changement de pression qui survient
en un point de cette colonne élastique se communique
rapidement dans toute son étendue, tous les ressorts moléculaires réagissent les uns sur les autres, et la colonne
vibre dans son ensemble par la même raison qu'un cylindre

solide vibre dans toute sa masse quand il est ébranlé dans un point quelconque.

.. C'est encore le même phénomène qui se produit dans la flûte et dans la toupie d'Allemagne, avec cette seule différence que dans le premier cas l'air est poussé contre le bord de l'ouverture, tandis que dans le second cas c'est l'ouverture elle-même qui est poussée contre l'air, par la rotation de l'instrument.

Dans les appeaux ou les réclames dont se servent les chasseurs pour imiter le cri des oiseaux, *Fig.* 114 et 115, le phénomène parait un peu plus compliqué. Les vibrations sont encore produites par le courant d'air, mais ici le courant entraîne dans son mouvement une partie du fluide qui est contenu dans la cavité de l'appareil, et le fluide ainsi raréfié, n'étant plus capable de soutenir la pression atmosphérique, l'air extérieur rentre, et rentre en excès ; alors, nouvelle raréfaction produite par l'entraînement du courant, et nouvelle rentrée déterminée par la pression extérieure, etc. Ainsi toute la masse d'air de la cavité, alternativement raréfiée et comprimée, accomplit des oscillations qui se communiquent au dehors.

C'est par un jeu semblable que M. Cagniard de la Tour explique les sons aigus et variés que l'on peut produire en sifflant avec la bouche. Les lèvres avancées et un peu pressées forment en quelque sorte la calotte du réclame, *Fig.* 114, et les vibrations sont produites, parce que l'air est alternativement raréfié par le courant et comprimé par la pression extérieure. On peut en effet produire les mêmes sons, à peu près, soit qu'on aspire l'air, soit qu'on le pousse dehors par un courant contraire ; et M. Cagniard de la Tour est même parvenu à imiter très-bien tous les tons du sifflet naturel en soufflant simplement dans un tube de verre dont l'une des extrémités est fermée en partie par un petit disque de liége au centre duquel on laisse une ouverture circulaire, *Fig.* 115 *bis*. Le son est à peu près le même soit que l'on souffle en prenant dans la bouche l'une ou l'autre des extrémités. Seulement il faut de longs tàtonne-mens pour proportionner l'épaisseur du disque de liége à la largeur de l'ouverture dont il est percé à son centre.

La lampe à gaz hydrogène, que l'on appelle aussi *lampe philosophique*, détermine encore dans l'air un autre mode d'ébranlement. Cet appareil fut imaginé en Allemagne et ensuite étudié par Bruguatelli et Pictet; mais c'est, je crois, M. de La Rive, de Genève, qui a le premier analysé les phénomènes qu'il présente (*Journ. de physiq.*, t. 55, pag. 165). L'hydrogène étant allumé à l'extrémité du tube effilé de verre т, *Fig.* 128, on approche un autre tube long et large A B dans la position marquée par la figure, et l'on entend un son très-intense. La vapeur d'eau formée par la combustion se condense rapidement, et détermine ainsi à quelque distance de la flamme une raréfaction ou une espèce de vide dans lequel l'air environnant se précipite, et le même phénomène se répétant avec une excessive rapidité, on conçoit qu'il en doive résulter un son dont l'intensité et la gravité dépendent du volume de la flamme et des dimensions du tuyau qui l'enveloppe. M. de La Rive a été conduit à cette explication en faisant bouillir de l'eau ou du mercure dans une boule de verre terminée par un tube de 2 ou 3 lignes de diamètre, et de 5 ou 6 pouces de longueur. Quand l'ébullition est vive la condensation de la vapeur dans le tube est accompagnée d'un son plus ou moins intense et plus ou moins soutenu. Ce phénomène et le précédent sont, en effet, dus à la même cause.

Enfin l'on peut dans une masse d'air déterminée exciter des sons *par communication*, c'est-à-dire, par le moyen d'un autre son qui est produit à quelque distance. Tout le monde sait que certains sons de la voix se renflent, et prennent beaucoup d'intensité lorsqu'on les forme devant un vase ouvert ayant une grandeur convenable. Alors l'air du vase vibre, et vibre à l'unisson avec la voix à laquelle il donne tant de force et d'éclat. Et comme une même masse d'air prend plusieurs modes de vibration, il suffira pour la faire vibrer par communication de produire à une petite distance l'un des sons qu'elle peut rendre. Mais pour donner à ce phénomène plus de régularité, M. Savart a imaginé d'ajuster ensemble deux tuyaux de 4 ou 5 pouces de diamètre et d'un pied de longueur qui glissent l'un sur l'autre comme des tuyaux de lunette; ils peuvent être tout-à-fait ouverts aux deux bouts, ou bien l'un ouvert et l'autre fermé. Par ce moyen on peut faire varier à volonté la colonne résonnante, et par conséquent la rendre propre à renforcer le son que l'on produit à son extrémité ouverte avec un timbre, une cloche, ou seulement une lame vibrante. Les sons résultans ont une force et une rondeur qui étonnent toujours quand on les entend pour la première fois. Un tuyau large et court a la propriété remarquable de renforcer avec plus ou moins d'intensité des sons voisins assez différens les uns des autres; tandis qu'un tuyau long et étroit ne peut renforcer qu'un son déterminé et ses harmoniques, les sons un peu plus graves ou un peu plus aigus ne lui communiquent aucune vibration sensible. Ce mode d'ébranlement de l'air dans les tuyaux ne présente pas les phénomènes compliqués qui se produisent dans le mode ordinaire à cause de l'influence de l'embouchure, et il peut être employé avec avantage pour plusieurs recherches importantes sur les vibrations des gaz.

492. *Des modifications que peut recevoir le son d'un tuyau par la direction du vent, la grandeur de l'embouchure et sa position.* Il résulte des expériences de M. Savart que la direction du vent n'a aucune influence sur les sons que peuvent rendre les tuyaux prismatiques de différentes formes ou même les cavités sphériques. Dans un tuyau prismatique à base carrée, par exemple, l'embouchure ayant les mêmes dimensions, le son produit sera le même soit que l'on prenne pour biseau l'extrémité de l'une des

parois latérales, ou l'un des bords de la base, et toutes les directions intermédiaires du vent donneront encore le même son.

La grandeur et la position de l'embouchure ont au contraire une grande influence. Nous avons déjà remarqué qu'en augmentant la *largeur de l'embouchure*, c'est-à-dire, la distance des deux lèvres, on donne au tuyau une tendance à produire le son fondamental, et qu'en la diminuant on est presque sûr de le faire octavier; mais la *longueur de l'embouchure* exerce une autre influence. Si l'on prend, par exemple, un tuyau prismatique carré, dont l'embouchure soit dans toute la longueur du côté de la base, on verra que le son devient *plus grave* quand l'embouchure devient *plus courte*, et qu'il peut aussi descendre d'une sixte ou même d'une septième, surtout si le tuyau est à peu près cubique. C'est sans doute pour obtenir un effet analogue que les facteurs d'orgues mettent aux deux coins de la bouche des tuyaux, de petites lames de plomb, qu'ils serrent ou qu'ils écartent pour obtenir l'accord. Ces lames sont *les oreilles*, parce qu'elles sont là, disent-ils, pour écouter si le tuyau est au ton.

La fente de l'embouchure restant la même, pour la largeur et la longueur, il est évident qu'on peut la placer en différens lieux sur les parois du tuyau, soit perpendiculairement, soit obliquement par rapport à son axe, et M. Savart a constaté que dans ces diverses positions elle fait rendre au tuyau des sons différens. C'est ce que l'on peut aussi vérifier avec une flûte en prenant pour embouchure l'un des trous du milieu.

493. *De l'influence des dimensions sur les vibrations des tuyaux.* Nous avons vu que c'est la longueur seule des tuyaux ouverts ou fermés qui détermine le son qu'ils doivent rendre, pourvu que cette longueur soit très-grande par rapport à la largeur. Mais quand cette condition n'est pas remplie, la loi des vibrations est beaucoup plus com-

pliquée. Voici les principaux résultats auxquels M. Savart a été conduit dans les recherches étendues qu'il a faites sur ce sujet.

1° Des tuyaux prismatiques rectangulaires, ayant tous une embouchure de même longueur que l'un des côtés de leur base, *produisent le même son* quand les sections perpendiculaires à la ligne de l'embouchure ont la même surface, et quand en même temps les largeurs de ces sections sont au moins un sixième de leurs hauteurs.

2.° Quand cette dernière condition est seule remplie, les nombres de vibrations paraissent être entre eux comme les racines carrées des sections.

3° Les nombres de vibrations des tuyaux semblables et semblablement embouchés sont entre eux comme les dimensions homologues de ces tuyaux.

Cette loi s'étend même aux cavités sphériques dont les embouchures sont placées sur de grands cercles et y occupent le même nombre de degrés.

494. *Les parois qui enveloppent une masse d'air ont une influence sur ses vibrations.* L'on sait depuis long-temps, par des expériences souvent répétées, que le son du cor et de la trompette dépend de la matière de l'instrument et du degré d'écrouissage qu'elle a reçu. Un cor, par exemple, qui serait recuit au feu, sans être altéré dans sa forme, ne rendrait plus que des sons faux et étouffés. Les facteurs d'orgues connaissent aussi cette influence de la matière des tuyaux sur les qualités des sons, et ils assurent que, pour faire un mauvais instrument, il suffirait d'altérer très-peu la nature de l'étain qu'ils emploient dans les jeux de métal, ou la nature du bois dans les jeux de bois. Ces observations sont pleinement confirmées par les nombreuses expériences que M. Savart a faites avec des tuyaux de parchemin plus ou moins tendu, ou de papier plus ou moins humide. M. Savart a constaté 1° que dans un tuyau prismatique carré, ayant un pied de hauteur et neuf lignes

de côté, le son peut baisser de plus d'une octave quand on humecte de plus en plus le papier qui forme les parois, ce papier est collé sur les arêtes solides du prisme comme sur une espèce de cadre; 2° que le son peut par ce moyen s'abaisser d'autant plus que les tuyaux sont plus courts : ainsi il s'abaisse facilement de plus de deux octaves dans les tuyaux cubiques; 3° qu'il suffit même de faire en papier ou en parchemin une partie seulement de la paroi d'un tuyau pour en faire sensiblement baisser le ton. Nous nous contentons d'énoncer ici ces résultats, car il est facile de voir comment on peut les reproduire par l'expérience.

495. *De la réflexion du son et des échos.* Lorsque les ondes sonores passent d'un milieu dans un autre, elles éprouvent toujours une réflexion partielle, et lorsqu'elles rencontrent un obstacle fixe elles éprouvent alors une réflexion totale.

Que la réflexion soit partielle ou totale, elle s'accomplit toujours dans une direction telle que l'angle de réflexion soit égal à l'angle d'incidence. Ces lois générales ne peuvent être démontrées que par les principes de la mécanique, et nous devons seulement essayer ici de les faire comprendre. Si ss′, *Fig.* 111, représente la surface de séparation de deux milieux comme l'air et l'eau, et qu'une ondulation sonore vienne, par exemple, tomber sur l'eau dans la direction DI, en faisant avec la perpendiculaire IP, un angle DIP, une partie du mouvement qui la constitue se communiquera à la masse d'eau, et l'autre partie se communiquera à l'air dans la direction IR, de manière que l'angle d'incidence DIP soit égal à l'angle de réflexion PIR. Ce phénomène se produirait encore suivant la même loi, si la surface ss′ était la surface de jonction de deux gaz différens, ou deux portions d'un même gaz ayant des densités différentes, ou si elle était un plan solide de bois, de pierre ou de métal. Seulement dans ce dernier cas le son réfléchi suivant RID aurait beaucoup plus d'intensité. Ainsi un observateur

qui serait placé quelque part sur cette ligne n i entendrait
le son comme s'il était produit en i ou sur le prolongement de n i.

C'est sur ce principe général que repose *l'explication
des échos.*

Quand un *écho* renvoie le son au point de départ, il
est évident que les ondes sonores vont tomber perpendiculairement sur la surface réfléchissante, qui doit être en
conséquence un plan ou une surface sphérique dont le
centre est le point de départ lui-même. Dans ces circonstances un écho peut répéter un nombre de syllabes plus
ou moins grand suivant des conditions faciles à déterminer. On sait, par exemple, qu'en articulant très-vite on
peut prononcer assez nettement 8 syllabes en $2''$; or, en $2''$
le son parcourt deux fois 340 mètres; par conséquent si
un écho se trouve à 340 mètres seulement, il renverra
successivement dans leur ordre toutes les syllabes, et la
première reviendra à l'observateur après $2''$, c'est-à-dire,
à l'instant où la dernière sera prononcée. A cette distance
un écho pourra donc répéter 7 ou 8 syllabes; on en cite
qui répètent jusqu'à 14 ou 15 syllabes.

Il n'est nullement nécessaire que la surface réfléchissante soit dure et polie; car on observe souvent à la mer
que les nuages forment écho, et l'on observe surtout que
les voiles d'un bâtiment éloigné, lorsqu'elles sont bien
tendues, forment des échos assez parfaits.

Les ondes sonores doivent aussi être réfléchies dans une
atmosphère sans nuages, quand le soleil dans toute sa force
répand une vive chaleur à la surface de la terre, car les
divers points d'une plaine ou d'une colline ne peuvent être
également échauffés; l'évaporation, les ombres et d'autres
causes encore s'y opposent. Cette inégalité de température
détermine une foule de courans chauds ascendans et de
courans froids descendans dont la densité n'est pas la
même. Ainsi l'onde sonore se réfléchit en partie à chaque

passage d'un courant dans l'autre, et si le son réfléchi n'est pas assez fort pour former écho, il atténue cependant le son direct d'une manière très-sensible. C'est sans doute par cette raison, comme l'a fait remarquer M. de Humboldt, que le son se propage toujours à de plus grandes distances la nuit que le jour, même au milieu des forêts de l'Amérique, où les animaux, calmes et silencieux pendant le jour, troublent et agitent l'atmosphère de mille bruits confus pendant la nuit.

L'explication des *échos multiples*, c'est-à-dire, qui répètent plusieurs fois la même syllabe, repose encore sur les mêmes principes. Car un son réfléchi, ayant la propriété de se réfléchir de nouveau, il est évident que deux surfaces réfléchissantes pourront se renvoyer le son comme deux miroirs opposés se renvoyent la lumière. Aussi c'est entre des tours, ou entre des murs parallèles et éloignés, que les échos multiples se font entendre. On citait autrefois un écho situé près de Verdun qui répétait 12 ou 13 fois le même mot; il était formé par deux tours éloignées seulement de 26 toises.

Enfin, il y a des *échos* qui font à peu près l'office de *porte-voix*. On les observe sous des voûtes plus ou moins hautes. Supposons que la section d'une voûte par un certain plan donne une ellipse $A\,B\,A'$, *Fig.* 112, dont les foyers soient en F et F', un son formé en F ira par sa réflexion sur toute la courbe $A\,B\,A'$ se concentrer en F', car on sait que dans l'ellipse tous les rayons menés des points F et F', au même point de la courbe, font des angles égaux avec cette courbe ou avec la tangente en ce point ou avec la normale. Ainsi les ondes sonores qui vont suivant $F\,I, FI'$, etc., se réfléchissent suivant IF', $I'F'$, etc. Par conséquent deux personnes qui seraient placées l'une en F et l'autre en F', pourraient s'entendre à la distance de 50 ou même de 100 pieds en parlant à voix très-basse, sans qu'aucun mot pût être saisi par des auditeurs intermédiaires. Il y a au Conservatoire des arts et métiers une grande salle carrée qui présente ce phénomène à ses angles opposés.

496. *Des surfaces nodales que l'on observe dans les grandes masses d'air qui sont en vibration.* Lorsqu'on produit un son très-intense et soutenu dans une galerie ou seulement dans une chambre ordinaire, on observe que le même son n'a pas la même intensité dans toute l'étendue de l'enceinte. Dans certains points il est fort et assourdissant, dans d'autres il est très-faible ; ces derniers points sont comme des nœuds de vibration où l'air n'éprouve que de très-petits déplacemens. M. Savart a essayé de suivre la trace de ces lignes ou surfaces nodales, et nous indiquerons seulement le procédé dont il s'est servi , car il n'y a sur ce sujet aucun résultat simple et général.

Le son est produit avec un timbre et un tuyau renforçant, et on l'écoute aux différens points de l'enceinte avec une espèce d'oreille artificielle, qui se compose d'un cône évasé, d'un tube conique et d'une membrane.

cc', *Fig.* 113, représente le cône, $\tau\tau'$ le tuyau, et mm' la membrane ; celle-ci doit être posée sur les bords du tube recourbé et ajustée pour recevoir divers degrés de tension. On place l'axe du cône dans la direction suivant laquelle on veut écouter, et l'on juge de l'intensité du son par les vibrations de la membrane, c'est-à-dire, par les mouvemens du sable dont on la recouvre à l'instant de l'expérience.

La grandeur de l'enceinte, sa forme et tous les accidens que présentent ses parois sont autant de causes qui font varier les formes et les positions des surfaces nodales, pour une même position du timbre. Quant à la cause elle-même qui détermine la formation des nœuds , c'est sans aucun doute la rencontre des ondes directes et des ondes réfléchies, mais jusqu'à présent il n'y a pas sur ce sujet des observations assez nombreuses et assez exactes, pour que l'on puisse essayer d'en présenter une théorie.

<hr>

CHAPITRE V.

Des vibrations de quelques instrumens de musique.

497. *Communication des vibrations sonores entre les solides et les fluides.* Les liquides et les gaz ne reçoivent, en général, leur mouvement de vibration que par le choc direct des corps solides, ou au moins par l'intermédiaire de ces corps comme dans la sirène et les tuyaux. Mais dès qu'ils ont reçu ce mouvement, ils peuvent à leur tour le transmettre à tous les corps solides qu'ils rencontrent. C'est ainsi, par exemple, que l'on voit une corde d'instrument se mettre en vibration dès qu'elle *entend* le son qu'elle peut rendre ou l'un de ses harmoniques, et que des carreaux de vitres s'ébranlent et vibrent fortement sous l'influence de certains sons de la voix, comme sous l'influence du bruit du canon. Ce phénomène, qui se présente d'une manière frappante sur tous les corps solides très-mobiles, se produit pareillement dans les corps plus inertes et moins élastiques, et il n'y a peut-être pas une cathédrale dont la grosse cloche ne fasse vibrer d'une manière sensible certains piliers ou certains massifs considérables. Il est permis de conclure ici de ce que l'on observe à ce que l'on n'observe pas, et puisqu'une masse solide quelconque peut entrer en vibration sous le choc du marteau et produire un son déterminé, on peut conclure qu'elle entrera en vibration plus ou moins marquée lorsque ce son en traversant l'eau ou l'air viendra la frapper. On peut même conclure qu'en général elle entrera en vibration pour tous les sons possibles, car en général il n'y a pas de son qu'elle ne puisse rendre, soit comme son fondamental, soit comme

harmonique, si elle était convenablement ébranlée, et par conséquent il n'y a pas de son qui, en la frappant, ne détermine en elle un certain mode de vibration. Si l'on conservait quelque doute sur cette conclusion générale, il suffirait de remarquer que le son produit dans un fluide est transmis avec plus ou moins de facilité par une masse solide quelconque, et que certainement il ne peut être transmis par elle sans l'avoir forcée à vibrer à l'unisson avec lui. Mais il serait curieux de savoir comment le mouvement se détermine suivant les diverses obliquités des surfaces par rapport à la direction de l'onde. Il n'y a sur ce sujet qu'un très-petit nombre d'expériences : M. Savart a constaté, par exemple, qu'une membrane tendue sur un cadre ne vibre pas de la même manière quand on lui présente une plaque sonore, perpendiculairement ou parallèlement. Dans le premier cas ses vibrations sont tangentielles, et dans le second elles sont normales comme celles de la plaque.

Il est probable que les liquides sont plus efficaces que les gaz pour déterminer ainsi des vibrations dans les solides, et sans doute en disposant sous l'eau des corps de différentes formes l'on pourrait, au moyen du sable, reconnaître des vibrations que le même moyen ne rendrait pas sensibles dans l'air.

498. *Communication des vibrations dans les corps solides contigus.* Puisque les vibrations se transmettent des fluides aux solides, elles doivent à plus forte raison se transmettre dans toute l'étendue d'un système solide dont les diverses parties sont juxta-posées et tellement contiguës qu'elles ne laissent entre elles aucune solution de continuité. Un pareil système ne forme plus qu'un tout, qui, dès qu'un point est ébranlé, se partage comme un seul corps, en parties vibrantes séparées par des lignes nodales; chacune des pièces perd en quelque sorte son individualité; sa liaison avec les pièces voisines l'empêche de

vibrer comme elle ferait si elle était seule ; à peu près
comme une portion de plaque prend des modes de vibrations différens, si elle est détachée et ébranlée à part ou si
elle reste unie à la plaque entière.

M. Savart a fait un grand nombre d'expériences sur ce
sujet, il a varié les appareils de mille manières pour montrer le fait général de la communication du mouvement
dans toutes les parties d'un système composé de lames, de
plaques, de cloches, de cordes, etc. ; mais, ce qui est plus
important, il a constaté les différens sens des vibrations,
et il a été ainsi conduit à ce résultat général, que, dans
un système quelconque, toutes les molécules vibrantes ont
des mouvemens parallèles à l'ébranlement primitif. Par
conséquent, si le mouvement est produit par un archet,
toutes les molécules vibrent parallèlement à la ligne que
parcourent les crins dont il se compose, et s'il est produit
par un petit tube de verre fixé par une de ses extrémités
en un point quelconque du système et ébranlée sur sa
longueur par la friction des doigts ou d'un drap mouillé,
toutes les molécules vibrent suivant des lignes parallèles
à l'axe de ce tube.

499. *Des instrumens à anches.* Une anche est, en général,
une lame vibrante, mise en mouvement par un courant
d'air. Supposons, par exemple, que dans une plaque de
zinc ou de cuivre P P', *Fig.* 129, de 2 ou 3 millimètres d'é-
paisseur on fasse une ouverture rectangulaire A B C D, longue de 3 centimètres et large de 7 ou 8 millimètres seulement, et que l'on soude près de l'un de ses petits côtés
une lame de cuivre L L', très-mince et très-élastique, qui
puisse vibrer dans cette ouverture en rasant les bords A B,
B C et C D. On aura ainsi la plus simple des anches, et
pour la mettre en mouvement il suffira d'appuyer la plaque
P P', longitudinalement contre les lèvres et de souffler en
dirigeant le vent vers l'extrémité libre de la lame L L'.
L'air la met en vibration, et l'ouverture A B C D, étant ainsi

alternativement ouverte et fermée, l'air passe et s'arrête par intermittences, de là des ondulations sonores dont la longueur dépend du nombre des vibrations que la lame vibrante L L' peut exécuter à raison de ses dimensions et de son élasticité. Le son est le même que si la lame vibrait par écartement mécanique, mais il est incomparablement plus intense. En disposant sur la même plaque plusieurs lames qui donnent les sons de la gamme, on peut faire une espèce d'instrument propre à jouer des airs.

L'anche dont on se sert dans les jeux d'orgues repose sur le même principe, mais elle est autrement ajustée. On y distingue deux tuyaux mis bout à bout, T et T', *Fig.* 126, un bouchon B qui les sépare, et l'anche A, proprement dite, qui traverse ce bouchon; on voit ces trois pièces séparées dans la *Fig.* 127. L'anche elle-même est représentée en détail dans la *Fig.* 130; elle se compose de trois pièces essentielles, *la rigole* R, *la languette* L *et la rasette* z.

La rigole est un tube de métal prismatique, ou demi-cylindrique, fermé au bout inférieur, ouvert au bout supérieur, et percé latéralement d'une fenêtre qui établit la communication entre les deux tubes de part et d'autre du bouchon.

La languette est la lame vibrante; dans sa position naturelle elle ferme la fenêtre ou à peu près, c'est-à-dire qu'elle en rase les parois par ses trois bords libres pendant qu'elle accomplit ses battemens. Son quatrième bord est solidement fixé sur la paroi du tube, soit avec des vis, soit au moyen d'une soudure.

La rasette est un fil de métal très-ferme, doublement recourbé à sa partie inférieure par laquelle il appuie fortement sur toute la largeur de la languette, comme on le voit dans la *Fig.* 130. Elle glisse à frottement dans le bouchon, elle sert, comme on voit, à changer la longueur vibrante de la languette, car, au-dessus de la rasette, rien ne peut vibrer.

Le vent du soufflet entre par le pied du tuyau т, presse la languette pour s'ouvrir un passage, traverse la rigole et sort par le tuyau т'. La languette ainsi écartée pour un instant est bientôt rappelée par son élasticité; et accomplit sous ces deux forces contraires des vibrations qui se répètent aussi long-temps que dure le courant d'air. La *Fig.* 126 représente un tuyau à anche qui est vitré vis-à-vis la languette pour que l'on puisse en observer le jeu. Le nombre des vibrations dépend surtout des dimensions de la languette et de sa rigidité, il est en général peu différent de ce qu'il serait si cette lame vibrait à vide par un écartement mécanique. Mais l'ajustement des tuyaux donne au son un timbre et une intensité remarquables; ces deux qualités sont ici très-intimement liées, cependant l'intensité dépend surtout de la vitesse du courant et le timbre de la forme des tuyaux. L'on conçoit en effet qu'un courant plus rapide détermine dans la languette des oscillations dont l'amplitude est plus grande, leur durée restant la même; ainsi l'intensité du son croît avec la vitesse du courant, à moins que cette vitesse ne soit assez grande pour fléchir la languette et y déterminer un nœud de vibration. L'on conçoit ensuite que la languette, les tuyaux et les masses d'air qu'ils contiennent forment un système vibrant dont toutes les parties donnent au son un timbre particulier. Une condition fondamentale pour que l'anche *parle bien* et rende un son plein et agréable, c'est que les masses d'air des tuyaux soient telles par leur forme et leur étendue qu'elles se mettent facilement à l'unisson avec la languette. Mais cette condition peut être remplie pour chacun d'eux d'une infinité de manières, et l'on a fait de nombreux essais pour produire par ce moyen des sons articulés imitant la voix humaine; on a donné au tuyau inférieur des formes anguleuses, rentrantes, ou diversement contournées; on a fait le tuyau supérieur, conique, évasé, renflé en son milieu; on y a tendu des membranes,

et disposé des feuilles ou des lames de différentes subs!an-
ces; il n'y a pas une de ces modifications qui ne donne au
son un timbre particulier, et l'on peut ajouter que plusieurs
combinaisons de cette sorte, imaginées par M. Grenié,
n'ont pas été sans succès pour faire sortir des tuyaux d'anches certains sons plus ou moins analogues aux sons des
voyelles articulés par la voix humaine.

M. Grenié paraît être le premier qui ait donné aux anches leur perfection actuelle ; autrefois la languette venait
battre sur les bords de la fenêtre ; elle était trop large pour
passer alternativement en dedans et en dehors, et le son
qu'elle donnait avait toujours quelque chose de la voix
criarde du canard.

Les embouchures de basson, de hautbois et de clarinette
ne sont autre chose que des anches diversement ajustées.
Dans ces instrumens c'est la pression des lèvres qui tient
lieu de rasette.

5oo. *Des instrumens à cordes.* Tous les instrumens à
cordes ont une caisse sonore, et tout le monde sait que la
qualité du son dépend de la construction de la caisse. La
corde, la caisse et l'air qu'elle contient, forment encore
un système vibrant dont chaque partie imprime au son
un timbre particulier. C'est la corde qui donne le ton,
c'est-à-dire, que, dans le reste de l'instrument, toutes les
pièces doivent se mettre à l'unisson avec elle, et pour cela
se partager convenablement par des lignes nodales.

Il est clair, en effet, que la liaison de la corde avec tout
le système ne peut pas modifier le son qu'elle doit rendre
d'après sa longueur et sa tension, car les points par lesquels elle touche les chevalets sont inévitablement des
nœuds, et ces nœuds une fois déterminés le son en est une
conséquence nécessaire. Il faut donc que la caisse soit d'une
telle substance et d'une telle forme qu'elle puisse instantanément prendre l'unisson de toutes les cordes dans tous
leurs tons, et il faut en outre qu'elle puisse instantanément

aussi imprimer ses vibrations à la masse d'air qu'elle contient, et par conséquent que cette masse d'air soit apte à les recevoir. Ces conditions multipliées font assez voir combien il est difficile de faire un bon instrument à cordes, et par exemple, un bon violon. Car en supposant que la matière de la caisse vibre parfaitement bien, il pourra se faire que par sa forme la masse d'air qu'elle enveloppe reçoive mal ses vibrations, et l'instrument sera mauvais. Un peu plus d'élasticité ou de rigidité dans le bois de la table supérieure, exigera sans doute une autre forme dans la caisse, et c'est pour cela que deux violons également parfaits ont cependant des formes sensiblement différentes, et que deux violons de même forme peuvent être, l'un très-bon et l'autre fort médiocre.

Il suffit quelquefois d'un changement léger dans les pièces mobiles pour rendre un violon un peu meilleur ou un peu plus mauvais. Car les vibrations passent de la corde à la table supérieure par *le chevalet*, et de la table supérieure à la table inférieure au moyen de *l'âme*. La position absolue de ces pièces et leur position relative ne peut donc manquer d'avoir quelque influence sur la facilité avec laquelle le son passe de la corde à la caisse et de la caisse à la masse d'air. M. Savart a fait des expériences variées et intéressantes pour montrer aux yeux par le mouvement du sable la transmission des vibrations dans les diverses pièces du violon, et il est parvenu ainsi à indiquer les fonctions principales que chacune d'elles doit remplir. Cependant la pièce la plus simple doit satisfaire à tant de conditions différentes, qu'il est à peu près impossible d'en faire une analyse exacte, et sans doute si l'on voulait la changer pour mieux l'approprier à tel ou tel but, il est très-probable qu'elle deviendrait moins apte pour tel ou tel autre et que l'on perdrait d'un côté au moins autant que l'on gagnerait de l'autre.

CHAPITRE VI.

De la vitesse du son dans les différens milieux.

501. *Vitesse du son dans les fluides élastiques.* Newton avait donné une expression de la vitesse du son dans l'air (*voy.* les dernières propositions du second livre des *Principes mathématiques de la philosophie naturelle*). Cette expression conduisait à un résultat trop petit : elle donnait une vitesse qui n'était que les $\frac{5}{6}$ environ de la vitesse donnée par l'expérience. Newton avait lui-même essayé d'expliquer cette différence, mais il était réservé à M. de la Place d'en trouver la véritable cause. Le mouvement qui constitue le son ne peut pas se propager dans un milieu quelconque sans comprimer les molécules auxquelles il se communique, et comme, en général, toute compression est accompagnée d'un dégagement de chaleur, M. de la Place suppose que c'est cette chaleur dégagée qui modifie la loi de l'élasticité et qui accélère la propagation du son. Si l'onde condensée produit de la chaleur, l'onde raréfiée produit essentiellement du froid, et l'on pourrait croire que ces deux effets contraires se compensent exactement ; ils se compensent en effet pour ce qui regarde la température, car le son qui passe dans l'air n'affecte nullement le thermomètre le plus sensible ; mais cette compensation définitive dans la température n'empêche pas qu'il n'y ait successivement, entre deux molécules voisines, dégagement de chaleur et de froid, et n'empêche pas, par conséquent, que la loi de leur élasticité ne diffère de la loi de Mariotte.

Après avoir assigné cette cause, M. de la Place l'a transformée en calcul, et il a été conduit à la formule suivante, pour la vitesse de la propagation du son dans les gaz et les vapeurs.

$$v = \sqrt{\frac{g\,H}{D} \cdot K}$$

v, vitesse de propagation en $1''$, évaluée en mètres.

g, gravité exprimée en mètres ou $9^m,8088$.

H, hauteur de la colonne de mercure, évaluée en mètres et réduite à zéro, qui exprime la pression du gaz.

D, densité du gaz, celle du mercure à o étant prise par unité.

K, rapport des deux chaleurs spécifiques du gaz ; c'est, comme nous l'avons vu (264), le quotient de sa capacité à pression constante, par sa capacité à volume constant.

Pour appliquer cette formule à l'air soumis à une pression et à une température quelconque t, il suffit de remarquer qu'à la température o et sous la pression de $o^m,76$, la densité de l'air par rapport au mercure est $10466,82$ et qu'ainsi à la température t et sous la pression H on a :

$$D = \frac{H}{0,76.\ 10466,82\ (1 + at)}$$

et par conséquent

$$v = \sqrt{9,8088.\ 0,76.\ 10466,82\ (1+at).\ K}$$

Et comme nous avons vu précédémment (264) que pour l'air $K = 1,3748$, il en résulte

$$v = 327,52 \sqrt{1 + at}$$

pour la vitesse du son dans l'air à la température t.

a est le coefficient de la dilatation des gaz ou $0,00375$.

On voit que cette vitesse est tout-à-fait indépendante de la pression et dépendante seulement de la température.

C'est d'après cette formule que nous avons calculé la vitesse du son dans l'air supposé sec depuis —5o jusqu'à +5o°. Les corrections qu'il faudrait faire pour la vapeur ne seraient sensibles que pour les températures élevées.

Tableau des vitesses du son dans l'air, depuis —5o° à +5o°.

Température.	Vitesses en mètres.	Température.	Vitesses en mètres.	Température.	Vitesses en mètres.	Température.	Vitesses en mètres.
—5o	295,23	—24	312,44	0	327,52	+26	343,12
—49	295,91	—23	313,08	+1	328,14	+27	343,70
—48	296,58	—22	313,72	+2	328,74	+28	344,29
—47	297,26	—21	314,36	+3	329,35	+29	344,87
—46	297,94	—20	315,00	+4	329,97	+30	345,45
—45	298,61	—19	315,64	+5	330,58	+31	346,03
—44	299,29	—18	316,28	+6	331,19	+32	346,62
—43	299,95	—17	316,92	+7	331,80	+33	347,19
—42	300,63	—16	317,54	+8	332,40	+34	347,78
—41	301,30	—15	318,17	+9	333,01	+35	348,35
—40	301,96	—14	318,81	+10	333,61	+36	348,93
—39	302,63	—13	319,44	+11	334,21	+37	349,5o
—38	303,29	—12	320,07	+12	334,81	+38	350,08
—37	303,95	—11	320,70	+13	335,41	+39	350,65
—36	304,64	—10	321,32	+14	336,01	+40	351,23
—35	305,27	—9	321,94	+15	336,61	+41	351,80
—34	305,94	—8	322,57	+16	337,21	+42	352,30
—33	306,59	—7	323,20	+17	337,80	+43	352,92
—32	307,24	—6	323,81	+18	338,40	+44	353,51
—31	307,90	—5	324.44	+19	338,99	+45	354,08
—3o	308,55	—4	325,09	+20	339,58	+46	354,64
—29	309,20	—3	325,68	+21	340,18	+47	355,21
—28	309,85	—2	326,29	+22	340,77	+48	355,78
—27	310,5o	—1	326,91	+23	341,35	+49	356,35
—26	311,15	—0	327,52	+24	341,94	+5o	356,91
—25	311,79			+25	342,52	+	

On voit que pour la température de 16° la vitesse est d'après la théorie de $337^m,21$, tandis que l'expérience a donné $340^m,88$. La différence $3^m,67$ n'est qu'environ *un* centième de quantité cherchée et elle est sans doute assez faible pour que l'on puisse l'attribuer aux erreurs d'observation, et peut-être en partie à l'influence de la vapeur d'eau répandue dans l'air au moment des expériences. Ainsi ce résultat est une confirmation frappante de la théorie de M. de la Place.

La formule précédente donnera sans doute avec la même exactitude la vitesse du son dans tous les fluides élastiques lorsqu'on connaîtra pour chacun d'eux le rapport κ des deux chaleurs spécifiques. Ou réciproquement la vitesse de la propagation du son dans un gaz quelconque étant déterminée, on en pourra déduire la valeur de κ; et il se présente un procédé assez simple pour chercher la vitesse du son dans un gaz: il consiste à faire vibrer un tuyau, de longueur connue, rempli de ce gaz, et à noter le son résultant. Ces expériences n'auraient pas moins d'intérêt pour la théorie de la chaleur que pour celle de l'acoustique; et l'on voit à quel degré de perfection ces théories ont été portées par M. de la Place, puisqu'il suffit maintenant qu'un expérimentateur écoute le son produit par un tuyau vibrant de grandeur connue pour en pouvoir déduire la vitesse de la propagation du son dans le gaz qui remplit le tuyau et même le rapport des deux chaleurs spécifiques de ce gaz.

En supposant que pour l'oxigène et l'azote la valeur de κ soit sensiblement la même que pour l'air, c'est-à-dire $1,3748$, on trouverait $341^m,33$ pour la vitesse du son dans l'azote à 16°, et $321^m,13$ pour sa vitesse dans l'oxigène; ainsi le son mettrait $11'',718$ à parcourir 4 mille mètres dans l'azote et $12'',456$ dans l'oxigène. La différence $0'',738$ serait très-appréciable; pour une distance de 8000 mètres elle deviendrait $1'',5$. Il m'a semblé que l'on pourrait ti-

rer de là un moyen direct de reconnaître si dans l'air atmosphérique les molécules d'oxigène exercent leurs pressions sur les molécules d'azote et *vice versâ*. En effet, si
dans le mélange qui constitue l'atmosphère, les molécules
de l'un des gaz ne pouvaient pas presser les molécules de
l'autre, il y aurait toujours deux sons qui se propageraient
séparément, l'un plus rapide se transmettrait par l'azote,
et l'autre plus lent par l'oxigène, et à 8000 mètres de distance le premier serait entendu $1''{,}5$ avant le second. Ces
deux sons il est vrai n'auraient pas la même intensité,
puisque, dans l'air, l'azote est plus dense que l'oxigène.
En 1823, j'ai fait avec M. Arnoult, capitaine d'artillerie,
plusieurs expériences dans le but de résoudre cette question. M. de Clermont Tonnerre, alors ministre de la guerre,
nous avait donné avec sa bienveillance accoutumée toutes
les autorisations convenables. Nos expériences eurent lieu
à quelque distance de Paris, dans la plaine de Villejuif
d'abord et ensuite dans la plaine de Maisons; nous nous
placions successivement à 4, 5, 6, 7 ou 8 mille mètres
du canon; il nous fut assez facile de trouver des stations
d'où l'on pût apercevoir la lumière de l'explosion et
entendre un son bien net et tout-à-fait instantané, sans
écho ni roulement; mais dans aucune des expériences il
ne nous fut possible de distinguer deux sons, l'un plus
fort, l'autre plus faible, et espacés comme ils auraient dû
l'être s'ils se fussent propagé le premier par l'azote et le
second par l'oxigène.

Nous devons donc en conclure, ou que les molécules
des différens gaz se pressent l'une l'autre, ou que le bruit
du canon qui se propagerait par l'oxigène de l'air est d'une
trop faible intensité pour être entendu à la distance où il
pourrait être séparé par un intervalle sensible du bruit
plus intense qui se propage dans l'azote. En admettant la
première conclusion il faudrait renoncer aux raisonnemens que l'on a coutume de faire pour expliquer plusieurs

phénomènes que présentent les mélanges gazeux et surtout la promptitude avec laquelle les odeurs et les vapeurs se disséminent dans des masses d'air d'une grande
étendue.

502. *Vitesse du son dans les liquides.* M. de la Place a
aussi donné la formule suivante pour calculer la vitesse
du son dans les liquides (*Ann. de Phys. et de Chim.*, t. 3,
pag. 164 et 238.)

$$v = \sqrt{\frac{g}{\lambda}}$$

v, vitesse du son dans le liquide, exprimée en mètres.

g, gravité, exprimée en mètre ou $9^m,8088$.

λ, raccourcissement qu'éprouve une colonne horizontale
du liquide de 1 mètre de longueur lorsqu'elle est comprimée dans un tube sans élasticité par un poids égal au
sien.

Pour appliquer cette formule il suffit donc de connaître
λ. Or, cette détermination est facile quand on connaît les
compressions des liquides sous le poids d'une atmosphère,
comme nous les avons rapportées dans la page 65. En
effet, l'eau, par exemple, se comprimant de 47,85 millionièmes de son volume sous une pression d'une atmosphère, il est évident qu'une colonne d'eau de 1 mètre se
comprimera de 47,85 millionièmes de mètres dans un
tube sans élasticité. L'atmosphère qui a donné cette compression était une colonne de mercure de $0^m,76$ de
hauteur à la température de 10°, ayant par conséquent
une densité de 13,544. Elle était équivalente à une colonne d'eau de $10^m,2934$; ainsi une colonne d'eau de 1

mètre donnerait un raccourcissement de $\dfrac{0,00004785}{10,2934,}$ ou

$0^m,0000046486$; c'est la valeur de λ; en la substituant dans
la formule on trouve enfin qu'à la température de 10°, la
vitesse du son dans l'eau est de 1453 mètres par seconde.

La formule précédente peut facilement être transformée de la manière suivante :

$$v = \sqrt{\frac{9,8088.\,0,76.\,13,544 \times 1000000}{D\,c}}$$

D est la densité du liquide par rapport à l'eau.

c, la compressibilité du liquide pour une atmosphère, en prenant pour unité les millionièmes tels qu'ils sont rapportés dans la troisième colonne du tableau de la p. 65.

Sous cette forme, il n'y a plus qu'à substituer pour D et c leurs valeurs et achever le calcul. Le résultat sera la vitesse du son dans le liquide à la température de 10°, parce que toutes les compressions de la page 65 sont déterminées pour cette température. On trouve ainsi les résultats suivans.

Vitesse du son dans divers liquides à la température de 10°.

Noms des liquides.	Densité.	Compressibilité sous 1 atm. évaluée en millionièmes du volume primitif.	Vitesse du son en 1″ exprimée en mètres.
Éther sulfurique.	0,712.	131,35.	1039
Alcool.	0,795.	94,95.	1157
Éther hydrochlorique.	0,874.	84,25.	1171
Essence de térébenthine.	0,870.	71,35.	1276
Eau.	1,	47,85.	1453
Mercure.	13,544.	3,38.	1484
Acide nitrique.	1,403.	30,55.	1535
Eau saturée d'ammoniaque.	0,9	33,05.	1842

L'eau est le seul de ces liquides qui ait été soumis à des expériences directes. M. Colladon a trouvé que la vitesse du son dans l'eau du lac de Genève, est de 1435 mètres par seconde; ce nombre est assez peu différent de 1453 que donne la théorie. Cependant, quelque petite que soit la quantité de chaleur dégagée par les liquides pendant leur compression, l'on aurait pu s'attendre à voir le résultat de l'expérience surpasser un peu celui de la théorie.

Les nombres de la troisième colonne sont tous empreints de l'incertitude qui peut rester sur les densités des liquides et de l'incertitude plus grande encore qui peut rester sur leur compressibilité ; en prenant, par exemple, pour l'alcool la compressibilité de M. OErsted, on trouverait 2423 mètres pour la vitesse du son dans ce liquide, au lieu de 1157 que donne la compressibilité de MM. Colladon et Sturm.

503. *Vitesse du son dans les solides.*

La formule que M. de la Place a donnée pour les liquides s'applique aussi aux corps solides. Il paraît seulement qu'il reste alors quelque incertitude théorique sur la manière dont on doit estimer la valeur de λ ; on admet bien qu'une tige de métal placée horizontalement se raccourcit ou s'allonge de la même quantité, lorsqu'elle est pressée ou tirée dans sa longueur par des forces égales ; et comme il est plus facile, dans les solides, de mesurer l'allongement que le raccourcissement, on admet que dans la formule

$$v = \sqrt{\frac{g}{\lambda}} .$$

λ représente l'allongement qu'éprouve une tige de 1 mètre de longueur, tirée par un poids égal au sien. Mais nous avons vu (462 et 463) que cet allongement n'est pas le même, si l'on suppose que la tige est tirée par ses deux bouts et libre par son contour, ou si l'on suppose qu'elle est tirée par tous les points de la surface. Plusieurs considérations font présumer que λ doit, dans les solides comme dans les liquides, représenter le changement de volume que la tige éprouve lorsqu'elle est sollicitée par des forces égales sur tous les points de sa surface. Dans cette hypothèse, on devrait prendre pour λ les 3/2 de l'allongement que la tige éprouve lorsqu'elle est simplement tirée par ses deux extrémités. Ainsi, d'après les expériences de MM. Colladon et Sturm, une tige de verre s'allongeant de 11 dix millionièmes pour une traction équivalente à 1 atmosphère, il faudrait prendre $\frac{33}{2} = 16,15$ dix millionièmes pour le changement de volume du verre soumis à cette traction en tous ses points. Ensuite, en réduisant ce changement de volume à ce qu'il ferait pour une traction équivalente au poids d'une tige de verre de 1 mètre, on trouverait 4959 mètres pour la vitesse du son dans le verre. Borda ayant trouvé qu'une lame de laiton de $3^m,7356$ pesant 1,1320 kilog. s'allonge de $0^m,0001121$ pour une traction de 11,7484 kilog., il est facile de conclure par la même hypothèse que la vitesse du son dans cette substance est de 2905 mètres.

M. Chladni a imaginé depuis long-temps une autre méthode tout-à-fait directe et expérimentale pour déterminer la vitesse du son dans les solides.

Soit v, la vitesse du son dans l'air, L la longueur d'un tuyau ouvert, et N le nombre des vibrations qu'il fait en $1''$, lorsqu'il donne le son fondamental. La longueur des ondes qu'il excite est alors égale à la longueur L du tuyau (480); ainsi, les N ondulations qu'il excite en $1''$ forment une longueur N L qui est précisément égale à la vitesse v, c'est-à-dire, à l'espace que le son parcourt en $1''$. On a donc

$$v = N L.$$

Soit v' la vitesse du son dans une substance solide quelconque, L la longueur d'une verge cylindrique de cette substance, et N' le nombre des vibrations qu'elle fait en $1''$, lorsqu'elle donne le son fondamental, c'est-à-dire, lorsqu'elle vibre longitudinalement, ayant ses extrémités libres et un nœud au milieu. La longueur des ondes qu'elle excite alors dans sa propre substance est égale à L (485); ainsi, les N' ondulations qu'elle excite en $1''$, forment une longueur $N'L$ qui est précisément égale à la vitesse v' du son, c'est-à-dire, à l'espace que le son parcourt en $1''$. On a donc

$$v = N'L$$

Au moyen de cette équation et de la précédente, on tire

$$v' = v \cdot \frac{N'}{N}$$

D'où il suit que, pour trouver la vitesse v' du son dans une substance solide quelconque, il suffit d'écouter le son fondamental que produit une verge de cette substance vibrant longitudinalement, et de le comparer au son fondamental que donne un tuyau ouvert de même longueur. Le rapport de ces sons, multiplié par la vitesse du son dans l'air, donne pour produit la vitesse cherchée.

Supposons, par exemple, que l'on fasse vibrer longitudinalement une verge ou une lame de bois de pin de 8 pieds de longueur, en la soutenant au milieu et en la frottant vers un de ses bouts avec un morceau de drap enduit de colophane, le son qu'elle produit se trouve à l'unisson sur le clavier avec ut^5. Or, on sait qu'un tuyau ouvert de 8 pieds produirait ut_1; ainsi, $\dfrac{N'}{N} = \dfrac{ut_5}{ut_1} = \dfrac{25}{2}$

$= 16$. D'où il suit que dans le bois de pin, la vitesse est 16 fois plus grande que dans l'air, ou

$$v' = 340 \cdot 16 = 5440.$$

C'est d'après une série d'expériences analogues que M. Chladni a dressé le tableau suivant :

Tableau des vitesses du son dans plusieurs substances solides.

Noms des substances.	Vitesses comparées à celles du son dans l'air.	Vitesses exprimées en mètres.
Fanon de baleine.	6 2/3.	2266
Étain.	7 1/2.	2550
Argent.	9.	3060
Bois de noyer. — d'if.	(1) . . . 10 2/3.	3624
Laiton. Bois de chêne. — de prunier.	10 2/3	3624
Tubes de pipes de tabac.	10.	3400
	12.	4080
Cuivre rouge.	12.	4080
Bois de poirier. — de hêtre rouge	12 1/2	4250
— d'érable.	13 1/3.	4532
— d'acajou. — d'ébène. — de charme. — d'orme. — d'aune. — de bouleau.	14 2/5.	4896
— de tilleul. — de cerisier	15.	5100
— de saule. — de pin.	16.	5440
Verre. Fer ou acier.	16 2/3.	5664
Bois de sapin.	18.	6120

(1) Quand les fibres de ces bois ne sont pas exactement droites, le son est plus grave quelquefois d'une tierce.

CHAPITRE VII.

De la voix et de l'ouïe.

504. *De la voix humaine.* L'organe de la voix est composé de plusieurs parties dont la forme et l'arrangement ne peuvent être étudiés d'une manière complète que par des observations anatomiques. Nous devons donc nous borner à faire comprendre d'une manière générale la disposition des diverses pièces qui concourent plus directement à la production de la voix.

On sait que la *trachée-artère* est une espèce de tube qui se termine, d'une part, à l'arrière-bouche, et de l'autre, aux poumons. Sa principale fonction est de donner passage à l'air, soit dans l'*inspiration*, soit dans l'*expiration*. Ce tube est à peu près cylindrique et composé d'anneaux fermes et cartilagineux, séparés par des anneaux membraneux flexibles. A son extrémité inférieure il se divise en deux tubes plus petits qui se portent l'un à droite et l'autre à gauche; on les appelle les *bronches;* chaque bronche, à son tour, donne naissance à plusieurs divisions et subdivisions qui vont, dans tous les sens, se ramifier dans le tissu du poumon; à son extrémité supérieure il se termine par le *larynx*, qui paraît être essentiellement l'organe de la voix.

Le *larynx* est composé de quatre cartilages : le *cricoïde*, le *thyroïde* et les deux *aryténoïdes*. Ces cartilages, de formes très-différentes, sont articulés entre eux et liés à l'anneau supérieur de la trachée-artère. Plusieurs muscles sont disposés pour donner un mouvement à leur ensemble ou pour leur imprimer des mouvemens relatifs,

C'est l'arrangement de ces muscles, et surtout des derniers, qui donne à l'organe sa forme intérieure : ils s'attachent d'abord à droite et à gauche contre les parois intérieures du tube qui forme le prolongement de la trachée-artère, et diminuent de plus en plus son diamètre transversal, tellement qu'à la fin il ne reste plus qu'une fente qui se dirige d'arrière en avant, sans être horizontale, mais en s'élevant assez rapidement ; cette fente est ce que l'on nomme la *glotte* : elle a 8 ou 10 lignes de longueur ; ses bords sont appelés les *lèvres* de la glotte, leur distance est très-petite en avant, mais en arrière elle est quefois de deux ou trois lignes. Au reste cette distance est très-variable ; il paraît que les lèvres de la glotte peuvent se presser au point de ne laisser en arrière qu'une très-petite ouverture. Au-dessus des lèvres de la glotte, sont deux cavités, l'une à droite et l'autre à gauche, qui s'étendent latéralement à la profondeur de 8 à 9 lignes. et quelquefois de 12 lignes ; elles ont 5 à 6 lignes de hauteur ; on les appelle les *ventricules*. Les parois supérieures des ventricules se rapprochent de manière à former en quelque sorte une seconde glotte à 5 ou 6 lignes de hauteur, au-dessus de la première. Enfin, il y a au-dessus du larynx une membrane ou plutôt un cartilage que l'on appelle *épiglotte*, il est fixé antérieurement par un de ses bords et peut s'abaisser sur la glotte.

Cette description sommaire du larynx nous permettra de comprendre les principes sur lesquels on s'appuie pour expliquer la formation de la voix.

Sans entrer ici dans le détail historique de toutes les explications plus ou moins vagues qui en ont été données, nous nous contenterons de rapporter deux opinions entre lesquelles les physiciens semblent encore partagés. Les uns considèrent l'organe de la voix comme un instrument analogue aux instrumens à anche ; les autres le considèrent comme un instrument analogue aux réclames.

Pour assimiler le son de la voix au son d'*une anche*, on suppose que, pendant l'*expiration*, l'air poussé dans la trachée-artère, et pressé dans le passage étroit du larynx, ne peut pas sortir sans frotter les lèvres de la glotte et sans les mettre en vibration ; ces lèvres, dit-on, vibrent alors, comme la languette d'une anche ; elles vibrent toutes deux, ce qui donne au son plus d'intensité : ensuite l'épiglotte, le pharynx, le voile du palais, les fosses nasales, la langue, les dents, l'ouverture de la bouche et la disposition des lèvres, donnent au son, ainsi formé, un accent et un timbre particulier ; comme le tuyau d'écoulement de l'anche donne, suivant sa forme, un timbre particulier au son qui résulte des vibrations de la languette. Le son restant le même, quant à l'intensité et au ton, pourra recevoir des modifications sans nombre, dans l'accent et le timbre, parce que toutes les pièces dont nous venons de parler peuvent elles-mêmes être modifiées par la volonté d'une infinité de manières. Un seul son, un fois expliqué, toutes les nuances des sons que la voix humaine peut produire s'expliquent aisément ; car un petit mouvement de la rasette, change la longueur de la languette, et fait rendre à l'anche ordinaire un son plus grave ou plus aigu ; il suffit donc de donner aux lèvres de la glotte un peu plus ou un peu moins de tension, pour que la voix parcourre successivement plusieurs octaves ascendantes ou descendantes ; et même, ajoute-t-on, nous avons pour cela deux moyens, car nous pouvons non-seulement changer la tension des lèvres de la glotte, mais nous pouvons encore changer leur longueur, puisque l'ouverture de la glotte est tellement faite qu'il suffit d'un acte de la volonté pour l'agrandir ou pour la fermer presque complétement.

Ces considérations ingénieuses semblent fortifiées par quelques expériences directes. M. Magendie a mis le larynx à découvert sur des chiens vivans, et il a vu les lèvres de la glotte entrer en vibration dès que ces animaux pous-

saient des cris; il a pu constater aussi, dans les mêmes expériences, que les lèvres de la glotte se rapprochent pour
les sons aigus, et qu'elles restent au contraire plus ou moins
éloignés pour les sons graves. Plusieurs observateurs ont
fait des expériences analogues sur des larynx d'animaux
récemment privés de la vie : en soufflant avec un fort soufflet dans la trachée-artère, ils ont obtenu des sons plus ou
moins analogues à ceux que pouvaient rendre ces animaux.
M. Biot, en répétant ces expériences sur un larynx de
cochon, et en serrant la trachée avec la main à la hauteur
de la glotte, est parvenu à imiter parfaitement le grogne-
ment d'un cochon vivant. (*Traité élém. de Phys.*, tom. I,
pag. 462.)

Pour assimiler le son de la voix aux sons des *réclames*,
on regarde les ventricules du larynx comme une espèce de
tambour rempli d'air, et les deux glottes comme deux
ouvertures correspondantes pratiquées dans les deux bases
de ce tambour; ainsi les ventricules et les deux glottes
forment un véritable réclame. L'air, poussé par les poumons dans la trachée, sort avec plus ou moins de vitesse
par le larynx; il entraîne dans son mouvement une partie de l'air des ventricules, et bientôt la pression étant devenue trop faible, l'air extérieur se précipite dans la cavité des ventricules; puis il est de nouveau entraîné au
dehors, etc., exactement comme dans les réclames (490).
Ces alternatives produisent un son plus ou moins aigu,
suivant la rapidité avec laquelle elles se succèdent. Dans
cette hypothèse, comme dans la précédente, l'accent et le
timbre dépendent des vibrations des lèvres de la glotte, et
de toutes les parties qui peuvent prendre diverses formes
ou divers mouvemens, depuis l'arrière-bouche jusqu'aux
lèvres.

Les sons différens seront produits, soit par diverses formes, que les cavités des ventricules peuvent prendre, soit
par diverses dimensions des ouvertures de la glotte, soit

enfin par divers degrés de tension dans les lèvres de la glotte et dans toutes les parties du larynx et de l'arrière-bouche. M. Savart a fait plusieurs expériences qui semblent fortifier cette hypothèse. (*Ann. de phys. et de chim.*, tom. xxx , pag. 64.)

Ces deux opinions paraissent sans doute plus différentes qu'elles ne le sont en effet ; mais quoique liées par des rapport intimes, elles ne peuvent pas encore dans leur ensemble donner une explication complète du phénomène de la voix. On doit les considérer comme des aperçus heureux qui pourront un jour conduire à la vérité.

505. *De la voix des oiseaux.* Chez les oiseaux, l'organe la voix n'est pas à l'arrière-bouche, mais il se trouve au contraire à l'extrémité inférieure de la trachée, là où elle se bifurque pour donner naissance aux bronches. M. Cuvier a fait voir, en effet, qu'un canard qui vient d'avoir la tête tranchée pousse encore pendant quelques instans des cris très-forts et très-bien articulés ; et la même expérience peut-être faite sur la plupart des oiseaux. L'observation anatomique confirme ce résultat, car, en suivant l'organisation de la trachée, on trouve qu'à son extrémité supérieure elle se termine en général par un simple rétrécissement, ou par une espèce de glotte qui n'offre aucune des dispositions nécessaires à la production des sons ; tandis qu'à son extrémité inférieure elle présente un appareil très-complexe et merveilleusement ajusté pour produire une longue série de sons graves ou aigus ; mais, comme il nous serait impossible d'en donner une idée sans entrer dans les détails anatomiques qui nous écarteraient trop de notre plan, et comme, d'une autre part, il se présente encore de grandes difficultés dans les théories qui ont été proposées jusqu'à présent pour expliquer tous les phénomènes qui résultent de cette organisation, nous nous contenterons de renvoyer aux ouvrages qui ont été publiés sur ce sujet et particulièrement aux Mé-

moires de M. Savart. (*Annales de phys. et de chim.*,
tom. XXXII.)

506. *De l'organe de l'ouïe*. La seule partie extérieure de
cet organe est le *pavillon*, dont les replis et les contours ne
sont, comme on sait, que l'épanouissement du *conduit
auditif*. Ce conduit, après s'être enfoncé à une petite profondeur, est terminé obliquement par une membrane mince,
mobile et élastique que l'on appelle la *membrane du tympan*. Derrière cette membrane est la *caisse du tympan*; c'est
une cavité osseuse, tapissée de diverses membranes et remplie d'air; elle est fermée de toutes parts, excepté en un
point où aboutit la *trompe d'Eustache* qui part de l'arrière-
bouche; par ce moyen l'air peut se renouveler et se mettre
sans cesse en équilibre avec la pression atmosphérique. On
distingue encore dans la caisse du tympan deux ouvertures
fermées par des membranes, savoir: la *fenêtre ovale* en haut,
et plus bas la *fenêtre ronde*. Enfin, dans l'intérieur même
de cette caisse est suspendue *la chaîne des osselets*, qui se
compose de quatre petits os irréguliers, que l'on appelle
par analogie de forme le *marteau*, l'*enclume*, le *lenticulaire* et l'*étrier*. Le marteau est attaché longitudinalement
sur la membrane du tympan; il forme une espèce de rayon
solide, qui vient de la circonférence au centre. A son autre
extrémité il se lie à l'enclume, l'enclume au lenticulaire,
et le lenticulaire à l'étrier, qui va s'attacher sur la membrane de la fenêtre ovale : plusieurs muscles agissent sur
cette chaîne pour la tendre ou la relâcher, et, par conséquent, pour tendre et relâcher en même temps la
membrane du tympan et celle de la fenêtre ovale. La
membrane de la fenêtre ronde sépare la caisse du tympan d'un conduit osseux, contourné en spirale, qui se
nomme le *limaçon*; l'autre extrémité de ce conduit
s'ouvre dans une cavité qui s'appelle le *vestibule*. Le
vestibule est séparé de la caisse du tympan par la membrane de la fenêtre ovale; enfin il communique avec trois

canaux osseux, que l'on nomme canaux semi-circulaires, et qui sont remplis d'une matière grisâtre dont l'usage est inconnu.

Le vestibule et les spires du limaçon sont remplis d'un liquide transparent que l'on appelle *liquide de cotunni*; c'est dans ce liquide que viennent flotter les derniers filets du *nerf acoustique*.

D'après cette disposition de l'organe on peut remarquer d'abord que, si la trompe d'Eustache n'établissait pas une communication libre, entre l'air de l'arrière-bouche et celui de la caisse du tympan, il y aurait des inégalités de pression qui donneraient à la membrane du tympan des tensions différentes; cette circonstance, qui se présente quelquefois par accident ou par suite de maladie, est en général accompagnée de bourdonnemens plus ou moins incommodes.

En supposant que la membrane du tympan ait une tension convenable, on conçoit qu'elle entre en vibration dès qu'une onde sonore vient la frapper, et si plusieurs ondes viennent la frapper à la fois elle se met à l'unisson avec chacune d'elles, comme ferait une membrane inerte; ces vibrations *coexistantes* sont faciles à concevoir, d'après ce que nous avons dit précédemment. Ce fait est à peu près tout ce que l'on sait de certain sur le phénomène de l'audition.

Comment ces vibrations sont-elles transmises au nerf acoustique? quels rôles jouent dans cette transmission la chaîne des osselets, le limaçon et les canaux semi-circulaires? Ces questions restent sans solution ainsi que beaucoup d'autres que l'on peut se proposer sur ce sujet.

On sait cependant que la membrane du tympan peut être enlevée et même que la chaîne des osselets peut être rompue sans que l'organe cesse de remplir ses fonctions; et que, réciproquement, l'on peut être affecté de surdité complète, sans-qu'il y ait aucune trace apparente de désordre dans les diverses pièces qui composent l'oreille.

On suppose que le pavillon sert à renforcer les sons et à juger de leurs directions, sans qu'il soit possible d'assigner précisément comment il remplit ce double but.

On suppose enfin que la chaîne des osselets peut servir à éviter les sensations trop vives, et qu'il suffit, par son moyen, de tendre fortement la membrane du tympan pour amortir à un haut degré le bruit trop violent qui viendrait la frapper. Quelques personnes prétendent en effet qu'elles peuvent se rendre sourde à volonté. Mais il nous reste encore beaucoup de vérités importantes à découvrir sur ce sujet.

FIN DU SEPTIÈME LIVRE.

LIVRE HUITIÈME.

—

OPTIQUE.

—

Notions générales sur la propagation de la lumière.

507. Les expériences les plus simples et les plus familières nous apprennent qu'un *corps lumineux* quelconque propage la lumière dans tous les sens ; car, la flamme d'une bougie, par exemple, serait visible de tous les points d'une sphère dont elle occuperait le centre ; il en serait de même d'un corps phosphorescent, d'une étincelle électrique ou d'un boulet porté au rouge par l'action du feu. Ce qui se montre en petit, dans nos expériences habituelles, se manifeste en grand dans l'immense étendue du ciel : le soleil répand de toutes parts le même éclat dans l'espace, et sa lumière brille à la fois sur la terre, sur les planètes, sur les comètes, et sur tous les corps du firmament, quel que soit le point qu'ils occupent dans la sphère infinie du monde.

Les corps lumineux sont essentiellement composés de matière pondérable : nous verrons que, sans matière, il n'y a point de lumière possible ; le *vide*, tel que nous l'avons défini (20), peut bien propager la lumière, mais non lui donner naissance. Il en résulte que les corps lumineux peuvent être divisés en fragmens pondérables de plus en plus petits, et les derniers fragmens que nous

puissions physiquement concevoir sont ce que l'on appelle
des *points lumineux*. Ainsi, comme un corps ordinaire est
une réunion de molécules ou d'atomes, un corps lumineux est une réunion de points lumineux.

Chaque point lumineux répand de la lumière dans tous
les sens ; car on distingue très-bien la flamme d'une bougie au travers de la flamme d'une autre bougie ; et quand
les deux flammes se touchent, on reçoit, en les regardant
de profil, une impression plus vive qu'en les regardant de
face. Cette expérience est surtout frappante dans l'éclairage au gaz, lorsqu'on observe une nappe de flamme en
éventail : de face la lumière est tolérable, de profil elle
est éblouissante. Dans un boulet chauffé au rouge, on ne
peut guère douter que les points du centre ne propagent
de la lumière comme ceux de la surface ; cependant cette
lumière n'arrive pas à l'œil, elle est absorbée dans l'épaisseur de la matière ; il en est de même de la lumière qui est
propagée en dedans par les points de la surface. Ainsi par
sa nature la lumière se répand toujours dans tous les
sens, mais elle n'est pas toujours transmise dans tous les
sens avec la même facilité.

5o8. *Dans un milieu homogène la lumière se propage
toujours en ligne droite.* En disposant, par exemple, sur
une longue règle, trois disques percés en leur centre d'un
trou très-petit, on voit à une grande distance la flamme
d'une bougie, ou bien on cesse de l'apercevoir, suivant
que les trous sont ou ne sont pas en ligne droite. On conçoit qu'il y a une foule de moyens, indépendans de la lumière, pour s'assurer que trois points sont en ligne droite.
Quand la lumière vient rencontrer une glace polie ou un
miroir de métal MM', suivant la direction LI, par exemple (*Fig.* 131), elle est renvoyée suivant une autre direction IK, et continue de se mouvoir en ligne droite suivant
cette nouvelle direction tant qu'elle reste dans un milieu
sensiblement homogène.

Cette déviation que la lumière éprouve en tombant sur des surfaces polies s'appelle la *réflexion* de la lumière.

509. *Dans un milieu hétérogène la lumière se meut toujours en ligne courbe* : ainsi l'atmosphère, par exemple, formant un milieu hétérogène à cause de l'inégale densité de l'air, la lumière du soleil ne nous arrive jamais en ligne droite, et il en résulte que nous ne voyons jamais cet astre au lieu où il est en réalité. Nos observations sur les étoiles et sur tous les corps très-élevés ou très-éloignés sont accompagnées des mêmes illusions.

Quand la lumière passe de l'eau dans l'air ou de l'air dans l'eau, l'hétérogénité des milieux qu'elle traverse est encore plus grande; aussi la *déviation* des objets est encore plus frappante : pour s'en assurer il suffit de prendre un vase vv' (*Fig.* 132), de placer l'œil en o de manière que l'on aperçoive à peine le premier bord d'une pièce de monnoie mm', le reste étant caché par le bord b, et de verser ensuite de l'eau dans le vase; à mesure que le niveau s'élève, la pièce mm' semble s'avancer vers le centre, et l'on parvient enfin à l'apercevoir dans toute sa largeur, quoique en réalité elle continue d'être cachée par le bord du vase. Donc, la lumière ne vient pas en ligne droite de la pièce mm' vers l'œil : mais elle se propage en ligne droite dans l'eau et en ligne droite dans l'air, car chacun de ces milieux est sensiblement homogène dans une si petite épaisseur, et nous démontrerons plus tard qu'elle suit alors une *ligne brisée* analogue à mro.

Au moyen de l'air atmosphérique, nous voyons déjà les astres avant leur lever et nous les voyons encore après leur coucher; c'est un résultat analogue au précédent, car nous apercevons la pièce mm' au moyen de l'eau, bien qu'elle soit cachée par le bord du vase comme le sont les astres par les montagnes ou les plaines qui limitent notre horizon. Il y a seulement cette différence qu'en traversant les couches successives de l'atmosphère, la lumière ne rencontrant pas de changemens brusques de densité, ne se brise pas brusquement, comme elle fait en passant de l'eau dans l'air, et alors elle suit une ligne courbe au lieu d'une ligne brisée.

Cette déviation que la lumière éprouve en traversant des milieux hétérogènes s'appelle *la réfraction*.

510. Un *rayon lumineux* ou un *rayon de lumière* est la direction que suit la lumière en se propageant. — Un *pinceau* est la réunion de plusieurs rayons voisins. — Un *faisceau* est la réunion de plusieurs rayons ou de plusieurs pinceaux voisins ou séparés.

Si d'un point quelconque de la flamme d'une bougie l'on conçoit des lignes droites dans toutes les directions, suivant chacune de ces lignes droites il y aura un rayon de lumière, puisque la lumière se propage dans tous les sens et en ligne droite ; mais lorsqu'on s'éloignera assez de la flamme pour que le milieu devienne sensiblement hétérogène, les rayons de lumière commenceront à se courber, et les lignes droites primitives ne représenteront plus leurs directions.

Quand la lumière se propage dans un milieu homogène autour d'un point lumineux, et qu'on la reçoit sur une surface quelconque, l'on a coutume de dire que cette surface est éclairée par un pinceau lumineux quand elle est petite, et par un faisceau lumineux quand elle est plus grande. Alors on regarde cette surface comme la base d'un cône dont le point lumineux est le sommet, et la lumière du pinceau ou du faisceau est la lumière comprise dans le cône. Mais quand la lumière passe dans un milieu hétérogène, tous les rayons d'un même faisceau commencent à se propager suivant des lignes courbes, et en général suivant des lignes courbes différentes, et il n'est plus vrai de dire alors que le faisceau est un cône droit.

Un pinceau ou un faisceau de lumière est naturellement *divergent*, c'est-à-dire que sa section est d'autant plus grande qu'elle s'éloigne davantage du point lumineux. Cependant, quand le point lumineux est très-éloigné on dit que le faisceau est *parallèle*, parce que toutes les sections sont sensiblement égales, ou, ce qui revient au même, tous les rayons sont sensiblement parallèles. Ainsi, par exemple, la lumière que nous envoie le centre du soleil forme un faisceau parallèle, car deux lignes qui sont à la surface de la terre distantes de quelques pouces, ou même de quelques lieues, et qui vont se rencontrer au centre du soleil, sont deux lignes parallèles.

Les faisceaux de lumière naturelle, convenablement modifiés, peuvent devenir des *faisceaux convergens*, c'est-à-dire que les rayons sont ramenés dans une telle direction qu'ils concourent tous au même point. Ce point de concours de tous les rayons d'un faisceau se nomme un *foyer*. Mais c'est une chose digne de remarque qu'après s'être ainsi rassemblés et concentrés en un foyer, tous les rayons continuent leur route, comme si chacun d'eux était seul, d'où il suit qu'au-delà du foyer, le faisceau devient divergent, comme un faisceau naturel.

511. *L'intensité de la lumière d'un point lumineux décroît comme le carré de la distance augmente.*

On sait que les sections AB et A'B' d'un cône droit (*Fig.* 133), sont entre elles comme les carrés des distances au sommet SC et SC'; SC' étant, par exemple, double de SC, la section A'B' sera quadruple de la section AB. Or, ce cône étant un faisceau lumineux, il est évident que la lumière qui passe en AB est la même que celle qui passe en A'B', et puisqu'ici elle est répandue par un espace quadruple, elle doit en éclairer chaque partie avec une intensité quatre fois moindre.

Cette proposition ne s'applique pas rigoureusement à un corps lumineux d'une grande étendue, dont on recevrait la lumière à de petites distances. Car le point S' n'éclaire pas AB tandis qu'il éclaire A'B', et les points qui seraient compris entre s et s' enverraient tous en $\mathrm{A'B'}$ plus de lumière qu'en AB; par conséquent un corps lumineux qui s'étendrait de s et s' donnerait sur AB un éclat qui ne serait pas quadruple de celui qu'il donnerait sur $\mathrm{A'B'}$.

512. Les corps qui ne sont pas lumineux par eux-mêmes se distinguent en *corps opaques*, comme le bois, la pierre et les métaux; *corps diaphanes* ou *transparens*, comme l'air, l'eau et le verre; et *corps translucides*, comme le papier mince et le verre dépoli.

Les *corps opaques* ne transmettent point de lumière au travers de leur masse. Mais l'opacité est plutôt dépendante de l'épaisseur que de la nature des substances, car tous les corps réduits en lames ou en feuilles assez minces laissent passer une partie de la lumière qu'ils reçoivent; ainsi, au travers d'une feuille d'or collée sur du verre on distingue une lueur verdâtre très-sensible, lorsqu'on regarde une bougie ou même la lumière du ciel ou des nuées.

Les *corps diaphanes* transmettent la lumière et laissent apercevoir nettement au travers de leur substance toutes les formes des objets. Les gaz, les liquides et la plupart des corps cristallisés semblent, en général, avoir une diaphanéité parfaite lorsqu'ils sont en petite masse; car ils sont absolument incolores et ils laissent apercevoir non-seulement les formes des objets, mais encore toutes les nuances de leurs couleurs. Cependant les plus diaphanes de ces corps deviennent colorés quand ils ont une épaisseur suffisante, et c'est une preuve qu'ils absorbent alors une partie de la lumière qui les traverse. Ainsi, une goutte d'eau est parfaitement limpide; l'eau prise en masse est bleue ou verte, et l'on calcule qu'un observateur qui serait plongé à 150 pieds de profondeur dans la mer la plus diaphane, ne trouverait pas plus d'éclat à la lumière du soleil que nous n'en trouvons à la lumière de la lune.

Les *corps translucides* laissent passer une partie de la

lumière qu'ils reçoivent, mais ils ne laissent distinguer ni la couleur, ni la distance, ni la forme des objets. Dans le langage ordinaire, le mot transparent s'applique souvent aux corps translucides comme aux corps diaphanes.

513. De *l'ombre* et de la *pénombre*. Quand un corps opaque est éclairé par un seul point lumineux, la forme de l'ombre qui en résulte est facile à trouver : en effet, si l'on conçoit une ligne droite qui passe par le point lumineux et qui fasse une révolution autour du corps en s'appuyant sans cesse sur son bord, cette ligne décrit une espèce de surface conique dont le prolongement au-delà du corps donne la trace du contour de l'ombre, *Fig.* 134. Nous devons prévenir cependant que cette *ombre géométrique* ne coïncide jamais avec l'*ombre physique,* parce que la lumière se *diffracte* ou semble *s'infléchir* en passant près des limites des corps, et l'effet de cette diffraction est toujours de faire paraître de la lumière dans une partie plus ou moins grande de l'ombre géométrique et de faire paraître, au contraire, de l'ombre au-dehors.

Ce qui précède s'applique à un assemblage quelconque de points lumineux, mais alors on distingue l'ombre et la *pénombre*. L'ombre est encore le lieu de l'espace qui ne reçoit aucune lumière, et la pénombre est l'ensemble des lieux qui sont dans l'ombre par rapport à quelques-uns des points, tandis qu'ils reçoivent la lumière des autres.

La lumière qui pénètre par une petite ouverture dans une chambre noire, c'est-à-dire, dans un espace exactement fermé de toutes parts, présente aussi des phénomènes d'ombre et de pénombre. Par exemple, v v', (*Fig.* 135), étant la petite ouverture pratiquée au volet, le faisceau qui vient du point lumineux L et qui pénètre dans la chambre est un cône indéfini, ayant L pour sommet et v v' pour base. La surface de ce cône est la limite géométrique qui sépare la lumière de l'ombre absolue ; mais dans ce cas, comme dans le précédent, l'ombre physique est loin de coïncider

avec l'ombre géométrique, car on observe de la lumière
au dehors du cône et de l'ombre au dedans. Pour prendre
une idée plus nette de ce phénomène de diffraction, supposons que l'ouverture soit circulaire et de deux ou trois
millimètres de diamètre, que le point lumineux n'envoie
que de la lumière rouge et qu'on aille présenter au faisceau un grand tableau blanc à deux ou trois mètres dans
l'intérieur de la chambre; alors, au lieu d'avoir sur ce
tableau une tache circulaire rouge environnée d'ombre
complète, telle que в в′, (*Fig.* 136), on aura, au contraire,
des anneaux alternativement rouges et noirs (*Fig.* 137), soit
au dedans, soit au dehors de la base géométrique du cône
ʟв в′, (*Fig.* 135). Quand le point lumineux envoie de la lumière blanche ordinaire, alors, au lieu de ces alternatives
d'ombre et de lumière, on distingue simplement des anneaux colorés où diverses nuances se succèdent à de petits intervalles. Une ouverture très-grande produit encore des phénomènes analogues, mais seulement à une
petite distance autour de la limite géométrique de l'ombre. Cependant nous devons pour le moment faire abstraction de ces effets remarquables, et supposer d'abord que
la lumière se propage géométriquement en ligne droite,
sans être modifiée ou diffractée près des limites des corps.

Dans cette hypothèse, chaque point lumineux donnant
un faisceau brusquement séparé de l'ombre, il est clair que
plusieurs points lumineux, tels que ʟ, ʟ′, ʟ′′, (*Fig.* 138),
donneraient dans la chambre noire des faisceaux qui se
propageraient comme s'ils étaient seuls, et qu'il en résulterait des espaces diversement éclairés. En ᴀ, par exemple, il arriverait des rayons des trois points lumineux,
en ᴄ des rayons de deux points seulement, en ᴅ des rayons
d'un seul point; et les espaces ᴇ seraient complétement
dans l'ombre, comme les espaces extérieurs ꜰ.

Mais si l'on suppose que ʟ′ ʟ′′ est le diamètre d'un disque
dont tous les points soient également lumineux, il y aura

dans la chambre noire un grand faisceau v v' b b' composé d'un nombre infini de faisceaux venant chacun d'un point différent, et le cercle dont b b' est le diamètre se trouvera inégalement éclairé dans tous ses points. Pour savoir, par exemple, quelle est la lumière qui arrive en k, il faut alors regarder ce point comme le sommet d'un cône ayant pour base v v', et tous les points du disque lumineux que ce cône prolongé vient envelopper donnent de la lumière au point k, les autres n'en donnent pas.

Cette construction peut s'appliquer au disque du soleil; seulement, au lieu d'un faisceau conique, chaque point de cet astre envoie un faisceau parallèle, (*Fig.* 139); c c' est le faisceau envoyé par le centre, s s' le faisceau envoyé par le bord supérieur, et l l' le faisceau envoyé par le bord inférieur. L'angle s o i, ou son égal, s' o' i' est de 32' environ, car c'est sous cet angle que nous apercevons le disque du soleil. Un point k étant donné, sur une section b b' du faisceau de la chambre noire, il est facile, d'après ce que nous venons de dire, de déterminer quels sont les points du soleil dont il reçoit des rayons; et l'on calculerait aisément à quelle distance du volet le point central m cesse de recevoir les rayons des bords.

Les esprits les moins attentifs ne manquent pas d'observer une foule de phénomènes qui s'expliquent au moyen des notions précédentes. Nous en indiquerons ici quelques exemples.

1º Lorsqu'on fait entrer dans la chambre noire un faisceau de lumière solaire par une petite ouverture de forme quelconque, ce faisceau donne toujours une image parfaitement ronde, en tombant perpendiculairement sur un tableau à une distance suffisante du volet. Supposons, par exemple, que l'ouverture soit un carré a b c d, (*Fig.* 140); chaque point du soleil donne dans la chambre noire un faisceau carré dont la section perpendiculaire est partout égale à a b c d, et pour avoir le contour de l'image, il suffit de concevoir que l'un de ces faisceaux tourne dans l'ouverture en s'appuyant sur les bords de l'astre. Ainsi, quand l'image sera reçue à une distance assez grande par rapport à la grandeur de l'ouverture, son contour extérieur sera toujours semblable au contour extérieur du corps lumineux, quelle que soit la forme de l'ouverture. Pendant une éclipse, l'image du soleil dans la chambre noire est tantôt annulaire, tantôt en forme de croissant, etc.; elle est toujours parfaitement semblable à la portion du disque qui n'est pas cachée. Des phénomènes analogues peuvent s'observer sous les ombrages des arbres touffus et élevés : les rayons qui passent entre les feuilles viennent peindre sur le sol des images *elliptiques* du soleil, quand ils tombent obliquement, et des images rondes, quand ils tombent perpendiculairement ; au moment des éclipses ces images prennent aussi différentes formes suivant l'obliquité du sol.

2° Pendant une belle nuit, toutes les étoiles qui brillent dans la voûte du ciel, vont peindre leurs images dans l'intérieur d'une chambre noire dont l'ouverture est trèspetite. Chaque étoile, en effet, donne un faisceau parallèle, dont toutes les sections parallèles au volet sont égales à l'ouverture ; ces faisceaux, en tombant sur une surface blanche avec des obliquités différentes, donnent des images dont le contour et la grandeur sont faciles à déterminer.

3° Pendant le jour on distingue dans l'intérieur de la chambre noire, une image renversée du ciel, des nuages, de l'horizon et de tous les objets qui sont au-devant de la petite ouverture. Chaque point d'un arbre, par exemple, envoie un faisceau sensiblement parallèle, dont la section est d'un millimètre si l'ouverture n'a qu'un millimètre de diamètre; ainsi, sur le mur ou sur le tableau de la chambre noire, les faisceaux A A et B B′ de deux points voisins, (*Fig.* 142), se superposent en partie et d'autant plus que le tableau est plus près de l'ouverture; tandis que les faisceaux A A′ et c c′ de deux points un peu éloignés se dégagent l'un de l'autre pour former des images distinctes de ces points. On aura donc une image renversée de l'ensemble qui sera toujours un peu confuse vers les bords, mais d'autant moins que l'ouverture sera plus petite et le tableau plus éloigné. On voit en même temps, sur la *Fig.* 142, la cause du renversement.

514. Les notions précédentes peuvent nous donner une première idée du phénomène de la vision. L'œil, comme nous le verrons, est un appareil analogue à une chambre noire : l'ouverture de la *pupille* donne passage aux faisceaux de lumière, et le réseau nerveux de la *rétine* qui tapisse le fond de l'œil est comme le tableau sur lequel viennent se peindre les images ; mais pour qu'un seul point d'un objet extérieur n'ébranle qu'un seul point de la rétine, il y a, derrière la pupille, un corps de forme lenticulaire et presque solide, nommé *cristallin*, qui concentre les rayons d'un même faisceau et les fait converger tous exactement sur le même point de la rétine. Ainsi, quand nous regardons un point éloigné, nous voyons chacun de ses points par deux cônes de lumière, opposés à leur base ; le premier de ces cônes est *divergent*, son sommet est au point que l'on regarde, et sa base a pour largeur l'ouverture de la pupille ; le deuxième est *convergent*, et pour que la vision soit parfaitement nette son sommet doit tomber exactement sur la pupille. Quand nous regardons un objet plus ou moins étendu, le même phénomène se produit pour chacun des points visibles de sa surface. C'est par cette disposition organique, si simple dans son principe et si merveilleuse dans ses détails, que tous les objets du plus vaste paysage viennent dans un instant imperceptible se peindre à la fois sur la rétine, avec toutes les variétés de leurs formes et tout l'éclat de leurs couleurs.

Comme nous jugeons de la situation d'un point dans

l'espace par le lieu de son image sur la rétine et par la direction que nous donnons à l'œil pour la recevoir, il en résulte que par une habitude constante nous supposons toujours que le point dont les rayons nous affectent est situé au sommet extérieur du cône qui peut *directement* donner naissance au cône intérieur de lumière. Ce principe habituel de nos jugemens est la source de toutes les *illusions* d'optique qui tiennent à la situation des objets. Ainsi, le point A, (*Fig.* 143), fait son image au point A' au moyen des deux cônes opposés P A P' et P A' P'; mais si la lumière, au lieu de venir à l'œil en ligne droite, se trouve brisée ou déviée par quelque cause, un point placé en B, par exemple, ou en C pourrait donner naissance au même cône intérieur P A' P' et à la même image A', et alors nous jugerions faussement que ces points sont A, sans qu'il y ait aucune donnée pour faire cesser notre illusion, car, les faisceaux de lumière des points C et B, venant enfin se confondre dans leur direction avec le faisceau qui serait parti du point A, rien ne peut nous avertir des divers changemens de route qu'ils ont pu subir. Il est donc vrai de dire que, par l'organe de la vue, *nous jugeons toujours en ligne droite*, et que nos jugemens sont inévitablement faux toutes les fois que la lumière éprouve la plus légère déviation entre l'objet qui l'envoie et l'œil qui la reçoit.

515. *La lumière se propage avec une si grande vitesse, qu'elle vient du soleil à la terre en* 8' 13". C'est par l'observation des éclipses du premier satellite de Jupiter que Roemer fut conduit à cette importante découverte, en 1675 et 1676; car il ne fallut pas moins d'une année pour la bien constater. La *Fig.* 141 pourra donner une idée de ces observations. S est le lieu du soleil, T A B M C D l'orbite de la terre et J la position de Jupiter. Supposons que Jupiter soit dans le plan de l'écliptique comme il est représenté dans la figure, qu'il reste immobile pendant une révolu-

tion entière de la terre, et que le premier satellite tourne dans le cercle E I G H; ce cercle, le diamètre de Jupiter et le cône d'ombre qu'il projette derrière lui sont ici fort amplifiés. Pendant une moitié de l'année, quand la terre parcourt la partie T A B M de son orbite, nous pouvons observer les *émersions* du premier satellite, c'est-à-dire, le moment où il sort de l'ombre, et pendant l'autre moitié nous pouvons observer ses *immersions*, c'est-à-dire le moment où il se plonge dans l'ombre. L'intervalle de deux immersions ou de deux émersions successives est la durée d'une révolution. Quel que soit le point de l'orbite de la terre d'où l'on fasse les observations, cette durée est toujours de $42^h 28' 35''$ ou environ $42^h 1/2$. Par conséquent, si du point A, par exemple, on observe une émersion, à un instant donné on peut prédire que la 100ᵉ émersion suivante aura lieu précisément après 100 fois $42^h 28' 35''$, et qu'elle sera vue du point B où le globe de la terre sera alors parvenu par son mouvement de translation. Or, on trouve par expérience qu'elle arrive toujours *un peu plus tard*, et l'on en conclut que la différence est le temps que met la lumière pour passer de A en B; on en déduit la vitesse de propagation, en divisant la distance connue A B par le retard observé. Cette conclusion se trouve vérifiée pendant la seconde moitié de l'année; car si l'on observe une immersion du point C, par exemple, la 100ᵉ immersion suivante devrait avoir lieu après 100 fois $42^h 28' 35''$, quand le globe de la terre serait parvenu en D. Or, on trouve par expérience qu'elle arrive *un peu plus tôt*, et cette *avance* est précisément le temps que met la lumière pour passer de D en C. C'est par des observations semblables et souvent répétées que l'on a pu constater enfin que la lumière parcourt en $1''$ près de 80,000 lieues ou 79,572 lieues de 2000 toises, et qu'elle met $8' 13''$ à venir du soleil à la terre.

Il est facile d'après cela de calculer le temps que met

la lumière pour aller du soleil aux diverses planètes. Voici
le tableau des résultats :

Planètes.	Distance moyenne des planètes au soleil en lieues de 2000 toises.	Temps que met la lumière pour aller du soleil aux planètes.		
Mercure. . . .	15,185,465	0^h	$3'$	$10''$
Vénus. . . : .	28,375,600 . : . .	0	5	56
Mars.	59,772,960	0	12	31
Vesta.	92,705,600	0	19	25
Junon.	104,755,000	0	21	57
Cérès.	108,555,500	0	22	44
Pallas.	108,738,000	0	22	46
Jupiter.. . . .	204,100,280	0	42	45
Saturne. . . .	374,196,340	1	18	23
Uranus. . . .	752,540,172	4	9	48

Le temps que la lumière emploie pour venir, par exemple, d'Uranus à la terre est tantôt moindre, tantôt plus
grand que $4^h 9' 48''$, suivant les positions relatives de ces
deux planètes ; mais on peut dire, sans trop s'écarter de
la vérité, que l'astronome qui regarde le globe d'Uranus
ne le voit pas où il est, mais où il était 4^h auparavant, et
que si cette planète était anéantie à un instant donné, on la
verrait encore pendant 4^h après qu'elle aurait cessé d'être.
Nous ne savons pas à quelle distance de la terre sont
dispersées les étoiles, mais nous savons avec certitude qu'il
n'y a pas un de ces astres qui ne soit au moins à 200,000
fois la distance du soleil à la terre, et dont la lumière, par
conséquent, ne mette pour arriver à nous au moins 200,000
fois $8' 13''$, c'est-à-dire, 1141 jours ou 3 ans et 45 jours,
et, sans doute, il n'y a pas d'exagération à supposer que
nous voyons des étoiles qui sont quelques centaines de millions de fois plus éloignées et dont la lumière met par
conséquent quelques millions de siècles à venir jusqu'à
nous. Tout ce qui existe dans le ciel, au-delà de notre
système, pourrait être brisé, confondu, anéanti, et nous,

habitans paisibles de la terre, nous passerions encore de
nombreuses années à contempler comme aujourd'hui ce
grand spectacle d'ordre et de magnificence qui ne serait
plus alors qu'une illusion trompeuse, une image sans
réalité.

La matière pondérable paraît par sa nature n'être pas
susceptible d'un mouvement aussi rapide que le mouvement de la lumière. Les plus grandes vitesses que nous
puissions observer à la surface de la terre, sont celles qui
résultent de l'explosion des poudres fulminantes, ou des
actions mécaniques les plus violentes. Or, un boulet qui
sort du canon parcourt tout au plus deux ou trois mille
pieds par seconde, c'est-à-dire, qu'en conservant toute
sa vitesse il ferait en un an beaucoup moins de chemin
que la lumière en $1''$. Si nous passons du mouvement de
petites masses pondérables à celui des grandes masses qui
composent les corps célestes, nous reconnaîtrons facilement que de tous les astres de notre système, c'est Mercure
qui a le mouvement de translation le plus rapide, et cependant son centre ne parcourt que 12 lieues et 3/10 en $1''$.
Le centre de Vénus fait 9^{lieues},15, et celui de la terre
7^{lieues},74. Pour les vitesses qui résultent des mouvemens
de rotation autour de l'axe, ce sont les points de l'équa-
teur de Jupiter qui reçoivent la plus grande, et ils ne parcourent en $1''$ que 3^{lieues},1. Ainsi, sur la terre et sur les
autres planètes, par l'action des forces artificielles les plus
promptes et par celle des forces naturelles les plus puis-
santes, la matière pondérable ne peut recevoir qu'une vitesse qui est toujours cinq ou six mille fois moindre que
la vitesse de la lumière. Ce résultat nous annonce d'une
manière assez frappante que, si la lumière est un mouvement, elle est sans doute le mouvement d'une substance
essentiellement différente de la matière pondérable.

516. Pour entrer maintenant dans l'étude de l'optique,
c'est-à-dire, dans l'étude des modifications diverses que

les corps peuvent imprimer à la lumière, nous distingue-
rons les propriétés qui sont relatives seulement à la direction des faisceaux lumineux, et celles qui sont essentielles
aux rayons eux-mêmes et indépendantes de leur direction.
Nous étudierons la première partie sous le titre général
de *lumière non polarisée*, et la deuxième sous le titre de
lumière polarisée.

PREMIÈRE PARTIE.

LUMIÈRE NON POLARISÉE.

CHAPITRE PREMIER.

De la catoptrique ou de la réflexion de la lumière.

517. *De la réflexion de la lumière sur une surface plane.*
Lorsqu'on fait tomber dans la chambre noire un faisceau
de lumière solaire L L', (*Fig.* 144), sur un miroir poli de
métal M M', on observe en général deux phénomènes remarquables : 1° on distingue dans une direction déterminée
un faisceau R R' qui semble partir du miroir et qui trace
sur les corps qu'il rencontre une image brillante du soleil ;
tous les rayons de ce faisceau sont des rayons *régulièrement* réfléchis ; ils ont d'autant plus d'éclat que le miroir
est mieux poli ; 2° des divers points de la chambre noire
on distingue la portion du miroir sur laquelle tombe la
lumière ; les rayons I D, I D', I D'', etc., qui sont ainsi dis-
persés dans tous les sens, sont des rayons *irrégulièrement*
réfléchis ; ils ont d'autant plus d'éclat que le miroir est
moins poli.

Pour rendre l'expérience plus frappante on peut diriger
sur le miroir le souffle de l'haleine ou former près de la
surface un petit nuage de poussière, en secouant une

éponge remplie de poudre de lycopode ou de craic pulvérisée.

L'angle L I P qu'un rayon incident L I fait avec la normale I P au point d'incidence I se nomme *angle d'incidence*.

L'angle R I P qu'un rayon réfléchi R I fait avec la normale I P au point d'incidence se nomme *angle de réflexion*.

Le plan formé par l'angle d'incidence se nomme *plan d'incidence*.

Le plan formé par l'angle de réflexion se nomme *plan de réflexion*.

Ces définitions s'appliquent à tous les rayons incidens et réfléchis ; mais nous ne devons nous occuper en ce moment que de la *réflexion régulière*, et voici les lois suivant lesquelles elle s'accomplit.

1° *Le plan de réflexion coïncide avec le plan d'incidence.*

2° *L'angle de réflexion est égal à l'angle d'incidence et situé de l'autre côté de la normale.*

Ces deux vérités fondamentales peuvent être démontrées par une seule expérience que les astronomes ont occasion de répéter souvent et avec des instrumens d'une grande précision.

Autour du centre c, (*Fig.* 147), d'un grand cercle vertical v v', se meut une lunette L avec laquelle on observe les étoiles. D'abord, on fait une observation par la lumière directe E D, ensuite on en fait une autre par la lumière E' I R qui est réfléchie sur la surface tranquille d'un vase plein de mercure, et l'on trouve constamment que l'angle D C P est égal à l'angle P C O'. Or, les verticales P C et I P' étant parallèles, ainsi que les rayons E D et E' I qui viennent d'une même étoile, il est évident que les angles D C P et P C O' sont respectivement égaux aux angles E' I P' et P' I R, et que par conséquent ceux-ci sont égaux entre eux ; et il est évident en outre que le plan d'incidence $E'IP'$ coïncide avec le plan de réflexion $P'IR$.

Il n'est pas nécessaire de prouver directement que le rayon IR provient de $E'I$, puisqu'au point I il ne peut tomber qu'un rayon parallèle à ED.

Au lieu d'une lunette adaptée au cercle on pourrait se servir, comme les anciens astronomes, d'un simple *tube droit*, (*Fig*. 145), ou d'une *alidade*, (*Fig*. 146), portant deux *pinules* dont les trous v et v' fussent sur une ligne exactement parallèle au *limbe* du cercle $v\,v'$.

Ces deux lois de la réflexion sont tout-à-fait générales et ne souffrent aucune exception ; elles sont vraies pour la lumière naturelle qui nous vient des astres et pour la lumière artificielle que nous pouvons produire par la combustion, par les actions chimiques, la phosphorescence, l'électricité, etc. Elles sont vraies pour la lumière directe et pour la lumière diffuse qui nous fait voir les corps et toutes leurs couleurs diverses; enfin elles sont complètement indépendantes de la nature des substances sur lesquelles la réflexion s'opère, car elles se vérifient avec la même exactitude, sur les métaux et les pierres précieuses, sur les solides et les liquides, en un mot sur toutes les surfaces réfléchissantes, quelle que puisse être la matière pondérable qui les compose.

Au moyen de ces principes il est facile de démontrer que les miroirs plans doivent nous faire voir des *images* des objets, et que ces images sont toujours *symétriques* des objets par rapport au plan du miroir.

En effet, soit MM' un miroir plan, (*Fig*. 148), et L un point lumineux; du point L abaissons sur la surface du miroir ou sur son prolongement une perpendiculaire LK que nous prolongerons d'une quantité égale à elle-même; le point L' qui la termine est *symétrique* du point L. Mais si nous menons une ligne $L'IR$ en un point quelconque du miroir et une ligne LI au même point, les angles LIK et

L'IK étant égaux, les angles LIP et L'IP' le seront aussi, donc RIP opposé par le sommet à L'IP' sera égal à LIP; aussi le rayon qui tombe suivant LI doit se réfléchir suivant le prolongement de L'I. Ce qui est vrai pour ce rayon est vrai pour tous les autres, donc enfin tous les *rayons du faisceau réfléchi* RI R'I' *sont dirigés comme s'ils partaient du point* L' *qui est le point symétrique du point* L.

Supposons maintenant que l'on place l'œil quelque part en O dans le faisceau réfléchi, et que pp' représente l'ouverture de la pupille. Le petit pinceau de lumière qui tombe dans la pupille est exactement dirigé comme s'il venait du point L'; ainsi par ce pinceau l'œil voit le point lumineux en L' sans soupçonner que la lumière vient du point L et qu'elle a été brisée par la réflexion en II'.

Ce raisonnement s'appliquant à chacun des points d'un corps lumineux quelconque, il en résulte que la flamme d'une bougie, par exemple, qui est située en BG, (*Fig.* 149), doit être vue en B'G', car le sommet S est vu en S', le point B en B', le point G en G', etc. Les corps qui ne sont pas lumineux, mais simplement éclairés, présentent les mêmes phénomènes, parce que la lumière qui est irrégulièrement réfléchie sur chacun des points de leur surface se propage comme si elle était immédiatement produite par ces points.

Les images ne sont donc pas *renversées*, comme on le dit quelquefois, mais elles sont *symétriques* des objets; ce qui est très-différent.

Pour construire, en général, une image symétrique d'un corps par rapport à un plan, il faut de tous les points de ce corps abaisser des perpendiculaires sur le plan, et prolonger chacune d'une quantité égale à elle-même; l'ensemble des extrémités de ces perpendiculaires prolongées forme l'image symétrique.

S'il existait des surfaces réfléchissantes parfaitement polies, l'œil ne pourrait ni les distinguer ni même en soupçonner l'existence ; car les corps ne sont perceptibles à distance que par les rayons irrégulièrement réfléchis à leur surface, et tous les rayons régulièrement réfléchis font voir les points lumineux d'où ils sont sortis et non pas les réflecteurs sur lesquels ils tombent. Si le globe de la lune, par exemple, était poli comme la surface d'un globule de mercure, nous ne pourrions pas le voir en le regardant, mais nous verrions seulement l'image du soleil qui l'éclaire.

Dans le même milieu parfaitement homogène, la lumière peut se mouvoir indéfiniment sans éprouver la moindre réflexion régulière ; mais toutes les fois qu'elle se présente pour passer d'un milieu dans un autre, elle éprouve à la surface de séparation de ces milieux une réflexion régulière plus ou moins abondante.

Ce passage d'un milieu dans un autre est la seule condition nécessaire et toujours suffisante pour que la réflexion s'accomplisse. Mais il faut bien entendre qu'une même substance n'est pas essentiellement un même milieu à l'égard de la lumière ; dans une masse de verre, par exemple, il peut se trouver des couches contiguës où les molécules offrent des arrangemens différens ; alors la lumière éprouve une réflexion partielle en passant de l'une dans l'autre. Il en est de même dans les masses fluides ; et un pinceau de lumière solaire éprouve un nombre infini de réflexions partielles, avant d'arriver jusqu'à nous, parce qu'il traverse successivement dans l'atmosphère un nombre infini de couches contiguës dont les densités sont différentes.

Si la direction de la lumière réfléchie est déterminée avec une précision géométrique, il n'en est pas de même de son intensité. Sur ce point difficile dont nous nous occuperons à la fin de l'optique, on sait seulement :

1° Que la quantité de lumière régulièrement réfléchie va croissant avec l'angle d'incidence, sans toutefois être nulle quand cet angle est nul ;

2° Qu'elle dépend du milieu *dans* lequel la lumière se meut et du milieu *sur* lequel elle tombe;

3° Qu'elle est très-différente pour des corps de différente nature qui sont placés dans les mêmes circonstances.

Nous citerons quelques exemples à l'appui de ces résultats généraux pour les faire mieux comprendre.

En regardant la flamme d'une bougie par réflexion sur un morceau de verre dépoli, on ne distingue pas son image quand l'angle d'incidence est très-petit, mais on la distingue assez nettement quand cet angle est très-grand. On peut même alors la distinguer sur un morceau de bois, ou d'étoffe, ou même sur un morceau de papier noirci au noir de fumée. Ces expériences prouvent en même temps que tous les corps réfléchissent régulièrement une certaine proportion de la lumière qu'ils reçoivent, et que cette proportion va croissant avec l'obliquité des rayons.

Les fragmens de verre poli sont à peine visibles quand ils sont plongés dans l'eau ou dans l'huile, et ils ne donnent alors par réflexion que des images très-obscures des objets, parce qu'au contact de ces fluides la surface du verre réfléchit moins de lumière qu'au contact de l'air.

En disposant parallèlement à côté l'une de l'autre des surfaces liquides et des substances également polies, on distingue une grande différence dans l'éclat des images qu'elles réfléchissent sous la même obliquité; le mercure et l'acier, par exemple, donnent des images bien plus éclatantes que l'eau, l'alcool ou le verre.

518. *Goniomètre de Wollaston.* Les lois de la réflexion de la lumière ont été appliquées à la mesure des angles dièdres des corps polis et particulièrement des cristaux. Les appareils dont on se sert pour cet objet se nomment des *goniomètres*; nous décrirons ici la construction du goniomètre de Wollaston comme étant l'un des plus ingénieux et des plus commodes que l'on ait imaginé.

Cet appareil est représenté dans la (*Fig.* 153); il se compose d'un cercle vertical en cuivre $v\,v'$, porté sur un pied $p\,p'$ et tournant autour de son centre sur l'axe horizontal AA'. Cet axe est lui-même percé dans sa longueur pour donner passage à un axe plus petit $a\,a'$; le frottement qui existe entre eux est assez grand pour que le mouvement de l'un entraîne l'autre s'il n'est arrêté. L'axe $a\,a'$ est terminé d'un côté par un bouton et de l'autre par un système de pièces qui peuvent exécuter trois mouvemens rectangulaires. Le cristal dont on veut mesurer l'angle s'ajuste avec de la cire molle sur l'extrémité c de la pièce q que l'on peut appeler la *queue* de l'appareil.

On dispose le goniomètre sur une table solide à 15 ou 20 pas d'une fenêtre ou d'un objet qui présente au moins deux lignes horizontales H et H', la première étant un peu plus élevée que la seconde. L'axe doit être à peu près parallèle à ces lignes et le limbe très-exactement vertical. Alors on approche l'œil et l'on tourne le cristal jusqu'à ce que l'on aperçoive sur l'une de ses faces l'image de la ligne H. Ensuite on fait des essais en tournant le cristal ou les pièces qui le portent, jusqu'à ce que cette image soit horizontale; c'est une condition indispensable, et l'on parvient à la remplir exactement en regardant à la fois l'image dont il s'agit, et la ligne H' qui n'est là que pour servir de vérification, (*Fig.* 152). Cela fait, on est assuré que cette première face du cristal est horizontale, et l'on amène la seconde face pour la soumettre à la même condition, en combinant les divers mouvemens des pièces mobiles. Enfin, l'on tourne l'axe $a\,a'$ pour amener successivement chacune des faces du cristal devant l'œil et vérifier ainsi l'horizontalité de leur arête commune; car cette arête sera horizontale si par le seul mouvement de l'axe $a\,a'$, l'image de la ligne H est horizontale sur la première comme sur la seconde face. Alors, on met le zéro du limbe divisé $v\,v'$ sur le repère fixe F, on tourne de nouveau l'axe $a\,a'$ pour faire coïncider l'image réfléchie de H avec l'image directe de н′, et sans toucher à l'axe *a a′*, on fait tourner le limbe jusqu'à ce que l'image de н vienne se réfléchir sur la seconde face et de nouveau coïncider avec н′. L'arc décrit par le limbe est le supplément de l'angle dièdre du cristal.

519. *Réflexion sur deux plans parallèles.* Le point p (*Fig.* 150) se trouve entre deux miroirs parallèles м et м′, et l'œil, placé en o, aperçoit derrière le miroir м un grand nombre d'images dont on peut facilement se rendre compte. Les rayons qui tombent directement sur м forment une image en ʌ; ceux qui tombent directement sur м′ forment une image en ʌ′. Ces derniers rayons, après leur réflexion, sont donc comme s'ils partaient du point ʌ′, et en venant tomber sur le miroir м ils forment une image qui se trouve en в (le point в étant symétrique (517) de ʌ′ par rapport à м). Derrière м′ il y a pareillement une image en c (le point c étant symétrique de ʌ par rapport à м′). Les rayons qui ont éprouvé une première réflexion sur м et une deuxième réflexion sur м′ reviennent donc de nouveau en м; ils sont comme s'ils partaient du point c, et donnent par conséquent une image en д (le point д étant symétrique de c par rapport à м), etc.

On comprend comment les réflexions successives font apercevoir un nombre indéfini d'images de plus en plus sombres et espacées suivant une certaine loi qu'il serait facile d'exprimer algébriquement.

Si l'on voulait distinguer parmi les images celles qui résultent d'une première réflexion sur м et celles qui résultent d'une première réflexion sur м′, on pourrait placer entre les miroirs un corps qui serait rouge, par exemple, du côté de м, et bleu du côté de м′; alors d'un côté toutes les images seraient alternativement rouges et bleues et de l'autre alternativement bleues et rouges.

520. *Réflexion sur deux miroirs inclinés.* Les phénomènes précédens se reproduisent entre deux miroirs inclinés, avec cette différence que le nombre des images visibles est

alors dépendant de l'angle des miroirs. Il suffira d'examiner le cas où les miroirs font entre eux un angle droit; $m\,c$ (*Fig.* 151) représente la coupe du premier, et $m'c$ celle du second; du point c de leur intersection commune on a décrit une circonférence de cercle $A\,m\,m'$. Un objet placé en A fait une image en B par la réflexion sur $m\,c$, et une image en B' par la réflexion sur $m'c$; de plus, les rayons qui ont subi une première réflexion sur $m\,c$ et qui retombent sur $m'c$ donnent une image en D (le point D étant symétrique de B par rapport à $m'c$), et ceux qui ont subi une première réflexion sur $m'c$ et qui retombent sur $m\,c$ donnent une image au même point D (puisque ce point est aussi le symétrique de B' par rapport à $m\,c$). Il en résulte que si l'on place l'œil à l'un des bouts des miroirs et près de leur intersection commune pour recevoir en même temps les rayons directs et ceux qui ont éprouvé une ou deux réflexions, on verra quatre images du point A, savoir l'image directe en A, puis les images réfléchies en B, B' et D.

C'est sur ce principe que l'on construit le kaléidoscope, instrument ingénieux, imaginé par M. Brewster, et qui est maintenant employé avec succès dans plusieurs arts, pour obtenir des dessins bizarrement variés et cependant toujours symétriques.

Pour avoir, par exemple, 5, 6...20 images du même point, il suffit de donner à l'angle des miroirs $\frac{1}{5}$, $\frac{1}{6}$...$\frac{1}{20}$ de circonférence; mais si cet angle était, par exemple, $\frac{6}{100}$ au lieu de $\frac{5}{100}$ il est facile de voir qu'il n'y aurait plus de symétrie dans les images.

521. *Réflexion sur les miroirs courbes.* On adopte en optique ce principe fondamental, que la réflexion se fait en un point quelconque d'une surface courbe, comme elle se ferait sur le plan tangent en ce point. Nous verrons tout à l'heure que ce principe est en effet confirmé par de nombreuses expériences, mais l'on pourrait aussi le

démontrer directement par la théorie. Il en résulte que les lois générales, dont nous avons établi l'exactitude (517), s'appliquent sans restriction à toutes les surfaces, quelle que soit leur courbure, et que tout se réduit à trouver pour chaque point la direction du plan tangent ou de la normale, ce qui est simplement un problème de géométrie.

Ainsi, un point lumineux, placé au centre d'une sphère creuse et polie à l'intérieur, enverrait des rayons sur tous les points de la surface, et chacun de ces rayons serait réfléchi sur lui-même et reviendrait directement au centre après la réflexion. De même, un point lumineux placé à l'un des foyer d'un ellipsoïde enverrait des rayons sur tous les points de la surface, et tous ces rayons iraient par les réflexions se réunir et se concentrer en l'autre foyer; puis en continuant leur route, ils retourneraient au premier foyer après une seconde réflexion, reviendraient au second foyer après une troisième et ainsi de suite.

Un point lumineux placé au foyer d'un paraboloïde enverrait des rayons qui seraient tous réfléchis parallèlement à l'axe et s'en iraient se perdre à l'infini; réciproquement, un point placé à l'infini comme une étoile, et sur l'axe d'un paraboloïde, enverrait des rayons qui viendraient tous se concentrer au foyer.

C'est par des considérations analogues que l'on peut expliquer les irrégularités et les accidens singuliers que présentent les images des objets lorsqu'elles sont réfléchies par des surfaces courbes. Par exemple, l'image d'une étoile n'est qu'un point brillant lorsqu'on la regarde par réflexion sur la surface d'une eau tranquille, et elle devient une longue traînée lumineuse ou une grande tache brillante contournée de mille manières lorsqu'on la regarde par réflexion sur une surface ondulée. La ligne menée de l'œil à l'étoile peut être prise pour l'axe d'une multitude de paraboloïdes dont l'œil est le foyer, et, dans le premier cas, un seul de ces paraboloïdes pouvant être tangent à la surface plane réfléchissante, on n'a qu'une seule image de l'étoile qui est formée par la lumière réfléchie au point de tangence; dans le second cas, un grand nombre de ces paraboloïdes peuvent être tangents en divers points de la surface courbe réfléchissante, et alors on voit autant d'images, chacune étant formée par la lumière qui se réfléchit en l'un des points de tangence.

Quand l'objet n'est pas à l'infini, il faut construire des ellipsoïdes dont l'objet et l'œil sont les deux foyers.

522. *Réflexion sur les miroirs sphériques.* Nous devons discuter en détail la réflexion de la lumière sur les surfaces sphériques, parce qu'elle est le principe de la construction de plusieurs instrumens qui sont d'un grand intérêt pour la science.

Si l'on imagine une sphère dont l'intérieur soit très-poli et qu'on la coupe par un plan, on en détache une *calotte* qui est un *miroir sphérique concave.* Ce serait un *miroir sphérique convexe* si la sphère était polie en dehors.

L'ouverture du miroir est l'angle des deux rayons c m et c m′ menés aux bords opposés de la calotte (*Fig.* 154); cet angle ne doit pas dépasser 20 ou 30°.

Le diamètre du miroir est la ligne m m′ qui joint deux bords opposés de la calotte.

L'axe du miroir est la ligne a c menée du centre de la calotte au centre de la sphère.

Le point a s'appelle aussi le *centre de figure* du miroir et le point c son *centre de courbure.*

On démontre par le calcul, et l'on peut constater aisément par une construction graphique, que tous les rayons de lumière envoyés sur le miroir, par un point quelconque l de l'axe, vont après la réflexion concourir en un même point f qui est aussi placé sur l'axe (*Fig.* 155).

Ce phénomène n'a lieu toutefois que dans les miroirs bien travaillés, dont l'ouverture ne dépasse pas 20 ou 30°.

Si l'ouverture était plus grande, les rayons qui tomberaient en B, par exemple, ne viendraient plus concourir en F; l'image ne serait plus nettement terminée, et il y aurait alors ce qu'on appelle une *aberration de sphéricité*.

Le point F se nomme *le foyer* du point L, et ces deux points considérés relativement se nomment *foyers conjugués*, parce qu'il est évident que si le point lumineux était en F il formerait son foyer en L.

Les mêmes démonstrations et les mêmes conséquences s'appliquent à un point L′ situé hors de l'axe d'une manière quelconque; seulement, il faut alors, par ce point et par le centre de courbure C, mener une ligne L′C A′ que l'on nomme *axe secondaire*, et c'est à l'égard de cet axe secondaire que les phénomènes se produisent; c'est-à-dire que les points L′ et F′ sont situés sur lui comme les points L et F l'étaient tout à l'heure sur l'axe principal.

Cependant il importe de remarquer que les points situés hors de l'axe principal sont soumis à une restriction : quand l'axe secondaire qui leur correspond fait avec l'axe principal un angle plus grand que *dix* ou *quinze degrés*, leurs images ne sont plus régulières et nettement définies, et il y a une aberration de sphéricité, comme si le miroir avait trop d'ouverture. On dit alors que ces points sont hors du *champ* du miroir.

Quand le point lumineux s'éloigne du miroir, son foyer s'en approche et *vice versâ*. Les lois suivant lesquelles ces changemens s'opèrent constituent toute la théorie des miroirs; elles sont heureusement exprimées par une formule très-simple que nous allons discuter.

Cette formule est la suivante :

$$\frac{1}{M} = \frac{2}{R} - \frac{1}{B}$$

R, rayon de courbure du miroir; ainsi cette quantité reste constante pour le même miroir.

B, distance du point lumineux ou de l'objet au miroir,
M, distance du foyer ou de l'image au miroir.

Ces distances sont toujours comptées sur l'axe principal ou sur l'axe secondaire correspondant au point lumineux. Ainsi dans la *Fig.* 155, pour le point L, on aurait $B = LA$ et $M = FA$; et pour le point L' on aurait $B = L'A'$ et $M = F'A'$.

Voici le tableau des valeurs les plus remarquables que l'on peut donner à B et des valeurs correspondantes de M.

$$1^\circ \dots B = \infty \; ; \dots M = \frac{R}{2}$$

$$2^\circ \dots B = 100\, R \; ; \dots M = \frac{100\, R}{199}$$

$$3^\circ \dots B = 2\, R \; ; \dots M = \frac{2\, R}{3}$$

$$4^\circ \dots B = R \; ; \dots M = R$$

$$5^\circ \dots B = \frac{R}{2} \; ; \dots M = \infty$$

$$6 \dots B < \frac{R}{2} \; ; \dots M = \text{valeur négative.}$$

1° Quand B a une valeur infinie, tous les rayons sont parallèles ; on a $M = \frac{R}{2}$, c'est-à-dire que le foyer est alors à la moitié du rayon (*Fig.* 154). Ce foyer se nomme *foyer principal*, et sa distance au miroir *distance focale principale*.

La *Fig.* 156 représente la marche des rayons pour un faisceau parallèle et oblique à l'axe du miroir.

2° Pour $B = 100\ R$, on a $M = \frac{100\ R}{199}$ ou bien $\frac{R}{2} + \frac{R}{398}$ comme $\frac{R}{398}$ est en général une quantité très-petite, il suffit que la distance de l'objet au miroir soit égale à 100 fois le rayon, pour que l'image se fasse sensiblement au foyer principal.

3° Pour $B = 2R$, on a $M = \dfrac{2R}{3}$; ainsi, pendant que l'objet se rapproche du miroir depuis l'infini jusqu'à une distance double du rayon, l'image n'éprouve qu'un petit déplacement, puisqu'elle s'éloigne seulement depuis $\dfrac{R}{2}$ jusqu'à $\dfrac{2R}{3}$.

4° Pour $B = R$ on a $M = R$, ce qui doit être, puisque tous les rayons envoyés du centre doivent revenir au centre.

5° Pour $B = \dfrac{R}{2}$ on a $M = \infty$; c'est-à-dire qu'en mettant le point lumineux au foyer, tous les rayons réfléchis forment alors un faisceau parallèle et ne vont se rencontrer qu'à l'infini (*Fig.* 154 et 156); ce qui doit être puisque l'infini et le foyer principal sont deux foyers conjugués.

6° Quand B est plus petit que $\dfrac{R}{2}$, c'est-à-dire quand le point lumineux est plus près du miroir que le foyer principal, M prend alors une valeur négative; cela ne veut pas dire que les rayons réfléchis ne se rencontrent plus, mais seulement qu'ils se rencontreraient si on les prolongeait derrière le miroir (*Fig.* 157). Le foyer v se nomme alors *foyer virtuel*, parce que les rayons n'y passent pas en réalité, bien qu'ils soient dirigés comme s'ils y passaient.

Il résulte de cette discussion que si un objet B B', *Fig.* 155, était disposé sur une surface sphérique ayant le même centre c que le miroir, il formerait en M M' une image *renversée* qui en serait l'exacte représentation; on aura une idée du rapport de grandeur qui existe entre l'image et l'objet, si l'on remarque que du centre du miroir ils seraient l'un et l'autre vus sous le même angle.

Si tous les points d'un objet n'étaient pas à la même distance du centre, tous les points de son image n'en seraient pas non plus à la même distance.

Tous ces résultats se trouvent vérifiés par les expériences suivantes :

Une large faisceau de lumière solaire tombant sur le miroir M M' (*Fig.* 154 et 156), on voit une petite image resplendissante du soleil en F ou en F', suivant que le faisceau incident est parallèle ou oblique à l'axe. Le soleil étant vu de la terre sous un angle d'environ 30', son image regardée du centre c serait vue sous le même angle. Ainsi sa grandeur absolue dépend du rayon du miroir ; par exemple, au foyer du grand réflecteur d'Herschell, qui a 80 pieds de rayon, l'image du soleil a environ 3 pouces de diamètre, et elle n'a guère que 3 lignes au foyer d'un miroir de 6 pieds de rayon, et 3 millimètres au foyer d'un miroir de 1 mètre de rayon. Grande ou petite, cette image a un très-vif éclat ; dans l'espace circonscrit qu'elle occupe se trouvent concentrées à la fois toute la lumière et toute la chaleur du faisceau incident.

On peut se servir de cette expérience pour déterminer le rayon de courbure d'un miroir donné ; mais alors il faut en couvrir la surface avec un morceau d'étoffe ou de papier dans lequel on laisse seulement deux ouvertures près des bords en v et v' (*Fig.* 158) ; car, il est bien plus facile de déterminer exactement le point de rencontre des petits faisceaux v F et v' F, que le lieu où l'image complète du soleil a le plus petit diamètre et la plus grande netteté.

On reconnaît aisément que des objets éloignés d'environ 100 fois le rayon du miroir font leur image à très-peu près au même point que le soleil.

En promenant la flamme d'une bougie dans une chambre noire, à diverses distances devant le miroir, sur l'axe ou hors de l'axe, il est facile de vérifier tous les autres résultats du calcul que nous avons indiqués ; son image se reçoit sur un petit écran de papier ou sur un morceau de verre dépoli ; si l'écran était trop large il arrêterait une trop grande partie des rayons incidens qui arrivent au miroir.

Les *miroirs convexes* ne donnent que des *foyers virtuels* ou des *images virtuelles*.

La formule précédente devient pour ces miroirs :

$$-\frac{1}{M} = \frac{2}{R} + \frac{1}{B}.$$

Les valeurs de B et de R étant essentiellement positives, les valeurs de M seront toujours négatives, et comme elles sont comptées à partir du point A, c'est une preuve que le foyer tombe toujours derrière le miroir de A vers C; ainsi le foyer n'est jamais produit par la *rencontre réelle* des rayons, mais par leur *rencontre virtuelle* ou par la rencontre de leurs prolongemens.

Pour $B = \infty$ on a $M = -\dfrac{R}{2}$, c'est la plus grande valeur négative de M, figure 159.

Pour $B = R$ on a $M = -\dfrac{R}{3}$.

Enfin pour $B = 0$ on a $M = 0$.

On peut aussi vérifier ces résultats par l'expérience en couvrant un miroir convexe avec un carton percé de deux trous et en suivant la direction des petits pinceaux réflechis pour déterminer le point où leurs prolongemens vont se couper derrière le miroir (*Fig.* 160.)

523. *Miroirs coniques et cylindriques.* Nous ne citerons ces miroirs que pour donner une idée de la marche des rayons qui sont réfléchis à leur surface et des illusions plus ou moins singulières qui en peuvent résulter.

B S B', *Fig.* 161, est la coupe d'un miroir conique dont la surface latérale extérieure est très-polie. On le pose par sa base en B M B', *Fig.* 162, au milieu d'un carton circulaire C A R T, sur lequel on dessine, suivant certaines lois, des figures bizarres que l'on appelle *anamorphoses*. L'œil placé en O un peu au-dessus du sommet du cône, *Fig.* 161, aperçoit par réflexion une figure régulière résultant des traits déformés qui sont tracés sur le carton, par exemple, la *Fig.* 162, fait voir l'image régulière d'une clochette.

Pour se rendre compte de cette espèce d'illusion, il suffit de remarquer que le point c, par exemple, *Fig.* 161 et 162, fera par la réflexion son image en c', et que les points compris entre b et c feront leurs images sur la ligne b c'. Ainsi tous les points de la circonférence c a r t seront vus au seul point c', tandis que tous les points des circonférences plus intérieures seront vus sur des circonférences de plus en plus grandes jusqu'à la circonférence b m b' que sera vue de sa grandeur.

Les miroirs cylindriques présentent des effets analogues dont on pourra facilement se rendre compte par les premières notions de géométrie et de perspective.

524. *Des caustiques.* Quand les rayons envoyés par un seul point lumineux et réfléchis ensuite par une surface courbe continue quelconque ne se réunissent pas tous en un même foyer, il arrive toujours que les rayons voisins se rencontrent, et alors les points consécutifs où ils se coupent engendrent une surface que l'on nomme *catacaustique* ou *caustique par réflexion.* Quand la réflexion se fait sur une ligne et non pas sur une surface, la caustique est une simple ligne.

En supposant, par exemple, un point lumineux en l hors de la circonférence réfléchissante m a m', *Fig.* 163, la caustique formée par les rayons réfléchis serait la courbe f t q f' q' t' f'; chaque rayon réfléchi est tangent en un point de cette courbe. On comprend par là pourquoi il ne faut pas donner trop d'ouverture aux miroirs sphériques, puisque les rayons qui tombent trop obliquement à l'axe, au lieu de concourir au foyer f, s'en vont concourir en des points de plus en plus éloignés à mesure que l'obliquité augmente.

La recherche de la forme des caustiques est un problème qui a exercé la sagacité de plusieurs habiles géomètres. M. Quételet a dernièrement publié sur ce sujet deux mémoires intéressans.

CHAPITRE II.

Dioptrique ou réfraction de la lumière.

525. *Lois générales de la réfraction de la lumière.* La réfraction de la lumière est la déviation ou le changement de direction qu'elle éprouve en passant d'un milieu dans un autre. Tous les milieux dans lesquels la lumière peut se propager sont des *milieux réfringens*, parce que tous font changer de route aux rayons, à l'instant où ils entrent pour les traverser. Ainsi, l'on peut dire que le vide est lui-même un milieu réfringent, car la lumière se réfracte en sortant d'un corps pour entrer dans le vide. Au passage du verre dans le vide, ou de l'air dans l'eau, ou, en général, d'un milieu dans un autre, un rayon de lumière n'éprouve pas, sans doute, une déviation brusque et instantanée, comme une ligne géométrique qui se brise; il est probable qu'il se courbe et s'incline par degrés avant d'arriver à sa nouvelle direction rectiligne; mais si cette courbure se forme réellement, son étendue est si petite qu'il n'est jamais possible d'en constater l'existence. Nous représenterons donc les rayons réfractés comme de simples lignes brisées.

L'angle d'incidence L I N (*Fig.* 164) est ici, comme pour la réflexion, l'angle du rayon incident avec la normale au point d'incidence.

L'angle de réfraction R I N' est l'angle du rayon réfracté I R, avec le prolongement I N' de la normale.

Le *plan d'incidence* et le *plan de réfraction* sont respectivement les plans des angles d'incidence et de réfraction. Un rayon incident ne donne naissance, en général, qu'à un seul rayon réfracté, cependant il existe des corps tels que le spath d'Islande, le cristal de roche et plusieurs autres cristaux, dans lesquels un seul rayon incident donne presque toujours naissance à deux rayons réfractés ; ces phénomènes de *double réfraction* sont liés à la *polarisation* de la lumière que nous étudierons plus tard ; pour le moment nous essaierons seulement d'établir les lois de la *réfraction simple*. Ces lois sont exprimées dans les deux propositions suivantes.

1° *Le plan de réfraction coïncide toujours avec le plan d'incidence.*

2° *Le rapport des sinus d'incidence et de réfraction est constant pour les mêmes milieux.*

La première de ces propositions ne présente aucune difficulté, mais nous allons prendre un exemple pour faire mieux comprendre la seconde.

Supposons que dans un vase en verre de forme hémisphérique, *Fig.* 165, on verse de l'eau jusqu'à ce que le niveau $N N'$ atteigne le centre c. Un petit pinceau de lumière solaire dirigé vers le centre fera un angle d'incidence $L C P$ que l'on mesurera sur le cercle divisé $N P N'$, et un angle de réfraction $R C P'$ que l'on mesurera de même sur le contour du vase, car il sera facile de reconnaître le point par lequel il vient sortir pour repasser dans l'air. Le sinus du premier de ces angles est la perpendiculaire $L D$, le sinus du second est la perpendiculaire $R F$, et le rapport du sinus d'incidence au sinus de réfraction est $L D$ divisé par $R F$, et l'on trouvera ce rapport sensiblement égal à 4/3 ; ainsi,

$$\frac{L D}{R F} = \frac{4}{3}$$

Un autre pinceau tombant dans la direction $L' C$, donnerait un autre pinceau réfracté $R' C$, les sinus d'incidence et de réfraction seraient alors $L' D'$ et $R' F'$, et l'on aurait encore

$$\frac{L'D'}{R'F'} = \frac{4}{3}$$

Il en serait de même pour tous les pinceaux, quelle que soit leur incidence. Par conséquent, il est vrai de dire que le rapport des sinus d'incidence et de réfraction est constant pour les mêmes milieux. Ce résultat s'exprime en général de la manière suivante :

$$\frac{\text{Sin. } P}{\text{Sin. } s} = N.$$

P, est l'angle d'incidence ou celui du premier milieu.

s, l'angle de réfraction ou celui du second milieu.

N, *l'indice* de la réfraction.

Dans l'exemple précédent on aurait $N = \frac{4}{3}$; mais si la surface de l'eau était en contact avec de l'hydrogène, ou avec de l'air raréfié, ou avec le vide, ou enfin avec un milieu différent de l'air ordinaire, *l'indice* toujours constant pour toutes les incidences aurait dans chaque cas une valeur plus ou moins différente de la valeur précédente. Si l'eau changeait de température, elle deviendrait réellement un autre milieu, et cette circonstance seule apporterait dans la valeur de l'indice un changement plus ou moins sensible.

L'appareil précédent est précisément celui qui fut employé autrefois par Descartes pour vérifier par l'expérience les lois de la réfraction. Car la découverte de ces lois est due au génie de ce grand géomètre ; il y avait été conduit *à priori* par des considérations théoriques que l'on regarde aujourd'hui comme de simples jeux d'imagination et qui ont cependant l'avantage d'avoir produit l'une dès lois les plus belles et les plus fécondes de l'optique.]

Nous indiquerons plus loin des moyens d'observation beaucoup plus précis et bien plus propres à démontrer l'exactitude mathématique de ces lois.

Quand la lumière repasse de l'eau dans l'air, l'angle

d'incidence est alors celui qu'elle fait dans l'eau, et l'angle de réfraction celui qu'elle fait dans l'air ; mais tout en changeant de nom ces angles ne changent pas de valeur, le rayon qui tombe suivant RC se réfracte suivant CL, comme on peut le démontrer par l'expérience ; c'est ce que l'on exprime d'une manière générale, en disant qu'*un rayon qui rebrousse chemin repasse exactement par les mêmes lieux*. Ainsi N étant l'indice de réfraction quand la lumière passe d'un premier milieu dans le second, $\frac{1}{N}$ est l'indice de réfraction quand elle repasse du second dans le premier.

Si la valeur de N est plus grande que l'unité, sin. P est plus grand qui sin. S, et P plus grand que S ; ce qui prouve que la lumière, en se réfractant, se *rapproche de la normale*; on dit alors que le second milieu est *plus réfringent* que le premier. *Fig.* 166.

Si N est égal à l'unité, sin P est égal à sin S et P égal à S ; c'est une preuve que la lumière ne se réfracte pas ; on dit alors que le second milieu est *aussi réfringent* que le premier. *Fig.* 167.

Si N est plus petit que l'unité, sin P est plus petit que sin S et P plus petit que S ; c'est une preuve que la lumière en se réfractant *s'éloigne de la normale*; on dit alors que le second milieu est *moins réfringent* que le premier. *Fig.* 168.

Ces résultats s'énoncent ordinairement en disant que la lumière se *rapproche* ou *s'éloigne* de la normale, suivant que le second milieu est *plus dense* ou *moins dense* que le premier. Cette expression n'est pas rigoureusement exacte, parce qu'il arrive quelquefois qu'un milieu *moins dense* qu'un autre est cependant *plus réfringent*; et, en général, la *réfrangibilité* est loin d'être proportionnelle à la *densité*.

La plus petite valeur de l'angle d'incidence est zéro ; alors le rayon tombe suivant la normale, et comme le sinus

d'un angle nul est lui-même égal à zéro, il est nécessaire,
pour que la formule générale ne soit pas absurde, que l'on
ait aussi sin. $s = 0$, ou $s = 0$, ou, en d'autres termes, il est
nécessaire que le rayon pénètre en ligne droite sans se
dévier. C'est en effet ce que l'expérience confirme : jamais il n'y a de réfraction quand la lumière tombe suivant
la normale au second milieu. *Fig.* 169.

La plus grande valeur de l'angle d'incidence est 90°,
alors le rayon tombe parallèlement à la surface de séparation des deux milieux, *Fig.* 170; et comme le sinus
de 90° est égal à l'unité, on a

$$\frac{1}{\text{Sin. } s} = N, \quad \text{ou} \quad \text{Sin. } s = \frac{1}{N}$$

La valeur de s que l'on en déduit est *l'angle limite*. Pour
l'air et l'eau on a $N = \frac{4}{3}$, et par conséquent $s = 48° 35'$;
jamais la lumière ne peut pénétrer de l'air dans l'eau sous
une plus grande obliquité.

Aussi dans un vase plein d'eau A B C D, dont une portion
D C' serait couverte, jamais un rayon de lumière directe
ne pourrait pénétrer dans l'espace A D C' R, l'angle R C' P',
étant de 48° 35'. Si l'œil y était placé et dirigé vers l'espace libre C C', il n'apercevrait rien absolument, même
quand cet espace serait éclairé par la plus vive lumière;
seulement si l'eau n'était pas parfaitement limpide, il y
aurait quelques rayons de lumière diffuse ou irrégulièrement réfléchie qui se répandraient dans l'espace A D C' R.

Réciproquement, quand la lumière, pour sortir de l'eau
dans l'air, se présente sous un angle plus grand que l'angle
limite, il est impossible qu'elle sorte, et il se produit alors
un phénomène remarquable que l'on appelle le *phénomène
de la réflexion totale:* les rayons qui ne peuvent sortir par
l'excès de leur obliquité se réfléchissent en *totalité* suivant
les lois ordinaires de la réflexion (*Fig.* 171), et c'est le seul

cas où la lumière puisse se réfléchir complétement sans diminuer d'intensité.

Pour le verre ordinaire l'indice de réfraction peut varier depuis $\frac{3}{2}$ à 1,545, et par conséquent l'angle limité est compris entre 41° 49′ et 40° 20′. Il en résulte que si l'on avait un cylindre de verre (*Fig.* 172) terminé à l'une de ses extrémités par un plan perpendiculaire à l'axe et à l'autre par un plan incliné d'environ 49° et demi, on pourrait le tourner directement vers le soleil et placer impunément l'œil contre la face oblique, car on ne recevrait alors aucun rayon de lumière solaire. Le faisceau de lumière qui tombe sur A B fait alors avec la normale un angle d'environ 40° et demi et éprouve par conséquent la réflexion totale.

Après avoir indiqué la réfraction de la lumière à son entrée dans les milieux indéfinis, nous allons étudier sa refraction au travers des prismes de différentes substances.

DES PRISMES.

526. *Définitions et phénomènes généraux que présentent les rayons qui traversent des prismes.*

Un *prisme*, en optique, est un milieu diaphane ayant deux surfaces planes polies et inclinées entre elles. Concevons, pour plus de généralité, un morceau de verre, par exemple, sur lequel on ait taillé un nombre quelconque de facettes planes, le verre compris entre deux de ces faces forme un prisme; quand la lumière pénètre par l'une et sort par l'autre on dit qu'elle traverse le prisme.

Le *sommet* du prisme est la ligne suivant laquelle se rencontrent les deux facettes ou suivant laquelle elles se rencontreraient si elles étaient suffisamment prolongées.

La *base* du prisme est une face quelconque opposée au sommet, soit qu'elle existe en réalité, soit que l'on suppose seulement son existence.

L'angle réfringent est l'angle formé par les deux faces du prisme.

Une *section principale* est une section faite par un plan perpendiculairement à l'arête qui forme le sommet.

Dans la plupart des expériences nous emploierons des prismes à trois faces rectangulaires A B', A C' et B C' (*Fig.* 173). Alors quand la lumière traverse les faces A B' et B' C, c'est l'arête B B' qui est le sommet, et la face A C' qui est la base ; quand elle traverse A C' et B C' c'est C C' qui est le sommet, et A B' la base.

La section principale d'un tel prisme est toujours un triangle, et suivant que ce triangle est rectangle, isocèle, équilatéral ou scalène, on dit que le prisme est lui-même *rectangle, isocèle, équilatéral* ou *scalène*.

Ces prismes sont en général montés sur un pied en cuivre (*Fig.* 174). En tirant le tube T on peut les élever plus ou moins, et au moyen du *genou* G on peut leur donner toutes les positions qu'exigent les expériences. Quelquefois le genou est remplacé par deux mouvemens de rotation (*Fig.* 175), l'un autour de l'axe R, l'autre autour de l'axe R'.

Voici maintenant les phénomènes les plus généraux que présentent les prismes, soit avec la lumière ordinaire, soit avec la lumière solaire.

Premièrement. Un prisme étant horizontal, le sommet en haut (*), si l'on approche l'œil près de l'une des faces pour recevoir la lumière qui est entrée par l'autre, on observe deux phénomènes remarquables : les objets sont considérablement *déviés* et comme relevés vers le sommet du prisme ; de plus, ils sont colorés vers leurs bords de toutes les couleurs de l'iris, du moins vers leurs bords horizontaux, car les bords verticaux ne prennent point

---

(*) On peut supposer que la base est couverte avec une bande de papier ou de carton.

de couleurs nouvelles. Si le sommet du prisme était en bas, les phénomènes seraient inverses. En plaçant le prisme *verticalement*, les phénomènes se produisent alors *horizontalement* de droite à gauche ou de gauche à droite, suivant la position du sommet du prisme. En variant ainsi les observations on peut constater que la déviation a lieu toujours vers le sommet du prisme perpendiculairement aux arêtes; et la coloration toujours parallèlement aux arêtes; c'est-à-dire que les objets ne sont colorés des nuances de l'iris que dans leurs bords qui se trouvent parallèles au prisme.

Ces phénomènes sont plus frappans et plus faciles à constater lorsqu'on regarde, par exemple, avec un prisme horizontal ou vertical les barreaux d'une croisée projetés sur le ciel, ou lorsqu'on regarde dans une chambre noire la flamme d'une bougie.

Secondement. Lorsqu'un trait de lumière solaire pénètre dans la chambre noire par une petite ouverture suivant la direction v v (*Fig.* 178), si l'on interpose près du volet un prisme horizontal dont le sommet soit en haut, on observe de même une déviation et une coloration. Le trait est rabaissé vers la base du prisme dans la direction r r, et l'image du soleil, qui était en v circulaire et blanche, paraît en r allongée perpendiculairement aux arêtes du prisme et colorée des plus vives nuances de l'iris. Elle forme ce qu'on appelle le *spectre solaire.* Quand le sommet du prisme est en bas, la déviation se fait en haut avec les mêmes apparences; si le prisme est vertical ou incliné, elle se fait alors latéralement ou obliquement, et il est facile de vérifier par l'expérience qu'elle se fait toujours perpendiculairement aux arêtes du prisme.

Dans le chapitre suivant nous ferons l'analyse du spectre solaire, et, en général, de la coloration des faisceaux qui traversent les prismes; pour le moment nous allons nous occuper de leur déviation.

527. *Direction des rayons dans les prismes et conditions de leur émergence.* Les angles d'incidence et de réfraction étant toujours dans le même plan (525), il est clair que tous les rayons qui tombent dans une section principale accomplissent leur trajet sans sortir de cette section. Par conséquent, pour suivre la marche de ces rayons il nous suffira de considérer l'angle ou le triangle qui forme la section du prisme.

Soit A s, *Fig.* 176, la première face d'un prisme de verre, et A′ s la seconde; I L, un rayon incident faisant avec la normale un angle L I N; I I′ et I′ E le rayon réfracté et le rayon émergent qui en résultent. En passant de l'air dans le verre le rayon L I se brise et se rapproche de la normale; arrivé à la seconde face sous une certaine obliquité, il se brise de nouveau et repasse dans l'air en s'écartant de la normale; on conçoit que sa direction d'émergence I′ E dépend de l'indice de réfraction de l'air par rapport au verre, de l'angle réfringent du prisme et de l'angle d'incidence sur la première face. Ces quatre quantités sont en effet liées entre elles par une formule remarquable; mais pour ne pas entrer ici dans une discussion mathématique trop compliquée, nous nous contenterons d'examiner les cas particuliers les plus importans.

Cherchons d'abord les conditions sous lesquelles l'émergence peut avoir lieu; car nous savons que la lumière qui est dans un milieu plus réfringent que l'air ne peut pas toujours en sortir pour repasser dans l'air (525), et qu'il y a pour son incidence un angle limite au-delà duquel se produit une réflexion totale.

Soit L cet angle limite, qui est pour le verre ordinaire d'environ 40° 30′, et G l'angle réfringent du prisme; nous examinerons seulement les cas où l'on a

$$ \text{G} = 2\,\text{L}, \quad \text{G} = \text{L et G} < \text{L}. $$

1° Si l'angle réfringent du prisme est double de l'angle limite, aucun des rayons qui sont entrés par la première face

ne peut sortir par la seconde; en effet, le rayon qui est entré
parallèlement à A I (*Fig.* 177), se réfracte suivant I I′ en
faisant avec la normale un angle I′ I N′ = L. Donc I I′ est perpendiculaire à la ligne S M qui divise l'angle réfringent du
prisme en deux parties égales, car d'après l'hypothèse M S I
= L. Ainsi, en arrivant à la seconde face, le rayon I I′ se
présente sous l'angle limite et ne peut sortir, ou du moins il
est le dernier de ceux qui peuvent sortir. Tout autre rayon
incident, tel que L I donnerait un rayon réfracté I I″ qui
serait plus oblique en arrivant à la seconde face et éprouverait nécessairement la réflexion totale.

On pourrait donc impunément fermer une chambre
noire avec un prisme diaphane sans crainte qu'il entrât
la moindre trace de lumière, pourvu que l'angle réfringent
de ce prisme fût au moins double de l'angle limite qui
convient à sa substance.

2° Si l'angle réfringent est égal à l'angle limite, tous les
rayons qui tombent entre la normale et la base du prisme
peuvent sortir par la seconde face.

En effet, le rayon qui entre suivant la normale N I
(*Fig.* 179), passe en droite ligne et arrive à la seconde face
en faisant un angle I I′ N′ = L, car cet angle est complément de I I′ S qui est lui-même complément de l'angle réfringent I′ S I que nous avons supposé = L, donc ce rayon
est le dernier de ceux qui peuvent sortir. Tous les rayons
compris entre A I et N I tomberont sous une moindre obliquité et pourront émerger; au contraire, tous ceux qui
tomberont dans l'angle S I N entreront sous une obliquité
plus grande et éprouveront à la seconde face une réflexion
totale.

3° Quand l'angle réfringent est plus petit que l'angle
limite, plusieurs des rayons qui tombent sur la première
surface, entre la normale et le sommet, peuvent émerger à la seconde surface. Cela résulte évidemment de ce
que nous venons de voir tout à l'heure; mais il est visible

en même temps que jamais les rayons qui tombent suivant si ne peuvent émerger, puisqu'ils font avec la seconde surface un angle plus grand qu'avec la première dans l'intérieur du prisme, et celui-ci est déjà l'angle limite.

Pour faciliter l'application de ces principes, nous donnons dans le tableau suivant les indices de réfraction et les angles limites de plusieurs substances.

Noms des substances.	[Indices de réfract.	Angles limites.]	
Chromate de plomb.	2,926	19°	59'
Diamant.	2,470	23	53
Soufre.	2,040	29	21
Zircon.	2,015	29	45
Grenat.	1,815	33	27
Spinelle.	1,812	33	30
Saphir.	1,768	34	26
Rubis.	1,779	34	12
Topaze	1,610	38	24
Flint	1,600	38	41
Crown	1,533	40	43
Quartz	1,548	40	15
Alun	1,457	43	21
Eau (liquide).	1,336	48	28
Eau (glace).	1,310	49	46

Ainsi, pour chacune de ces substances, un prisme dont l'angle réfringent serait double des angles limites, ne laisserait passer aucune lumière. Par exemple, l'angle d'un triangle équilatéral étant de 60°, on voit que des prismes équilatéraux de chromate de plomb, de diamant et de soufre, ne laisseraient passer aucun des rayons qui se présent pour traverser la seconde face après avoir traversé sa première. On voit encore que des prismes rectangulaires d'eau ou de glace laissent passer la lumière au travers de leurs deux faces perpendiculaires, ce qui n'arriverait pour aucune des substances du tableau précédent, depuis le chromate de plomb jusqu'à l'alun ; car pour elles, 90° est plus que le double de leur angle limite.

Tous ces résultats peuvent être vérifiés par l'expérience, soit avec la lumière des corps, soit avec la lumière solaire.

528. *De la déviation produite par les prismes, et particulièrement de la déviation minimum.* Quand la condition d'émergence est remplie, les rayons sortent en effet par la seconde face et sont plus ou moins déviés de leur direction primitive. L'*angle de déviation* ou *la déviation* est l'angle que l'image directe fait avec l'image réfractée, quand l'objet est supposé infiniment loin : ainsi $\scriptstyle LI$ étant le rayon incident, et $\scriptstyle I'E$ le rayon émergent (*Fig.* 180) ; si l'on place l'œil en o assez loin du prisme, on pourra recevoir en même temps un pinceau dans la direction $\scriptstyle OI'$ et un pinceau dans la direction $\scriptstyle OL'$, parallèle à $\scriptstyle LI$; le premier fera voir l'objet par réfraction, le second le fera voir directement, et l'angle $\scriptstyle I'OL'=D$ de ces deux images est la déviation.

Pendant qu'on regarde l'image réfractée d'un objet, si l'on fait tourner le prisme sur son axe, il est facile de voir que l'objet se déplace et par conséquent que la déviation change ; mais on peut remarquer aussi qu'en partant d'une position extrême pour fair tourner le prisme dans le même sens, l'image se déplace d'abord, puis s'arrête, puis se déplace de nouveau pour retourner où elle était d'abord ; lorsqu'elle s'arrête la déviation est *minimum*.

La même expérience se fait encore d'une manière plus frappante avec un trait de lumière solaire dans la chambre noire. Le spectre se déplace à mesure que l'on tourne le prisme, mais en partant pareillement d'une position extrême, pour tourner le prisme dans le même sens, on voit le spectre se rapprocher de plus en plus du lieu où se projetait l'image directe du soleil avant que le prisme fût interposé, puis elle s'arrête et s'en éloigne de nouveau à mesure que le prisme continue son mouvement. Le point où elle s'arrête correspond évidemment à une déviation minimum.

On démontre par le calcul, et l'on peut vérifier par l'expérience, que la déviation minimum a lieu quand les angles d'incidence et d'émergence sont égaux entre eux, (*Fig.* 180), ou, ce qui revient au même, quand le rayon réfracté $i\,i'$ fait un triangle isocèle $s\,i\,i'$ avec les côtés du prisme, ou enfin quand l'angle de réfraction est $\dfrac{G}{2}$, G étant

l'angle réfringent; car ce triangle étant isocèle, $\dfrac{G}{2}$ est complément de $s\,i\,i'$ qui est lui-même complément de l'angle de réfraction correspondant. Cette position est remarquable et d'une grande utilité dans beaucoup d'expériences; il en résulte qu'en désignant par D l'angle de déviation *minimum*, par P l'angle d'incidence, et par G l'angle réfringent du prisme on a

$$D = 2\,P - G.$$

En effet, si l'on mène par le point o les lignes o B et o B', respectivement parallèles à s A et s A', on a

$$D = 180 - L'\,O\,B - G - B'\,O\,E$$

et comme $B'\,O\,E = L'\,O\,B = L\,I\,A = 90 - P$

$$D = 180 - 180 + 2\,P - G$$

ou,

$$D = 2\,P - G$$

et par conséquent

$$P = \frac{D + G}{2}.$$

Si l'on représente par N l'indice de réfraction de la subtance on a en général

$$\frac{\text{Sin. } P}{\text{Sin. } s} = N$$

et puisque dans la position dont il s'agit on a

$$P = \frac{D + G}{2} \text{ et } s = \frac{G}{2}$$

il en résulte

$$\frac{\text{Sin.} \left(\dfrac{\text{D} + \text{G}}{2} \right)}{\text{Sin.} \dfrac{\text{G}}{2}} = \text{N}$$

formule importante qui permet de trouver le rapport de réfraction N par la seule observation de la déviation *minimum* D, car il est toujours facile de déterminer l'angle réfringant G; voici la disposition générale des expériences.

529. *Recherche des indices de réfraction des solides et des liquides transparens.*

1° Pour les *corps solides*, on en fait d'abord un prisme dont on mesure l'angle réfringent G avec le goniomètre de Wollaston ou par d'autres moyens. Ce prisme étant disposé verticalement sur un alidade mobile en un lieu d'où l'on puisse apercevoir une mire très-éloignée, on ajuste à quelques pas de distance un cercle répétiteur de manière que le limbe soit horizontal et à la hauteur du prisme et de la mire. L'une des lunettes est dirigée sur un point de la mire et ensuite fixée, avec l'autre on cherche à recevoir l'image réfractée du même point de la mire, ce qui sera toujours facile si le prisme est bien vertical. Dès que cette image vient tomber sous le fil de la lunette on fait tourner en même temps le prisme au moyen de l'alidade horizontale, et la lunette pour suivre l'image. Après quelques essais on trouve la position de la déviation *minimum* dont la mesure est donnée par l'angle des lunettes. Cette valeur et la valeur connue de $\frac{\text{G}}{2}$ étant substituées dans la formule précédente, il n'y a plus d'inconnue que la valeur de N que l'on détermine aisément.

2° Pour *les liquides* on suit exactement le même procédé ; mais on leur donne la forme de prisme de la manière suivante : on perce un trou de part en part dans un prisme de verre (*Fig*. 183), et un trou plus petit v dans sa base. Le premier se ferme en appliquant sur chaque face du prisme une petite plaque de verre à faces bien parallèles, ensuite on le remplit de liquide et l'on met en v un bouchon B à l'émeri. On a coutume de faire sur la longueur d'un prisme solide cinq ou six prismes liquides (*Fig*. 184).

3°. Nous exposerons plus tard (microscope) un troisième procédé imaginé par M. Brewster pour déterminer les indices de réfraction des liquides et ceux des corps mous, comme la cire, le caoutchouc, etc., etc., qui deviennent suffisamment transparens lorsqu'ils sont réduits en lames très-minces. Ce procédé simple et très-ingénieux offre surtout les avantages suivans : 1° il s'applique à une petite goutte de liquide ou à une parcelle de corps solide ; 2° il réduit toutes les mesures à la détermination de trois distances rectilignes très-faciles à estimer avec exactitude.

Le tableau suivant contient les résultats des principales expériences qui ont été faites sur les solides, les liquides et les corps mous pour déterminer leurs indices de réfractions. Il est extrait de l'Encyclopédie de M. Brewster, et les nombres qui ne portent pas de nom ont été déterminés par cet habile observateur ; M. Brewster fait remarquer toutefois que pour plusieurs substances il n'a eu à sa disposition que des échantillons très-imparfaits.

Tableau des indices de réfraction.

NOMS DES SUBSTANCES.	INDICES de réfraction.	NOMS des observateurs.
Chromate de plomb, *maximum*..	2,974	
id. id. autre espèce.	2,926	
Argent rouge.	2,564	
Réalgar artificiel.	2,549	
Chromate de plomb, *minimum*.	2,500	
Anatase.	2,500	
Diamant.	2,755	Rochon.
id.	2,487	
id.	2,470	
id.	2,439	Newton.
Sulfure de zinc.	2,260	
Phosphore.	2,224	
Verre d'antimoine..	2,216	
id. id.	1,980	Wollaston.
Soufre fondu.	2,148	
id. natif.	2,115	
id. id.	2,040	Wollaston.
id. id.	1,958	Haüy.
Oxide lamellaire de fer.	2,100	Young.
Verre, 3 de plomb et 1 de flint.	2,028	Zeiher.
Tungstate de chaux, *maximum*.	2,129	
id. id. *minimum*.	1,970	
Carbonate de plomb, *maximum*.	2,084	
id. id. *minimum*.	1,813	
Protochlorure de mercure. . . .	1,970	
Zircon, *maximum*	2,015	
id. *minimum*.	1,961	
id.	1,950	Wollaston.
Verre, 2 de plomb, 1 de sable .	1,987	id.
Sulfate de plomb.	1,925	
Verre d'antimoine.	1,889	Newton.
Verre, 2 de plomb, 1 de flint. .	1,830	Zeiher.
Grenat.	1,815	
Spinelle rouge..	1,812	Wollaston.
Arsenic.	1,811	id.
Saphir bleu.. , ...	1,794	
id. blanc. , ...	1,768	Wollaston.

NOMS DES SUBSTANCES.	INDICES de réfraction.	NOMS des observateurs.
Pyrope.	1,792	
Nitrate d'argent, *maximum*.	1,788	
id. id. *minimum*.	1,729	
Verre, 1 de plomb, 1 de flint.	1,787	Zeiher.
Rubis.	1,779	
Feldspath.	1,764	
Chrysobéril.	1,760	
Nitrate de plomb.	1,758	
Verre, 3 de plomb, 4 de flint.	1,732	
id. 1 de plomb, 2 de flint.	1,724	
Axinite.	1,735	
Verre coloré en rouge foncé.	1,729	
Verre coloré en rouge par l'or.	1,715	
Épidote, *maximum*.	1,703	
id. *minimum*.	1,661	
Carbonate de strontiane, *maximum*.	1,700	
id. id. *minimum*.	1,543	
Boracite.	1,701	
Verre coloré en orangé.	1,695	
Sulfure de carbon.	1,678	
Chrysolite, *maxiemum*.	1,685	
id. *minimum*.	1,660	
Aragonite, *ref. ordinaire*.	1,6931	Malus.
id. *ref. extraordinaire*.	1,5348	id.
Spath calcaire, *ref. ordinaire*.	1,6543	id.
id. id. *ref. extraord*.	1,4833	id.
Sulfate de baryte.	1,6468	id.
id. id. *ref. extraord*.	1,6352	id.
id. id. *ref. ordinaire*.	1,6201	Biot.
Topaze incolore.	1,6102	id.
id. du Brésil, *ref. extraord*.	1,6401	id.
id. id. *ref. ordinaire*	1,6325	id.
Antydrite, *ref. extraordinaire*.	1,6219	id.
id. *ref. ordinaire*.	1,5772	id.
Euclase, *extraordinaire*.	1,663	id.
id. *ordinaire*.	1,6429	id.
Perle.	1,653	
Verre rouge, hyacinthe.	1,647	
Huile de cassia.	1,641	
Verre opale.	1,635	

NOMS DES SUBSTANCES.	INDICES de réfraction.	NOMS des observateurs.
Baume de tolu.	1,628	
Castor?	1,626	
Hydrochlorate d'ammoniaque. .	1,625	
Gayac.	1,619	
Flint-glass	1,616	
id. autre espèce. . . , . . .	1,604	
Meïonite.	1,606	
Flint glass.	1,605 12	Malus.
id.	1,576	
Autre espèce, ...	1,596	
Flint-glass , différentes espèces. . {	1,625 1,604 1,594 1,593 1,590 }	Boscowich
Huile d'amandes amères.	1,603	
Verre vert.	1,615	
id. pourpre.	1,608	
Huile d'anis.	1,601	
Baume du Pérou.	1,597	
Gomme ammoniaque.	1,592	
Écaille de tortue.	1,591	
Poix.	1,586	
Baume styrax.	1,584	
Verre de bouteilles.	1,582	
Acide tartarique.	1,575	
id. id.	1,518	
Verre rose	1,570	
Corne.	1,565	
Quartz, *ref. extraordinaire.* . .	1,558	Malus.
id. *ref. ordinaire.*	1,548	id.
Mellite.	1,556	
id.	1,538	
Gomme mastic.	1,560	
Poix de Bourgogne.	1,560	
Résine.	1,559	
Térébenthine.	1,557	
Sel gemme.	1,557	
Sucre fondu	1,554	
Encens.	1,554	

NOMS DES SUBSTANCES.	INDICES de réfraction.	NOMS des observateurs.
Comptonite...	1,553	
Calcédoine.	1,553	
Sulfate de cuivre, *maximum*..	1,552	
id. id. *minimum*...	1,531	
Copal.	1,549	
Baume du Canada.	1,549	
Résine élémi.	1,547	
Huile de tabac.	1,547	
Verre en feuille..	1,542	Boscowich.
id. id.	1,538	id.
id. id.	1,529	id.
id. id.	1,526	id.
id. id.	1,514	id.
Vieux verre en feuille	1,545	
Dichroïte.	1,544	
Glace de Saint-Gobin.	1,543	Wollaston.
Colophane..	1,543	id.
Cire.	1,542	id.
Gomme oliban..	1,544	
Acide phosphorique solide.	1,544	
Carbonate de baryte, *minimum*.	1,540	
Crownglass.	1,534	
Caoutchouc.	1,534	
id.	1,524	Wollaston.
Crown glass	1,533	id.
Verre de borax.	1,532	
Verre de phosphore.	1,532	
Huile de sassafras.	1,532	
id. id.	1,536	Wollaston.
id. id.	1,544	Euler.
Huile de girofle	1,535	Wollaston.
Cristallin de poisson, au centre..	1,530	id.
Cristallin de bœuf desséché...	1,530	id.
Verre ?	1,580	
Baume de copahu	1,528	
Leucite.	1,527	
Verre en feuille.	1,527	
Acide citrique..	1,527	
Laque en écaille..	1,525	
Crown-glass.	1,525	Wollaston.

NOMS DES SUBSTANCES.	INDICES de réfraction.	NOMS des substances.
Sulfate de chaux.	1,525	Wollaston.
Verre de borax, 1 de borax et 2 de silice.	1,522	
Gomme adragante.	1,520	
Mésotype, *maximum*.	1,522	
id. *minimum*.	1,516	
Nitre, *maximum*.	1,514	
id. *minimum*.	1,335	
id.	1,524	Newton.
Tartrate de potasse et de soude. .	1,515	
Verre en feuille d'Hollande. . .	1,517	
Sulfate de zinc, *ref. ordinaire*. .	1,517	
Madelstein.	1.515	
Cire, 17°,5 cent.	1,512	Malus.
id. fondante.	1,450	id.
id. au point d'ébullition. . . .	1,442	id.
Gomme arabique.	1,512	
Sulfate de potasse.	1,509	
id. id.	1,495	Wollaston.
Huile de cumin.	1,508	
Stilbite.	1,508	
Huile de noix.	1,507	
id. de piment.	1,507	
id. de fenouil, ...	1,506	
id. d'ambre.	1,505	Wollaston.
id. de bois de Rhodes.	1,500	
id. de faîne.	1,500	
id. de muscade.	1,497	Wollaston.
Baume de soufre.	1,497	
Sulfate de fer, *maximum*. . . .	1,494	
Huile d'angélique.	1,493	
id. de marjolaine.	1,491	
id. de carvi.	1,491	
id. de riccin.	1,490	
Obsidienne.	1,488	
Suif froid.	1,490	Wollaston.
Sulfate de magnésie.	1,488	
id. id.	1,465	
Huile d'hysope.	1,487	
Camphre.	1,487	

NOMS DES SUBSTANCES.	INDICES de réfraction.	NOMS des observateurs.
Huile de fenugrec	1,487	
id. de Cajeput, ...	1,483	
id. d'amandes	1,483	
id. de sabine	1,482	
id. de pouillot.	1,482	
Sulfate d'ammoniaq. et de magné,	1,483	
Carbonate de potasse..	1,482	
Huile de limon	1,479 ?	
id. de menthe sauvage. . . .	1,481	
Beurre froid.	1,480	Wollaston.
Opole en partie hydrophane. . .	1.479	
Huile de thym	1,477	
id. d'aneth	1,477	
Essence de limon.	1,476	Wollaston.
Huile de térébenthine	1,475	
id. commune.	1,476	Wollaston.
id. rectifiée..	1,470	id.
id. de rayes.	1,475	
Borax.	1,475	
Huile de genièvre	1,473	
Huile de hêtre.	1,471	
Huile de bergamotte..	1,471	
Huile d'olive.	1,470	
Spermaceti.	1,470	
Huile de romarin, ...	1,469	
id. d'olive.	1,467	Newton.
id. id.	1,469	Wollaston.
id. de lavande.	1,467	id.
Suif fondu.	1,464	id.
Huile de pavots.	1,463	
id. de lavande.	1,457	
Alun	1,457	Wollaston.
Huile de camomille.	1,457	
id. d'absinthe.	1,453	
Cristallin de bœuf	1,463	Euler.
id. id.	1,447	Wollaston.
Spermaceti fondu.	1,446	id.
Acide hydrophosphorique. . . .	1,442	
id. sulfurique.	1,440	
id. id.	1,435	Wollaston.

NOMS DES SUBSTANCES.	INDICES de réfraction.	NOMS des observateurs.
Acide sulfurique.	1,428	Newton.
Spath fluor.	1,436	
id. id.	1,433	Wollaston.
Huile de rhue.	1,433	
Acide phosphorique liquide.	1,426	
id. nitrique, densité 1,48.	1,410	Wollaston.
id. hydrochlorique très-con-centré.	1,410	Biot.
id. id. concentré.	1,401	
id. nitrique.	1,406	
id. nitreux.	1,396	
id. acétique.	1,396	
id. malique.	1,395	
Alcool.	1,374	
id.	1,370	Wollaston.
Huile d'ambre gris.	1,368	
Blanc d'œufs.	1,361	
id. id.	1,351	Euler.
Albumine.	1,360	Wollaston.
Éther.	1,358	id.
Colle de poisson.	1,345	
Cryolite.	1,349	
Vinaigre distillé.	1,344	Euler.
Eau salée.	1,343	
Humeur aqueuse de l'œil.	1,337	
Humeur vitrée.	1,339	
Enveloppe extérieure du cristalin	1,377	
Enveloppe moyenne.	1,379	
id. centrale.	1,399	
Cristallin entier.	1,384	
Eau.	1,336	
Glace.	1,310	Wollaston.
id.	1,307	
Tabashir.	1,111	
Air.	1,000276	Bradley.
Vide.	1,000000	

530. *Du changement de valeur de l'indice de réfraction d'une substance quand le milieu qui l'environne change de*

nature, et de la vitesse de la lumière dans les différens milieux.

Dans le tableau précédent, les indices de réfraction sont déterminés en supposant que la lumière passe immédiatement du vide dans chacune des substances; mais si la lumière passait, par exemple, de l'eau dans le verre, il est évident que l'indice de réfraction du verre par rapport à l'eau ne pourrait pas être le même que l'indice de réfraction du verre par rapport au vide, bien qu'il soit constant dans un cas comme dans l'autre. Les recherches sur ce sujet ont conduit à un résultat général qui peut être énoncé de la manière suivante : N et N′ *étant les indices de réfraction de deux susbstances par rapport au vide, l'indice de la seconde, par rapport à la première, est* $\dfrac{N'}{N}$.

Ainsi, l'indice de l'eau par rapport au vide étant 1,336, et celui du verre ordinaire étant 1,525, l'indice du verre par rapport à l'eau est 1,525 divisé par 1,336 ou 1,141; celui de l'eau par rapport au verre serait 1,336 divisé par 1,525 ou 0,876.

On peut démontrer cette vérité fondamentale par des expériences semblables à celles qui servent à déterminer, en général, les indices de réfraction; pour cela, il suffit d'accoler deux prismes de diverses substances, soit en opposant leurs angles, soit en les tournant dans le même sens, *Fig.* 181, et d'observer la déviation que ce système imprime à la lumière. Les angles d'incidence et d'émergence étant connus, ainsi que les angles réfringens des prismes et leurs indices de réfraction par rapport au vide, il sera facile de trouver par le calcul les angles I M N, et I′ M N′ du rayon avec la surface commune, et de vérifier si leurs sinus sont entre eux comme les indices N et N′. On peut aussi employer deux lames parallèles superposées, *Fig.* 188; alors on reconnaît par l'expérience que le rayon incident L I, et le rayon émergent I′ E, sont toujours parallèles. Or, N et N', étant les indices de réfraction de la première et de la seconde substance par rapport au vide, on a :

$$\frac{\text{Sin. } p}{\text{Sin. } s} = N \quad \text{et} \quad \frac{\text{Sin. } p'}{\text{Sin. } s'} = \frac{1}{N'}$$

p est l'angle L I N,
s.... l'angle M I N' = I M P,
p'.... l'angle M I' Q = I' M P'.
s'.... l'angle E I' Q'.

Et puisque p = s', on en déduit :

$$\frac{\text{Sin. } p'}{\text{Sin. } s} = \frac{N}{N'} \quad \text{ou} \quad \frac{\text{Sin. } I' M P'}{\text{Sin. } I M P} = \frac{N}{N'}.$$

Donc, en passant du premier milieu dans le second, la lumière fait des angles tels que le rapport de leurs sinus est constant et égal au rapport des indices de ces milieux, relativement au vide.

Il en résulte évidemment, qu'un rayon de lumière qui traverse un nombre quelconque de milieux à faces parallèles, se trouve réfracté par le dernier de ces milieux, comme il l'aurait été s'il y fût entré immédiatement sous la même incidence. Ainsi, dans la *Fig.* 186, si un rayon tombait immédiatement sur le second milieu, en M, parallèlement à L I, il se réfracterait suivant M I' et émergerait comme il fait suivant I' E.

Nous démontrerons plus tard que la vitesse de propagation de la lumière est différente dans les différens milieux, et que le rapport de ses vitesses dans deux milieux quelconques, est précisément le rapport inverse des indices de réfraction de ces milieux ; par conséquent, la plus grande vitesse a lieu dans le vide, et la moindre dans le chromate de plomb, qui est le milieu le plus réfringent. Celle-ci est à peu près un tiers de la première, puisque l'indice du chromate de plomb est presque égal à 3. En rapprochant ce résultat du précédent, on voit que, dans le même milieu, la lumière a toujours la même vitesse, quelle que soit la route qu'elle suive pour y arriver et les réfractions qu'elle éprouve dans son trajet. Ainsi, par exemple, c'est toujours avec la même vitesse qu'elle traverse les humeurs de l'œil et qu'elle vient frapper la rétine, soit qu'elle y pénètre en sortant de l'eau, de l'huile, du vide, de l'air ou de tout autre milieu; aussi ce qui nous paraît rouge ou bleu dans l'air, nous paraît rouge ou bleu dans l'eau. Mais si l'humeur de l'œil était un peu altérée dans sa nature, de manière que son indice de réfraction fût changé, à l'instant la vitesse de la lumière changerait en sens contraire, et il est bien probable, comme nous le verrons, que toutes les couleurs changeraient alors de nuance et de ton.

531. *Recherche du rapport de réfraction des corps opaques.* Le phénomène de la réflexion totale dont nous avons parlé (525) a conduit Wollaston à un procédé ingénieux pour déterminer l'indice de réfraction de certains corps opaques, et par suite leur puissance réfractive et leur pouvoir réfringent.

Concevons un prisme rectangulaire diaphane A B D, dont l'une des faces A D soit horizontale, et imaginons qu'une goutte de liquide G soit immédiatement appliquée contre cette face, N est l'indice de réfraction du prisme et N' celui du liquide; V V' est une règle verticale sur laquelle on fait glisser un *voyant* ou une plaque percée d'un petit trou pour regarder dans la direction OE et dans d'autres directions plus ou moins obliques. Si le prisme est de crownglass, dont l'indice soit de 1,535, l'angle limite sera 40° 39', et par conséquent le rayon qui aurait pénétré parallèlement à A D, viendrait tomber sur B D, en faisant un angle de 90°—40°.. 39'=49° 21', et ne pourrait sortir. Ainsi, en regardant par la face B D, on ne verra aucun des objets qui sont au-delà de la face A D; seulement par réflexion totale sur cette face, ou pourra distinguer les objets qui sont au-devant de A B. C'est en effet ce que l'expérience confirme, sur tous les

points de A D qui ne sont pas recouverts de liquide, mais là
ou le liquide touche le verre il se produit un autre phénomène. La lumière qui vient dans diverses directions, telle
que L'I, passe dans la goutte, sans éprouver de réflexion
totale, et l'œil, placé dans la direction O'E', aperçoit en G
une tache noire comme si le *miroir* A D était percé d'un
trou. Cependant à mesure que l'œil s'abaisse vers O, pour
regarder par des rayons plus obliques, la goutte paraît
moins noire, et enfin, *si le liquide est moins réfringent
que le prisme*, il arrive qu'à une certaine obliquité telle
que O E, par exemple, la goutte disparaît subitement, et
la face A D fait partout l'effet d'un miroir parfait. C'est en
mesurant cette obliquité de disparition, ou l'angle E O V,
que l'on peut déterminer l'indice N' du liquide qui mouille
le prisme en G; en effet, cet angle étant connu, on en
déduit son complément O E P = P. En substituant sa valeur
et celle de N dans la relation,

$$\frac{\text{Sin. } P}{\text{Sin. } s} = N.$$

On en déduit l'angle s = P' E I, et par suite son complément E I Q = Q I L. Or, puisque c'est sous cette obliquité
que la goutte commence à disparaître, il est clair que le
rayon L I est le rayon limite, c'est-à-dire celui qui, en
passant dans le liquide, donne un rayon émergent parallèle à A D; on a donc :

$$\frac{\text{Sin. } 90^\circ}{\text{Sin. } \text{LIQ}} = \frac{N}{N'} \quad \text{d'où } N' = N \text{ Sin. L I Q.}$$

On peut donner une autre forme à cette valeur inconnue de N' en l'exprimant directement au moyen de l'angle
observé E O V, que nous désignerons par B. On aurait alors :

$$N'^2 = N^2 - \text{Cos.}^2 B.$$

Cette formule est celle qui convient aux corps diaphanes

que l'on met en contact avec le prisme. Mais quand ces corps sont opaques, on se sert de cette autre formule,

$$N'^2 = N^2 - 2 \cos^2 B.$$

Les raisonnemens que nous avons faits pour démontrer la première ne s'appliquent nullement à la seconde, et s'il est nécessaire de l'adopter pour les corps opaques comme la théorie de l'émission l'indique, il est nécessaire aussi de trouver dans la théorie des ondulations des raisonnemens qui la justifient; car ceux que je pourrais donner ici me semblent insuffisans.

532. *De la puissance réfractive et du pouvoir réfringent.* On est convenu d'appeler *puissance réfractive* d'une substance, le carré de son indice de réfraction diminué de l'unité, ou $N^2 - 1$. Cette définition n'est pas purement arbitraire comme elle le paraît d'abord : la quantité $N^2 - 1$ a reçu un nom particulier, parce qu'elle a une liaison simple et remarquable avec la cause de la réfraction dans le système de l'émission; elle est l'accroissement du carré de la vitesse que prend la lumière en passant du vide dans les diverses substances; car, dans ce système, on est inévitablement conduit à supposer que la lumière augmente de vitesse en passant dans les milieux plus réfringens. Dans le système des ondulations, cette même quantité dépend des divers degrés de condensation de l'éther.

La puissance réfractive peut être évaluée d'une manière absolue ou d'une manière relative, par exemple, 1,326 et 0,785 sont les puissances réfractives absolues du verre et de l'eau, ou les valeurs de $N^2 - 1$ correspondantes à ces substances; mais en divisant le premier de ces nombres par le second, l'on aurait 1,690 qui serait la puissance réfractive du verre par rapport à celle de l'eau.

Le *pouvoir réfringent* d'une substance est le quotient de sa puissance réfractive par sa densité. Ainsi le pouvoir réfringent du verre ordinaire est 0,533, et celui de l'eau

0,785. Et si l'on voulait évaluer le premier par rapport au second, c'est-à-dire, en prenant le second pour unité, il faudrait diviser 0,533 par 0,785, ce qui donnerait 0,679 pour le pouvoir réfringent du verre rapporté à l'eau. Nous avons tiré de l'Encyclopédie de Brewster les résultats suivans :

Tableau des pouvoirs réfringens de quelques corps solides et liquides.

Nuance de substance.	Pouvoirs réfringens absolus.	
Tabashir.	0,698	
Cryolite.	0,274	
Spathfluor.	0,343	
Sulfate de baryte.	0,383	
Quartz.	0,541	Malus.
Acide sulfurique.	0,612	Newton.
Spath calcaire.	0,642	Malus.
Cristal de roche.	0,654	
Acide nitrique.	0,668	
Flint-glass, *minimum*.	0,734	
Rubis.	0,739	
Topaze du Brésil.	0,759	
Eau.	0,785	
Flint-glass, *maximum*.	0,874	
Alcool.	1,012	
Carbonate de potasse.	1,023	
Chromate de plomb.	1,044	
Hydrochlorate d'ammoniaque.	1,129	
Nitrate de potasse.	1,196	
Hydrochlorate de soude.	1,209	
Camphre.	1,255	Newton.
Huile d'olive.	1,261	Newton.
Huile de lin.	1,282	Newton.
Cire.	1,331	Malus.
Essence de térébenthine.	1,322	Newton.
Ambre.	1,365	Newton.
Octohédrite.	1,382	
Diamant.	1,396	Malus.

Diamant. . . . . 1,456 Newton.
Réalgar. 1,667
Ambre gris. 1,700
Soufre 2,200
Phosphore. 2,886

Newton, qui ne connaissait ni le pouvoir réfringent du soufre ni celui du phosphore, avait remarqué que les substances combustibles, comme les huiles et les résines, avaient en général des pouvoirs réfringens considérables, et il n'avait pas hésité à conclure que l'eau et le diamant devaient aussi, à cause de leur grande réfringence, renfermer un principe combustible ; cette conjecture hardie a été depuis pleinement vérifiée par l'expérience, car nous savons maintenant que le diamant n'est que du charbon, et nous verrons (533) que l'hydrogène est en même temps le plus réfringent et le plus combustible des corps ; de plus, le soufre et le phosphore viennent encore généraliser cette remarque.

Quand une substance se dilate ou se condense soit par une action mécanique, soit par la chaleur, son indice de réfraction change ainsi que sa densité ; mais il parait que son pouvoir réfringent reste sensiblement constant, sous la seule condition que cette substance ne passe pas à l'état gazeux, car nous verrons bientôt que dans ce cas le pouvoir réfringent éprouve une diminution sensible.

. 333. *Recherche de l'indice de réfraction des gaz, de leur puissance réfractive et de leur pouvoir réfringent.* Pour déterminer l'indice de réfraction de l'air on pourrait faire passer la lumière du vide dans un prisme d'air d'un angle connu ; mais l'expérience inverse offre plus de facilités : on fait passer le rayon au travers d'un prisme vide environné d'air ; et l'indice de réfraction se détermine encore comme dans les solides et liquides, c'est-à-dire, par la connaissance de l'angle réfringent du prisme ; de l'incidence de la lumière sur sa première face, de l'émergence à la seconde et de la déviation, en ajoutant à ces données la température et la pression de l'air environnant. L'indice de réfraction de l'air une fois trouvé, on arrive par des expériences analogues à l'indice des différens gaz pour des températures et des pressions connues. Cette question délicate et importante a été traitée par MM. Arago et Biot en 1805, et par M. Dulong en 1825. Nous essayerons seulement de donner ici une analyse des procédés qui ont été employés par ces habiles physiciens, et des résultats auxquels ils sont parvenus.

MM. Arago et Biot employaient un *prisme à gaz* qui est représenté vu par en haut dans la *Fig.* 188 et vu de face dans la *Fig.* 189. Il se compose d'un tube de verre T T' de 20 à 30 centimètres de longueur sur 4 à 5 centimètres de diamètre, dont les deux extrémités sont d'abord coupées en sifflet, suivant les directions T F et T' F', et ensuite recouvertes et fermées hermétiquement par des lames de verre à faces parallèles. L'angle que ces lames forment entre elles est l'angle du prisme, il doit être très-grand à cause de la faible refringence du gaz ; dans l'appareil de MM. Arago et Biot, il était de 143° 7' 28". Au milieu de la longueur du tube, et parallèlement aux faces du prisme, on pratique deux ouvertures opposées v et v', *Fig.* 189, pour introduire ou enlever à volonté au moyen d'une machine pneumatique le gaz que l'on veut soumettre à l'expérience. Les petits tubes qui sont scellés dans ces ouvertures sont munis de robinets convenables, et communiquent à un baromètre qui donne à chaque instant la pression du gaz intérieur.

Supposons que le prisme soit vide, que son arête soit verticale, et qu'il ait été disposé pour l'expérience en un lieu d'où l'on puisse apercevoir une mire très-éloignée, *Fig.* 187; l'observateur, placé en o, verra une image directe C L de cette mire, et une image réfractée O E ; l'angle L O E sera la déviation; cet angle devra être observé avec une grande exactitude, car il s'élevera seulement à 5 ou 6 minutes; avec cette donnée et l'angle réfringent du prisme on pourra trouver l'indice de réfraction par la formule précédente (528 et 529), si l'on a choisi la position du minimum. Seulement il faudra faire les corrections nécessaires, soit à cause de l'air qui reste dans le prisme, soit à cause du défaut de parallélisme des lames qui en forment les faces.

Par des expériences précises et souvent répétées, MM. Arago et Biot ont établi, qu'à la température de o, et sous la pression de o,^{m}76, l'indice de réfraction de l'air, par rapport au vide absolu, est de 1,000294, et sa puissance réfractive est par conséquent o,ooo588. Ce résultat se trouve parfaitement conforme à celui que Delambre avait déduit des réfractions astronomiques.

L'indice de réfraction de l'air une fois connu, on fait passer dans le prisme les gaz que l'on veut soumettre à l'expérience, et après avoir observé la déviation qu'ils pro-duisent, il reste à faire les calculs convenables pour en déduire soit les indices de réfraction, soit les puissances réfractives. MM. Arago et Biot ont soumis à l'expérience, l'air, l'oxigène, l'hydrogène, l'azote, l'ammoniaque, l'acide carbonique et l'acide hydrochlorique; et ils ont établi ce principe fondamendal : que *les puissances réfractives d'un gaz sont proportionnelles à sa densité*, ou, ce qui revient au même, que *le pouvoir réfringent d'un gaz est constant à toute température et à toute pression*. Ce principe est encore vrai, quand les gaz se *mélangent* d'une manière quelconque, c'est-à-dire que la puissance réfractive d'un mélange est égale à la somme des puissances réfractives de ses élémens. Mais nous allons voir, d'après les recherches de M. Dulong, que toutes les fois que les gaz se *combinent*, la puissance réfractive du produit cesse d'être égale à la somme des puissances réfractives des composans.

M. Dulong s'est principalement proposé de comparer entre elles les puissances réfractives des gaz à la même température et sous la même pression, et l'artifice ingénieux qu'il a employé pour y parvenir lui a permis de donner à ses résultats un degré d'exactitude véritablement inespéré dans des recherches aussi délicates. Cet artifice consiste à donner aux différens gaz une densité telle qu'ils impriment tous exactement la même déviation à la lumière ; pour cela un prisme analogue au précédent, ayant un angle de 145° environ, communique à un réservoir dans lequel on peut, d'une part, faire le vide au moyen de la machine pneumatique, et de l'autre introduire un gaz quelconque en variant à volonté les pressions. L'on fait, par exemple, une première expérience en introduisant dans le prisme de l'air sec sous la pression ordinaire et à une température connue ; avec une bonne lunette placée à quelque distance, on regarde l'image d'une mire éloignée réfractée au travers du prisme ; cela fait, on fixe la lunette dans cette position, on vide le prisme bien complétement, sans le déranger, et l'on y introduit un autre gaz, de l'acide carbonique, par exemple, en variant la pression jusqu'à l'instant où l'image réfractée de la mire vient tomber de nouveau sous le fil de la lunette ; la température étant restée la même, supposons que la pression de l'acide carbonique dans le prisme soit alors de 0,498. Sous cette pression, l'acide carbonique déviant la lumière autant que l'air à 0,76, il est évident qu'il a le même indice de réfraction et la même puissance réfractive, et puisque les puissances réfractives sont proportionnelles aux densités, on aura :

$$1 : x :: 0,498 : 0,76 ;$$

d'où $x = 1,526$, qui sera la puissance réfractive de l'acide carbonique sous la pression de 0,76 et à la même température que l'air.

Par des expériences analogues sur tous les gaz simples ou composés on obtiendra, comme on le voit, leurs puissances réfractives relativement à l'air au moyen d'une simple proportion.

Les résultats de M. Dulong sont contenus dans le tableau suivant :

Puissances réfractives des gaz rapportées à celle de l'air à force élastique égale.

Noms des gaz.	Puissances réfractives.	Densités.
Air atmosphérique.	1,	1
Oxigène.	0,924.	1,1026
Hydrogène.	0,470.	0,0685
Azote.	1,020.	0.976
Chlore.	2,623.	2,47
Oxide d'azote.	1,710.	1,527
Gaz nitreux.	1,03	1,039
Acide hydrochlorique.	1,527.	1,254
Oxide de carbone.	1,157.	0,972
Acide carbonique.	1,526.	1,524
Cyanogène.	2,832.	1,818
Gaz oléfiant.	2,302.	0,980
Gaz des marais.	1,504.	0,559
Éther muriatique.	3,72	2,234
Acide hydrocyanique.	1,531.	0,944
Ammoniaque.	1,309.	0,591
Gaz oxi-chloro-carbonique	3,936.	3,442
Hydrogène sulfuré.	2,187.	1,178
Acide sulfureux.	2,260.	2,247
Éther sulfurique.	5,197.	2,580
Soufre carburé.	5,110.	2,644
Hydrogène phosph. *minim.*	2,682.	1,256

Pour passer maintenant des puissances réfractives relatives aux puissances réfractives absolues, il faut avoir recours à la donnée fondamentale qui nous a été fournie précédemment, sur la puissance réfractive absolue de l'air, par les expériences de MM. Arago et Biot, et par les observations astronomiques de Delambre. Cette puissance réfractive étant o.ooo589, il est clair qu'il faut multiplier par ce nombre tous les nombres de la première colonne du tableau précédent pour avoir les puissances réfractives absolues correspondantes ou les valeurs de N^2-1. Ensuite, si l'on veut en déduire aussi les indices de réfraction, il suffira d'ajouter l'unité et d'extraire la racine carrée de la somme. C'est ainsi que l'on arrive au tableau suivant.

Tableau des puissances réfractives des gaz à o° et o^m,76.

Noms des gaz.	Indices de réfraction.	Puissances réfract.	Densité.
Air atmosphérique.. . . .	1,000294	0,000589	1
Oxigène.	1,000272	0,000544	1,103
Hydrogène.	1,000138	0,000277	0,068
Azote..	1,000300	0,000601	0,976
Ammoniaque. . . . . . :	1,000385	0.000771	0,591
Acide carbonique. . . .	1,080449	0,000899	1,524
Chlore.	1,060772	0,001545	2,470
Acide hydrochlorique. .	1,000449	0,000899	1,254
Oxide d'azote.	1,000503	0,001007	1,527
Gaz nitreux..	1,000303	0,000606	1,039
Oxide de carbone. . . .	1,000340	0,000681	1,992
Cyanogène.	1,000834	0,001668	1,818
Gaz oléfiant.	1,000678	0,001356	0,980
Gaz des marais.	1,000443	0,000886	0,559
Éther muriatique. . . .	1,001095	0,002191	2,234
Acide hydrocyanique. .	1,000451	0,000903	0,944
Gaz oxi-chloro-carb. .	1.001159	0,002318	3,442
Acide sulfureux.. . . .	1,000665	0,001331	2,247
Hydrogène sulfuré. . .	1,000644	0,001288	1,178
Éther sulfurique. . . .	1,00153	0,003061	2,580
Soufre carburé.	1,00150	0,003010	2,644
Hydrogène protophosph.	1,000789	0,001579	1,256

En comparant sous divers points de vue les nombres

contenus dans les tableaux précédens, on en peut tirer les quatre conséquences suivantes.

1° On ne découvre aucun rapport entre les nombres qui représentent les puissances réfractives des gaz et ceux qui représentent leurs densités; car ces nombres croissent, tantôt dans un même ordre, tantôt dans un ordre inverse.

2° La puissance réfractive d'un mélange est égale à la somme des puissances réfractives de ses élémens. Par exemple, l'air étant composé de 0,21 d'oxigène et 0,79 d'azote, on trouve que la somme des puissances réfractives des élémens est 0,99984, qui diffère très-peu de l'unité. M. Dulong a fait aussi des expériences directes sur plusieurs mélanges artificiels, pour vérifier ce résultat qui servait de principe à ses recherches.

3° La puissance réfractive d'un composé gazeux est tantôt plus petite, tantôt plus grande que la somme des puissances réfractives des composans. C'est en effet ce qui résulte du tableau suivant, dans lequel la première colonne représente les puissances réfractives observées, et la seconde les puissances réfractives calculées d'après les élémens constitutifs en tenant compte des condensations qu'ils éprouvent.

Puissances réfractives des fluides élastiques composés.

La puissance réfractive de l'air = 1.

Noms des gaz.	Puiss. réfract. observées.	Puiss. réfract. calculées.	Excès de l'obs. sur le calcul.
Ammoniaque.	1,309.	1,216.	+ 0,093
Oxide d'azote.	1,710.	1,482.	+ 0,228
Gaz nitreux.	1,030.	0,972.	+ 0,058
Eau.	1,000.	0,933.	+ 0,067
Gaz chlor-oxi-carb.	3,936.	3,784.	+ 0,015
Éther muriatique.	3,720.	3,829.	— 0,099
Acide hydrocyanique	1,521.	1,651.	— 0,130
Acide carbonique.	1,526.	1,629.	— 0,093
Acide hydrochlorique.	1,527.	1,547.	— 0,020

Les différences sont trop sensibles pour qu'on puisse les attribuer à des erreurs d'observation, et il est impossible de supposer qu'elles tiennent à un défaut de pureté dans les gaz, parce que l'on connaît l'habileté de M. Dulong et la scrupuleuse exactitude qu'il apporte dans ses préparations.

4° Le pouvoir réfringent d'une substance à l'état liquide est plus grand que le pouvoir réfringent de la même substance à l'état gazeux. Ce principe qui avait été autrefois établi sur des expériences directes par MM. Arago et Petit (*Ann. de chim. et de phys.*, t. 1, pag. 1), se trouve de nouveau confirmé par les résultats de M. Dulong. En effet, le pouvoir réfringent de carbure du soufre par rapport à l'air est égal à sa puissance réfractive par rapport à l'air 5,179 divisée par sa densité 2,644, ce qui donne 1,932 ; le carbure de soufre liquide a une densité 1,263, et son indice de réfraction est 1,678, sa puissance réfractive absolue est donc 1,816 et son pouvoir réfringent absolu 1,438. Mais l'air ayant une puissance réfractive absolue de 0,000588 et une densité par rapport à l'eau de 0,001299, son pouvoir réfringent absolu est 0,453. Par conséquent le pouvoir réfringent du carbure de soufre liquide par rapport à l'air est 1,438 divisé par 0,453 ou 3,176. Ainsi le carbure de soufre a un pouvoir réfringent plus grand que 3 à l'état liquide, et plus petit que 2 à l'état gazeux. Il paraît que MM. Arago et Petit avaient étendu leurs expériences à plusieurs liquides volatils; mais leurs résultats n'ont pas été publiés, et faute de connaître les indices de réfraction des éthers muriatique et sulfurique et de l'acide hydrocyanique à l'état liquide, nous ne pouvons ici profiter des expériences de M. Dulong pour comparer les pouvoirs réfringens de ces substances à l'état de vapeur et à l'état liquide.

Si le pouvoir réfringent d'un gaz augmente à l'instant où il se liquéfie, il est bien probable qu'il commence à éprouver quelque changement lorsqu'il approche de son point de condensation, soit qu'il s'y trouve amené par la pression ou par le refroidissement ; c'est aussi ce qui résulte des expériences de M. Dulong sur l'éther muriatique, le carbure de soufre et l'éther sulfurique, car, au *maximum* de densité, leurs puissances réfractives par rapport à l'air sont respectivement 3,87, 5,198 et 5,290. Au lieu de 3,72, 5,110 et 5,197.

LENTILLES.

534. *Propriétés générales des lentilles.* Les lentilles sont des corps diaphanes, qui on la propriété d'augmenter ou de diminuer la convergence naturelle des faisceaux de lumière qui les traversent.

Nous ne devons étudier ici que les *lentilles sphériques*, c'est-à-dire, celles dont les surfaces sont des plans ou des sphères, parce qu'elles sont à peu près les seules qui entrent dans la composition des divers instrumens d'optique ; les lentilles *elliptiques*, *paraboliques*, *cylindriques*, etc., présentent bien aussi des phénomènes analogues, mais elles sont plus difficiles à travailler, et jusqu'à présent on n'en a fait aucun usage important.

En combinant de toutes les manières possibles les surfaces planes et sphériques on ne peut former que six lentilles différentes, *Fig.* 190 et suivantes.

La première, *Fig.* 190, est la lentille *bi-convexe*; elle est formée de deux surfaces sphériques convexes dont les rayons $c\,r$ et $c'\,r'$ peuvent être égaux ou inégaux.

La deuxième, *Fig.* 191, est la lentille *plan-convexe*; elle est formée par un plan et par une surface sphérique convexe dont le rayon $c\,r$ peut être quelconque.

La troisième, *Fig.* 192, est le *menisque-convergent*; elle est formée par deux surfaces sphériques, l'une concave et l'autre convexe, le rayon c ʀ de la première étant plus grand que le rayon c′ ʀ′ de la seconde.

La quatrième, *Fig.* 193, est la lentille *bi-concave*; elle est formée par deux surfaces sphériques concaves, dont les rayons c ʀ et c′ ʀ′ peuvent être égaux ou inégaux.

La cinquième, *Fig.* 194, est la lentille *plan-concave*; elle est formée par un plan et par une surface sphérique concave dont le rayon c ʀ peut être quelconque.

La sixième enfin, *Fig.* 195, est le *menisque-divergent*; elle est formée par deux surfaces sphériques, l'une concave et l'autre convexe, le rayon c ʀ de la première étant plus petit que le rayon c′ ʀ′ de la seconde.

Les trois premières sont à *bords tranchans*, c'est-à-dire qu'elles sont moins épaisses au bord qu'au milieu; nous verrons qu'elles sont *convergentes*, ou, en d'autres termes, qu'elles augmentent la convergence ou diminuent la divergence des faisceaux qui les traversent.

Les trois dernières sont à *bords larges*, c'est-à-dire, qu'elles sont plus épaisses au bord qu'au milieu; nous verrons qu'elles sont *divergentes*, ou, en d'autres termes, qu'elles diminuent la convergence ou augmentent la divergence des faisceaux qui les traversent.

L'axe d'une lentille est la ligne mathématique c c′ qui joint les deux centres de courbure de ses deux surfaces; pour les lentilles plan-concaves et plan-convexes, l'axe c ᴘ est le perpendiculaire abaissé du centre de courbure sur le plan.

Dans l'épaisseur d'une lentille et sur son axe, se trouve un point particulier que l'on nomme le *centre optique*; tous les rayons de lumière qui passent par ce point prennent, en sortant de la lentille, une direction parallèle à celle qu'ils avaient en y entrant.

On démontre par le calcul que si un point lumineux ʟ, *Fig.* 179, est placé sur l'axe d'une lentille à bords tranchans, tous les rayons qu'il envoie sur la lentille et qui la traversent, viennent après leur sortie se concentrer sur l'axe en un même point F. Cette propriété est toujours soumise à certaines conditions que nous examinerons plus tard; mais elle a lieu exclusivement pour les lentilles à bords tranchans, et c'est pour cette raison qu'on les appelle lentilles convergentes. Le point F est le *foyer* du point L, et ces deux points pris relativement sont des foyers conjugués l'un de l'autre, c'est-à-dire, que si le point lumineux était en F les rayons réfractés iraient se concentrer en L, *Fig.* 197.

Pour un point placé à l'infini, tous les rayons incidens sont parallèles entre eux, *Fig.* 198 ; le foyer F se nomme alors *foyer principal* de la lentille et la distance F C *distance focale principale*.

L'angle E F E', sous lequel la lentille est vue du *foyer principal*, se nomme *l'ouverture* de la lentille ; cet angle ne doit pas dépasser 20 ou 30°; s'il était plus grand, les rayons qui traversent les bords ne viendraient plus concourir exactement au point F comme les rayons plus voisins de l'axe, et il y aurait une *aberration de sphéricité* plus ou moins grande.

Pour un point lumineux situé hors de l'axe en L', par exemple, *Fig.* 197, les phénomènes sont les mêmes que pour le point L; seulement ils se produisent alors à l'égard de *l'axe secondaire* L' C que l'on obtient en joignant le point L' au centre optique C.

Ainsi un faisceau BB', parallèle et oblique à l'axe principal, *Fig.* 198, fait son foyer en F' sur la ligne C X menée par le centre optique parallèlement aux rayons I B, I' B', etc., et l'on a C F' = C F.

Cependant, et ceci est une remarque importante, si *l'axe secondaire* d'un faisceau faisait avec *l'axe principal* un angle plus grand que *dix* ou *quinze* degrés, tous les rayons de ce faisceau ne convergeraient plus exactement au même point après leur réfraction ; il y aurait une aberration de

II.   18

sphéricité, et l'on dirait alors que les points lumineux sont hors du champ de la lentille.

Il en résulte qu'un objet L L′, *Fig.* 197, qui serait compris dans le champ de la lentille et placé sur la surface d'une sphère ayant son centre au centre optique c, donnerait une image renversée très-nette, sur la surface F F′ d'une autre sphère ayant le même centre. Ainsi les objets font des images au foyer des lentilles comme au foyer des miroirs, et, vus du centre optique de la lentille, l'image et l'objet sont vus sous le même angle.

Il nous reste à voir maintenant comment le foyer principal dépend de la courbure de la lentille et de la nature de sa substance, puis à déterminer comment la distance des images dépend de la distance des objets.

535. *Discussion des formules qui expriment la théorie des lentilles.*

Toute la théorie des lentilles est exprimée par les deux formules suivantes :

$$1^{o} \ldots \ldots \ldots \frac{1}{M} = \frac{1}{F} - \frac{1}{B}$$

$$2^{o} \ldots \ldots \ldots F = \frac{R\,R'}{(N - 1)(R' - R)}.$$

Nous pouvons admettre ces formules comme un résultat du calcul, et nous devons surtout nous attacher à en faire comprendre le sens et l'usage par une discussion détaillée; car elles contiennent le principe de la construction de tous les instrumens d'optique. La première indique la relation qui existe entre la distance focale principale F, la distance de l'objet B et celle de son image M; toutes ces distances étant comptées à partir du centre optique, soit sur l'axe principal, soit sur les axes secondaires. La seconde indique la relation qui existe entre la distance focale principale F, les rayons de courbure R et R' de la lentille et l'indice N de réfraction de sa substance.

F restant le même, B peut recevoir toutes les valeurs depuis l'infini jusqu'à o, et à chacune d'elles correspond une valeur particulière de M; le tableau suivant contient les valeurs correspondantes les plus remarquables.

$$1^{\circ}. \ldots B = \infty \ldots\ldots M = F.$$

$$2^{\circ}. \ldots B = 100\,F. \quad M = \frac{100}{99}\,F = F + \frac{F}{99}$$

$$3^{\circ}. \ldots B = 2\,F \ldots\ldots M = 2\,F.$$

$$4^{\circ}. \ldots B = F \ldots\ldots\ldots M = \infty$$

$$5^{\circ}. \ldots B = \frac{F}{2} \ldots\ldots M = -F$$

1° $B = \infty$, signifie que l'objet est placé à une distance infinie, et $M = F$, que l'image se forme alors au foyer principal, *Fig.* 198, c'est-à-dire, à 3 pieds si la distance focale principale est de 3 pieds, et à 10 si elle est de 10 pieds. Ce résultat est de vérité nécessaire, puisqu'on appelle foyer principal le foyer des rayons parallèles. Mais on peut vérifier par l'expérience que la grandeur absolue de l'image est telle que si on la regardait du centre optique de la lentille on la verrait sous le même angle que l'objet. Il suffit pour cela de recevoir l'image solaire sur un écran à la distance où elle paraît avec le plus d'éclat et de netteté, de l'observer avec un verre noir et d'en mesurer la grandeur. On conçoit que si l'écran était de bois ou de papier, il prendrait feu presque à l'instant.

On peut encore faire l'expérience d'une manière plus commode en couvrant la lentille d'une feuille de carton, percée d'un trou très-petit, soit au centre, soit vers les bords. Quelque petitesse que l'on donne à cette ouverture, l'image a toujours la même grandeur, c'est seulement son éclat qui s'affaiblit.

2° B $=$ 100 F signifie que l'objet est placé à 100 fois la distance focale principale; par exemple, à 300 pieds si cette distance est de 3 pieds, et puisque l'image se forme alors à F plus un 99° de F on voit qu'elle n'a reculé que de la 99° partie de F pendant que l'objet s'est avancé depuis l'infini jusqu'à 100 F.

Pour vérifier ce résultat, on peut prendre une lentille d'un long foyer, et après en avoir déterminé la distance focale principale par l'expérience précédente, on cherchera avec un écran le lieu de l'image d'un objet placé très-loin et à une distance connue, si cette distance est juste de 100 F, l'image sera juste reculée de la 99° partie de F.

3° Quand l'objet est placé à une distance double de la distance focale principale, l'image est de l'autre côté de la lentille exactement à la même distance, et par conséquent de la même grandeur. C'est ce que l'on peut vérifier avec la flamme d'une bougie, ou même avec la lumière solaire, dans ce dernier cas, on place la lentille à la distance 2 F du trou de la chambre noire par lequel entre le faisceau de lumière solaire, et l'on constate que c'est à 2 F derrière la lentille que l'image du trou se fait avec netteté. Ainsi pendant que l'objet s'avance depuis l'infini jusqu'à 2 F, l'image recule seulement depuis F à 2 F.

4° Quand l'objet est placé au foyer principal, son image va se faire à l'infini, c'est-à-dire que les rayons émergens sont parallèles; ainsi l'objet et l'image ont changé de rôle; pendant que l'objet s'avance de 2 F à F l'image recule depuis 2 F jusqu'à l'infini. Ce résultat peut être vérifié à peu près avec la flamme d'une bougie; je dis à peu près, parce que la flamme ayant une certaine épaisseur tous ses points ne peuvent être à la fois à la distance focale principale. On obtient plus d'exactitude à cet égard en prenant pour objet l'image formée au foyer d'une première lentille; comme cette image n'a point d'épaisseur, on peut la mettre complétement à la distance focale principale de la seconde lentille, *Fig.* 185, alors le faisceau émergent E E′ est tout-à-fait parallèle. Il est bon dans cette expérience de mettre un diaphragme G G′ pour arrêter les rayons colorés des bords.

5° Enfin, quand l'objet est à une distance moindre que la distance focale principale, on obtient pour M une valeur négative; ce changement de signe annonce un changement dans la position du foyer, et en effet le foyer se fait alors *en avant* de la lentille (1). *Fig.* 199. Dans ce cas, la lentille diminue seulement la divergence; il n'y a plus qu'un foyer virtuel et une image virtuelle; les rayons émergens sont comme s'ils partaient du point v.

La formule que nous venons de discuter ne s'applique qu'aux lentilles convergentes; celle des lentilles divergentes a la forme suivante :

$$\frac{1}{M} = \frac{1}{F} + \frac{1}{B}$$

Pour B $= \infty$ elle donne M $=$ F; ainsi les rayons parallèles sont après leur émergence, comme s'ils partaient du point F, *Fig.* 200.

Pour B $=$ F elle donne M $= \dfrac{F}{2}$, c'est-à-dire que les rayons émergens sont comme s'ils partaient d'un point placé en avant de la lentille à égale distance du foyer et du centre optique.

---

(1) On sera étonné peut-être que les valeurs de M deviennent négatives quand elles sont comptées du même côté que B dont les valeurs sont toujours positives. Mais cela tient à ce que nous avons pris F positivement pour éviter les changemens de signe qui auraient pu embarrasser cette discussion. La formule algébrique est véritablement pour les lentilles convergentes $\frac{1}{M} = \frac{1}{F} + \frac{1}{B}$ comme pour les lentilles divergentes seulement dans le 1er cas il faut donner à F des valeurs négatives.

Dans tout ce qui précède, nous avons supposé que la valeur de la distance focale principale était connue, ou du moins que l'on pouvait la déterminer par l'expérience ; mais on conçoit que l'artiste qui travaille les verres travaillerait toujours au hasard s'il ne pouvait trouver la distance focale d'une lentille que quand elle est faite. Il faut que la science lui apprenne à la trouver d'avance, et lui indique quelle courbure il doit donner à ses verres pour obtenir des foyers d'une longueur donnée. C'est l'objet de la seconde formule que nous avons rapportée plus haut t que nous allons maintenant discuter.

$$ F = \frac{R\,R'}{(N-1)\,(R'\ R)}. $$

F, distance focale principale.

R, rayon de courbure de la première surface.

R', rayon de courbure de la deuxième surface.

N, rapport de réfraction de la substance de la lentille.

Il résulte des suppositions par lesquelles cette formule a été obtenue :

1º Que R représente toujours le rayon de courbure de la *première* surface, c'est-à-dire, de la surface par laquelle entre la lumière, et R' celui de la *deuxième* surface ou de la surface *d'émergence.*

2º Que les rayons de courbure R et R' doivent être pris positivement quand le centre de la surface à laquelle ils appartiennent se trouve du côté par lequel entre la lumière, et négativement quand il se trouve du côté opposé.

3º Que la lentille sera convergente ou divergente, suivant que la valeur de F sera négative ou positive.

Il est facile de voir d'après cela que, pour chaque espèce de lentille, on a les résultats suivans, qui seraient les mêmes, en définitive, si l'on retournait la lentille, c'est-à-dire, si l'on prenait pour la première surface celle que nous avons prise pour la deuxième et réciproquement.

Lentilles biconvexe. . $R = -$, $R' = +$, $F = -$
Plan convexe . . . . . $R = -$, $R' = \infty$, $F = -$
Menisque convergent. $R = -$, $R' = -$, $F = -$ parce
    que $R < R'$
Biconcave . . . . $R = +$, $R' = -$, $F = +$
Plan concave. . . . . $R = +$, $R' = \infty$, $F = +$
Menisque divergent. . $R = -$, $R' = -$, $F = +$ parce
    que $R > R'$.

Ainsi, les trois lentilles à bords tranchans, sont, comme nous l'avons annoncé, des lentilles convergentes, tandis que les trois lentilles à bords larges sont divergentes.

Quant aux valeurs absolues de F, elles seront faciles à calculer lorsqu'on connaîtra R, R' et N. Réciproquement les valeurs de F et de N étant données on pourra déterminer ou les valeurs absolues des rayons de courbure ou du moins la relation qui existe entre elles.

Si l'on voulait, par exemple, faire avec du verre une lentille biconvexe de 4 pieds de distance focale principale, dont les deux rayons de courbure fussent égaux, l'on trouverait que chacun de ces rayons doit aussi avoir 4 pieds.

Pour obtenir la même distance focale avec une lentille plan convexe, on trouverait que le rayon de courbure doit être seulement de 2 pieds.

Pour l'obtenir avec un menisque convergent dans lequel le grand rayon serait double du petit, on trouverait que celui-ci doit être de 1 pied seulement et l'autre de 2 pieds, celui-ci appartient à la surface concave.

Enfin, pour fabriquer avec le même verre une lentille divergente de même distance focale, il faudrait employer des rayons de mêmes grandeurs respectives que les précédens, c'est-à-dire, deux rayons de 4 pieds pour la lentille biconcave, un rayon de 2 pieds pour la lentille plan concave, et deux rayons l'un de 1 pied et l'autre de 2 pieds pour le menisque divergent, ce dernier appartenant alors alors à la surface convexe.

Pour compléter cette discussion il y aurait encore à examiner le cas où le faisceau qui tombe sur une lentille convergente ou divergente est un faisceau déjà convergent et non pas un faisceau parallèle ou divergent comme nous l'avons supposé ; mais ces détails sont des conséquences si simples de ce que nous avons dit, qu'on n'éprouvera sans doute aucune difficulté à en faire l'analyse.

536. *Lentilles à échelons.* Ces lentilles se composent d'une lentille ordinaire plan convexe A A', *Fig.* 196, et de pièces sphéro-prismatiques annulaires B B', C C', D D', etc., qui s'enveloppent exactement l'une l'autre ; chacun de ces anneaux est travaillé pour remplir deux conditions ; 1° pour que la lumière parallèle qu'il reçoit puisse le traverser librement sans tomber sur la surface latérale l qui reste dépolie ; 2° pour que la lumière qui le traverse vienne faire son foyer au même lieu que la lumière qui traverse la lentille centrale A A' ; c'est surtout pour remplir cette dernière condition qu'il faut calculer convenablement les courbures des faces b, c, d, etc. Par cet artifice on peut donner aux lentilles à échelons beaucoup plus d'ouverture qu'aux lentilles ordinaires, et, de plus, le verre n'ayant que peu d'épaisseur il n'absorbe qu'une faible proportion de lumière. Au foyer d'une telle lentille, de 20 ou 24 pouces de diamètre et de 12 à 15 pouces de distance focale principale, l'image du soleil a un très-vif éclat, et la chaleur qu'elle donne est capable de brûler rapidement l'étain, le zinc, le cuivre ou le fer, et de fondre des feuilles d'or ou même de platine.

Buffon avait eu l'idée de construire des lentilles de cette espèce ; mais on ne put jamais en obtenir de bons résultats parce qu'on voulait les tailler dans une seule pièce de verre. Ces essais étaient tombés dans l'oubli, quand Fresnel fut ramené de nouveau à la même invention par une autre voie, et avec un succès complet. Fresnel calcula les courbures de chacun des anneaux, et indiqua les procédés pour les travailler avec une exactitude suffisante. Il fit ensuite avec M. Arago des expériences sur les meilleurs moyens de produire une vive lumière au foyer de ces lentilles. Il en est résulté pour l'établissement des phares un nouveau système qui a une grande supériorité sur les systèmes anciens, et qui est adopté maintenant pour toutes les côtes de France. Déjà, le phare de Cordouan établi sur ces principes, montre les immenses avantages que la navigation en pourra tirer. Une lampe à quatre mèches concentriques, placée au foyer de ces lentilles, devient visible en mer jusqu'à la distance de 10 ou douze lieues, et les apparences de chaque feu peuvent être diversifiées pour ainsi dire à volonté, de manière qu'il ne reste aux navigateurs aucune chance pour confondre deux feux voisins.

CHAPITRE III.

Décomposition et recompositon de la lumière.

537. *La lumière blanche du soleil se compose de rayons diversement colorés.* Cette vérité fondamentale ne peut être établie que par une série d'expériences : premièrement, on dispose devant le volet de la chambre noire un miroir de métal M M' qui réfléchisse, dans une direction donnée, le faisceau de lumière solaire qu'il reçoit. Supposons, par exemple, que ce faisceau soit réfléchi horizontalement, et qu'après avoir pénétré dans la chambre noire par une ouverture circulaire de 4 ou 5 millimètres de diamètre, il se propage dans la direction o c, *Fig.* 201. En c, sur le tableau, il porte une image ronde du soleil qui est représentée de face en c c', *Fig.* 202. Le diamètre de cette image augmente avec la distance du tableau, suivant une loi très-simple. Secondement, l'on dispose près du volet un prisme A s A' de verre ou de flint, et le faisceau primitif est non-seulement réfracté dans la direction r r, mais il apporte en r u une image oblongue et colorée, qui est le *spectre solaire*, *Fig.* 201 et 202.

On peut alors démontrer que le spectre est soumis aux trois conditions suivantes : 1° que, parallèlement aux arêtes du prisme, son diamètre D D' est toujours égal au diamètre D D' de l'image directe, qui serait reçue à la même distance ; 2° que, perpendiculairement aux arêtes, sa longueur r u est dépendante de l'angle réfringent du prisme et de la nature de sa substance ; 3° que quand r u est moindre que le double de D D', le spectre est blanc vers le milieu et coloré seulement vers les extrémités r et u, et qu'il est complétement coloré dans toute sa longueur, quand R U est plus grand que le double de D D'.

Pour constater le premier de ces résultats, il suffit de répéter l'expérience précédente avec des prismes de substances très-différentes, et d'angles réfringents quelconques.

Pour constater le second, l'on peut employer le *prisme variable*, qui est représenté dans la figure 203. Le pied P, et les deux bouts BT et B'T' sont en cuivre; tandis que les deux faces F A et F' A' sont des lames de verre montées dans des cadres en métal; l'une d'elles est fixe, l'autre est mobile, et peut être parallèle, ou inclinée à la première sous des angles différens. Cet appareil substitué au prisme A S A' de la *Fig.* 201, n'imprime d'abord aucune déviation au faisceau direct; ce qui prouve le parallélisme des deux côtés dans chacune des lames A F' A' F'; mais lorsqu'on y verse un liquide transparent, on voit à l'instant le faisceau se dévier et se décomposer. Ensuite, on fait varier à la fois la déviation et la coloration, en inclinant plus ou moins la face F' sur la face F. Pour faire voir ensuite que la longueur du spectre dépend de la nature de la substance du prisme, on peut d'abord, pour les liquides, verser successivement divers liquides dans le *prisme variable* en lui conservant le même angle et observer les longueurs des spectres correspondans; mais, pour les solides, on se sert du *polyprisme* qui est représenté dans la figure 204; cet appareil est un assemblage de prismes de différentes substances superposés bout à bout et ayant tous le même angle réfringent; en le promenant devant l'ouverture on oblige le faisceau à traverser successivement les diverses substances avec la même obliquité, et l'on obtient ainsi des spectres inégalement déviés, et inégalement colorés.

Enfin, pour constater le troisième résultat on peut se servir encore du prisme variable, en partant du point où la face F' est parallèle à la face F, et en augmentant l'angle graduellement : d'abord l'image est ronde et blanche; puis oblongue et colorée aux deux bouts seulement; puis quand le spectre est bien développé, et que la séparation des couleurs est complète, on distingue sur sa longueur les sept nuances suivantes :

> Rouge,
> Orangé,
> Jaune,
> Vert,
> Bleu,
> Indigo,
> Violet.

Il importe de remarquer qu'elles sont toujours dans le même ordre relatif, et que, par rapport au prisme, c'est toujours le rouge qui éprouve la moindre déviation. Ce sont ces nuances que l'on appelle ordinairement les *couleurs du prisme*, les *couleurs du spectre*, les *couleurs de l'iris* ou *de l'arc-en-ciel*, les *couleurs simples*, etc.; mais nous verrons que si nos yeux ne comptent que sept couleurs dans le spectre, il est vrai de dire cependant qu'il y en a une infinité.

La séparation des couleurs a lieu d'une manière assez complète, quand on reçoit le spectre à 6 mètres de distance, le prisme ayant un angle réfringent de 60°, et l'ouverture du volet étant un cercle de 1 centimètre de diamètre. Cependant elle est plus complète encore quand l'ouverture est plus petite : c'est ce que l'on peut apprécier par une seule expérience, en faisant tomber simultanément sur le prisme plusieurs faisceaux par des ouvertures voisines comme les représente la figure 205, ou, mieux encore, en faisant tomber un seul faisceau par un triangle isocèle très-allongé, dont la hauteur s м soit parallèle aux arêtes du prisme, *Fig.* 206.

Pour donner au spectre des limites plus nettes et mieux

tranchées, on peut encore adopter la disposition suivante qui a été employée par Newton. A 4 mètres de l'ouverture o, *Fig.* 207, on place une lentille ayant 2 mètres de distance focale principale, sur laquelle on fait tomber un faisceau de lumière solaire; alors l'image de l'ouverture va se peindre de grandeur naturelle en o', à la même distance de 4 mètres (535, 3°); mais immédiatement derrière la lentille, on place le prisme A s A', qui décompose la lumière incidente et donne en R U un spectre qui est nettement défini, et très-brillant, parce qu'il contient dans un bien moindre espace toute la lumière qu'il contiendrait, si la lentille n'y était pas.

Dans toutes les expériences précédentes et dans les suivantes, nous supposons que les arêtes du prisme sont horizontales; mais, dans les appartemens ordinaires, il est plus commode de les disposer verticalement. Dans tous les cas, il faut avoir le plus grand soin d'éviter la lumière diffuse, et surtout la lumière des nuées qui entre par l'ouverture.

538. *Les rayons diversement colorés sont diversement réfrangibles.*

Cette vérité résulte déjà de la forme dilatée du spectre; car il est évident que la lumière violette, qui tombe en U, *Fig.* 201, forme, au sortir du prisme, un angle d'émergence plus grand que la lumière rouge qui tombe en R; et comme elles ont l'une et l'autre une même incidence sur la première face du prisme, il faut bien en conclure que le violet est plus réfrangible que le rouge. Le même raisonnement fait voir que les nuances intermédiaires ont des réfrangibilités intermédiaires.

Mais voici quatre expériences qui conduisent à la même conséquence d'une manière plus directe et plus frappante.

1° On reçoit le spectre sur un écran K K', *Fig.* 208, percé d'une petite ouverture o'; derrière cette ouverture on fixe dans une position déterminée un second prisme qui fait éprouver une seconde réfraction à la lumière, et l'on marque sur le tableau т т′ le point où vient tomber l'image. Or, en faisant tourner le premier prisme, on peut faire passer successivement toutes les nuances par l'ouverture o′ de l'écran, et l'on reconnaît ainsi que le violet, par exemple, tombe en v′, après la seconde réfraction, l'indigo un peu plus bas, le bleu un peu plus bas encore, et enfin, le rouge en r′. Donc, dans le premier spectre, l'ordre des nuances que nous avons indiqué donne aussi l'ordre des réfrangibilités.

2° L'expérience des *prismes croisés* conduit au même résultat; elle est encore plus simple et plus facile. On marque sur le tableau le lieu o′ de l'image solaire qui est formée par le faisceau direct, *Fig.* 210. Ensuite on place à quelques centimètres derrière l'ouverture, un prisme *horizontal* p, qui produit sur le tableau un spectre r v; enfin on place un prisme *vertical* p′, à quelques centimètres derrière le premier, et l'on obtient un spectre r′ v′. Par ce second prisme, la lumière rouge, qui allait tomber en r, est réfractée en r′, et la lumière violette, qui allait tomber en v, est réfractée en v′; l'obliquité du spectre r′ v′ est une preuve que la réfrangibilité va croissant depuis le rouge jusqu'au violet, puisque toutes les couleurs ayant la même incidence à leur entrée dans le second prisme, ont en sortant des angles d'émergence croissant depuis le rouge jusqu'au violet.

Les prismes sont ponctués dans la figure, parce qu'ils sont bien loin du tableau sur lequel nous les avons rapportés.

3° On fait tomber successivement toutes les nuances du spectre sur une carte imprimée en caractères très-fins, et après avoir placé au-devant de cette carte une lentille ayant une grande distance focale principale, on va recevoir à une distance convenable, sur un carton blanc, l'image des lettres au point où elles sont le plus nettement dessinées; on reconnaît ainsi que, pour la lumière rouge, le carton doit être très-sensiblement plus loin que pour l'orangée, et pour celle-ci plus loin que pour le jaune, etc., etc.

4° On dispose un prisme rectangulaire, de manière que le faisceau réfracté se présente pour sortir par l'hypoténuse *Fig.* 209, et il sort en effet sous une certaine obliquité pour donner naissance à un spectre ʀ ᴜ; mais en inclinant le prisme graduellement, on reconnaît bientôt que ce spectre devient incomplet; le violet disparaît d'abord, puis l'indigo, le bleu, etc., et enfin le rouge, qui disparaît le dernier. Ces couleurs disparaissent lorsqu'elles tombent sur l'hypoténuse avec une assez grande obliquité pour éprouver la réflexion totale (525), et puisqu'elles disparaissent successivement en commençant par le violet, c'est une preuve qu'elles ont des réfrangibilités décroissantes à partir du violet.

Les expériences précédentes ne s'appliquent pas seulement aux sept nuances que nous avons remarquées dans le spectre, mais elles s'appliquent aussi aux divers rayons d'une même nuance. Par exemple, le rouge ʀ, qui est tout-à-fait à l'extrémité du spectre *Fig.* 207, et que l'on appelle pour cette raison le *rouge extrême*, se trouve sensiblement moins réfrangible que le *rouge moyen* ᴍ, et à plusforte raison moins réfrangible que le *rouge limite de l'orangé*. Il en est de même de tous les rayons dans toute la longueur du spectre, depuis le *rouge extrême*, jusqu'au violet extrême. C'est cette réfrangibilité graduellement croissante, qui nous conduit à admettre qu'il y a dans la lumière blanche une *infinité* de couleurs différentes : en effet, si l'on regarde attentivement le rouge extrême et le rouge moyen, on reconnaît bientôt qu'ils ne donnent pas la même teinte; en parcourant d'un bout à l'autre toute l'étendue du spectre, on peut s'assurer qu'il y a une dégradation continue ou plutôt un changement de teinte continuel d'une bande à la suivante. Il ne faut donc pas supposer avec quelques auteurs, que Newton n'a vu que sept nuances ou sept couleurs dans le spectre; il en a vu une infinité, et c'est seulement pour fixer les idées, qu'il a donné des noms aux couleurs qui sont pour l'œil les plus apparentes et les plus distinctes.

Cette observation nous permet de faire maintenant une analyse plus complète de la lumière blanche et du spectre qu'elle produit : imaginons, pour un instant, qu'il n'y ait dans la lumière blanche que le rouge extrême et le violet extrême; alors il est clair qu'au lieu d'un spectre, nous aurions seulement deux images du soleil, rondes, colorées et séparées, l'une rouge en *r*, et l'autre violette en *v*, *Fig.* 211. Mais le rouge qui avoisine le rouge extrême, et qui est un peu plus réfrangible que lui, donne aussi une image ronde qui se superpose en grande partie sur la première, en se rapprochant du violet, *Fig.* 211 *bis*. Le rouge suivant donne encore une image pareille, qui se superpose en grande partie sur la précédente, et ainsi de suite jusqu'au violet extrême. Ainsi, dans les expériences ordinaires, le spectre est composé d'une infinité d'images circulaires empiétant les unes sur les autres, et rigoureusement parlant, une zône étroite quelconque *a b*, faisant partie d'un grand nombre de cercles voisins, se trouve composée d'un grand nombre de lumières qui diffèrent en couleur et en réfrangibilité; seulement, si les cercles sont d'un petit diamètre, les couleurs seront à peu près identiques, et les réfrangibilités à peu près égales; c'est pourquoi cette zône peut être considérée comme composée d'une seule et même lumière.

539. *Chaque couleur du spectre est une couleur simple.* Une couleur est simple quand elle se retrouve toujours la même sans qu'il soit possible par aucune action d'en faire sortir des nuances différentes, et nous allons faire voir qu'en effet les couleurs du spectre peuvent bien être détruites, mais qu'elles ne peuvent par aucune cause être

modifiées pour nos yeux. Elles sont en cela bien différentes des couleurs naturelles des corps ; car celles-ci peuvent toutes, comme nous le verrons bientôt, donner naissance à des teintes élémentaires tout-à-fait distinctes des teintes primitives. Dans le vermillon, par exemple, nous pourrons développer du jaune, nous développerons du vert dans l'indigo ; et des plus vives couleurs que nous offre la nature, il n'y en a pas une qui ne puisse être décomposée de la sorte.

La simplicité ou l'inaltérabilité des couleurs du spectre, se démontre par une foule d'expériences entre lesquelles nous choisirons seulement les suivantes.

1° Après avoir isolé, avec un écran percé d'un petit trou, un pinceau quelconque du spectre, le violet, par exemple, on peut le faire passer par un nombre quelconque de prismes, de lentilles ou d'autres corps réfringens, sans y découvrir d'autre nuance que le violet primitif.

2° Si l'on fait tomber ce pinceau violet sur un corps d'une couleur différente, rouge, jaune, vert, etc., ce corps devient violet, sans qu'on puisse y découvrir aucune trace de la couleur primitive qu'il offre naturellement et qui lui semble propre et inhérente. On en peut faire l'expérience sur les feuilles des plantes, les fleurs, le vermillon, l'or, etc., etc. ; tous ces corps prennent alors la même nuance, ils deviennent violets comme si cette couleur était leur véritable couleur naturelle. Pareillement, dans le rouge, tous les corps sont rouges, jaunes dans le jaune, verts dans le vert, etc.

3° Un pinceau violet qui se présente pour traverser un corps diaphane rouge, jaune ou vert, se trouve absorbé et détruit, ou bien, s'il passe, il est violet à sa sortie comme il l'était à son entrée. Cette expérience est surtout frappante avec des verres colorés en rouge : tel de ces verres laisse passer librement la lumière violette, tel autre l'absorbe en totalité ; bien qu'à les regarder tous deux à la lumière du ciel ils paraissent également colorés et également transparens. Celui qui absorbe le violet , absorbe en général toutes les autres nuances du spectre, excepté le rouge ; ainsi , c'est un corps *transparent pour le rouge*, et plus ou moins *opaque pour les autres couleurs.*

On dit quelquefois, d'après Newton, que la lumière simple est homogène, mais cette expression est inexacte , parce qu'elle semble indiquer que toutes les parties de cette lumière éprouvent toujours les mêmes effets ; or , il est facile de vérifier, qu'un rayon de lumière simple, est en partie réfléchi à la surface d'un corps diaphane, et en partie réfracté dans son intérieur ; ainsi , ces deux parties ne sont pas identiques, puisqu'elles éprouvent des effets différens. Il en est de même lorsqu'on fait tomber un pinceau de lumière simple sur un corps doué de la double réfraction, car ce pinceau se partage alors en deux autres qui suivent des routes différentes. En général, il n'arrive presque jamais qu'un rayon simple du spectre éprouve identiquement les mêmes effets dans tout son ensemble.

540. *On recompose la lumière blanche en ramenant toutes les couleurs simples dans la même direction ou en les faisant toutes concourir au même point.*

Quand les couleurs ont été séparées par un prisme, on peut les ramener dans la même direction par un second prisme de même substance et de même angle réfringent que le premier, mais tourné en sens inverse, *Fig.* 212. Alors le faisceau, qui est coloré entre les deux prismes, devient blanc au sortir du second, et va peindre sur le tableau une image ronde du soleil. Si le second prisme est à larges faces, on peut le placer très-loin du premier, de telle sorte qu'il reçoive un spectre très-complet. Cette expérience montre assez clairement qu'il n'y a dans un prisme aucune force particulière pour décomposer la lumière blanche ou pour la récomposer, mais que la séparation des couleurs simples ou leur réunion se fait d'elle-même par l'inégale réfrangibilité des divers rayons. Pour opposer deux prismes qui soient exactement de même angle, on peut encore employer une cuve rectangulaire de glace, séparée en deux compartimens prismastiques, par une cloison diagonale, pareillement en glace c c', *Fig.* 217. Lorsqu'on met de l'eau dans le premier compartiment, le faisceau émergent forme un spectre; mais il reprend sa direction et sa blancheur primitive, dès qu'on remplit d'eau le second compartiment comme le premier.

Il n'est pas nécessaire que toutes les couleurs simples soient, comme dans l'expérience précédente, ramenées dans la même direction pour former du blanc; il suffit seulement qu'elles concourent au même point, comme nous allons le voir par les expériences suivantes.

1° On reçoit le spectre sur un grand miroir concave $m\,m'$, *Fig.* 213, et l'on dirige le faisceau réfléchi, soit dans le faisceau incident lui-même, soit au dehors, comme le représente la figure. Alors, toutes les nuances du spectre réfléchies dans des directions différentes viennent concourir au même point f, et là, l'image solaire reçue sur un petit écran ou sur un verre dépoli paraît d'une blancheur éblouissante, comme si le faisceau incident était un faisceau de lumière directe. Il suffit donc du concours de toutes les nuances simples pour produire du blanc. Mais si, au lieu de recevoir le faisceau réfléchi au foyer même où le concours est complet, on le reçoit plus près ou plus loin du miroir, on n'observe qu'une recomposition imparfaite; plus près les couleurs extrêmes du spectre reparaissent dans leur ordre, plus loin elles reparaissent dans un ordre inverse en $r'\,v'$. Enfin, si l'on place au foyer un petit miroir métallique très-poli $m\,m'$, il n'y a aucun doute que la lumière qui tombe sur lui ne soit blanche comme celle qui tombait tout à l'heure sur l'écran, et cependant l'image réfléchie par ce miroir est un spectre $r''\,v''$; ce qui prouve évidemment qu'en se réunissant au foyer les divers rayons conservent leur existence indépendante et ne se modifient nullement les uns les autres.

2° On reçoit le spectre sur une lentille LL', *Fig.* 214, et au point F où convergent tous les rayons divers, on obtient une lumière blanche comme au foyer du miroir précédent. L'image ronde qui en résulte est seulement colorée vers ses bords, parce que les rayons de réfrangibilités différentes ne peuvent pas faire leur foyer exactement à la même distance derrière la lentille. Au-delà du foyer le spectre reparaît, mais renversé en n' v'; ce qui est une nouvelle preuve que les rayons peuvent se croiser au même point sans se modifier, et que chacun d'eux se comporte toujours comme s'il était seul. Enfin, le petit miroir *m m'* que l'on placerait au point F et qui recevrait de la lumière blanche comme dans l'expérience précédente, renverrait cependant de la lumière colorée et reproduirait un autre spectre renversé n"v".

3° On adapte au volet de la chambre noire un grand *prisme à fenêtres, Fig.* 215 *bis*, qui n'est autre chose qu'un prisme creux en glace, maintenu contre la plaque de cuivre c c' dans laquelle on a menagé des ouvertures A, B, C, D, etc. Un grand réflecteur renvoie les rayons du soleil sur toute la face c c', et quand il n'y a pas de liquide dans le prisme, chaque ouverture donne seulement une image blanche ; mais dès que le prisme est rempli d'eau ou d'un autre liquide, la lumière est décomposée, et il en résulte des spectres A", B", C", etc. A une petite distance ces spectres restent séparés et conservent leurs couleurs distinctes; plus loin ils empiétent les uns sur les autres, leurs couleurs se mêlent au point de former du blanc ; plus loin encore, la lumière blanche s'affaiblit de plus en plus, à tel point qu'on distingue seulement un seul spectre comme s'il n'y avait qu'une seule ouverture. Dans cette expérience la lumière blanche que l'on obtient résulte évidemment du concours ou de la superposition de toutes les nuances simples, chacun des faisceaux A'', B'', etc., fournissant une nuance différente, l'un le violet, l'autre le bleu, etc., jusqu'au dernier qui donne le rouge.

4° Il y a enfin un *moyen mécanique* de recomposer la lumière blanche, dont l'effet semble toujours fort surprenant. Imaginons un cercle en carton, *Fig.* 215, ayant environ 1 pied de diamètre, percé en son centre d'un petit trou c, et offrant deux zones peintes en noir, l'une z près du centre, l'autre z' près du bord. Dans l'intervalle de ces deux zones on colle de petites bandes de papier $R R'$, oo', JJ', etc. La première d'un rouge qui imite autant qu'il est possible le rouge du spectre, la deuxième orangée, la troisième jaune, etc. ; quand la période des sept nuances est épuisée on recommence dans le même ordre, pour achever le cercle, avec l'attention que toutes les périodes soient complètes, et que dans chacune d'elles les bandes aient des largeurs à peu près proportionnelles à l'espace que les diverses couleurs occupent dans la longueur du spectre. Lorsqu'un tel carton est mis en mouvement rapide autour de son centre, soit avec la main sur une tige qui passe par l'ouverture centrale, soit par quelque autre moyen, toutes les nuances des bandes colorées disparaissent, et l'intervalle des zones noires z et z' paraît d'un blanc plus ou moins complet. Ce phénomène singulier peut s'expliquer de la manière suivante : s'il n'y avait qu'une seule bande rouge $R R'$ sur un fond noir, on verrait par la rotation un cercle rouge, comme dans l'expérience si connue du charbon allumé que l'on tourne en rond avec une grande rapidité ; s'il n'y avait qu'une seule bande violette, on verrait par la même raison un cercle violet, puis un cercle vert pour une bande verte, un jaune pour une bande jaune, etc. Or, si toutes ces bandes existent et tournent en même temps, on verra à la fois au même lieu, un cercle rouge, un orangé, un jaune, etc., et par conséquent un cercle blanc, puisque la sensation du blanc n'est que la sensation simultanée de toutes ces nuances.

541. *Des couleurs complémentaires et des nuances pro-duites par le mélange de diverses couleurs simples en diverses proportions.*

Puisque toutes les couleurs simples, prises ensemble dans leur *proportion naturelle* (c'est-à-dire, dans la proportion que donne le spectre), reproduisent la lumière blanche, il est évident que, pour altérer la blancheur, il suffit de supprimer l'une des couleurs simples, ou seulement d'en altérer la proportion. Ainsi, en supprimant le rouge dans le spectre, et en composant entre elles toutes les couleurs restantes, on obtient une teinte bleuâtre; cette teinte mêlée au rouge reproduit du blanc. Toutes les fois que deux couleurs simples ou composées remplissent cette condition, c'est-à-dire, toutes les fois que, mêlées ensemble, elles reproduisent du blanc, elles sont dites *complémentaires* l'une de l'autre. Il n'y a pas de couleur, quelle qu'elle soit, qui n'ait sa couleur complémentaire; car, si elle n'est pas blanche, il lui manque seulement quelques-uns des élémens de la lumière blanche, et ces élémens mélangés entre eux forment sa couleur complémentaire. Mais si au mélange de ces élémens on ajoutait du blanc en diverses proportions, on aurait autant de nuances diffé-rentes qui seraient toutes également efficaces pour repro-duire la couleur blanche avec la couleur donnée. Il y a donc rigoureusement une infinité de nuances différentes qui ont la même couleur complémentaire, et une infinité de nuances complémentaires qui appartiennent à la même couleur donnée. La plupart des verts ont pour couleurs complémentaires des violets plus ou moins rougeâtres, et les jaunes des indigos plus ou moins violacés. Pour étudier, par l'expérience, les teintes qui résultent de plu-sieurs couleurs simples mélangées, on peut employer l'ap-pareil à sept miroirs représenté dans la figure 218. On le place à une assez grande distance du prisme pour que le spectre soit bien étalé, et l'on incline convenablement les miroirs pour diriger en un même point d'une feuille de papier très-blanc, celles des nuances dont on veut observer la composition. Il paraît que Newton a fait un grand nombre d'expériences sur ce sujet, soit par cette méthode, soit par d'autres analogues, et il est ensuite parvenu à une construction géométrique très-remarquable qui représente avec une fidélité étonnante le résultat de toutes ces expériences. Nous pouvons seulement décrire cette construction et en indiquer l'usage ; car Newton, après l'avoir vérifiée par l'expérience, ne l'a justifiée par le raisonnement dans aucun de ses ouvrages, et personne jusqu'à présent n'a pu deviner la liaison cachée qu'elle a sans doute avec la théorie.

On divise la circonférence du cercle r o j v b i u, *Fig.* 219, en sept parties qui aient les grandeurs suivantes :

$$
\begin{aligned}
r\,o &= 60^\circ \ldots 45' \ldots 34'' \\
o\,j &= 34 \ldots 10 \ldots 38 \\
j\,v &= 54 \ldots 41 \ldots 1 \\
v\,b &= 60 \ldots 45 \ldots 34 \\
b\,i &= 54 \ldots 41 \ldots 1 \\
i\,u &= 34 \ldots 10 \ldots 38 \\
u\,r &= 60 \ldots 45 \ldots 34
\end{aligned}
$$

En supposant que ces sept arcs représentent les sept couleurs simples, savoir, $r\,o$ le rouge, $o\,j$ l'orangé, etc. ; leurs centres de gravité r, o, j, v, b, i, u, ainsi que le centre de gravité c de la circonférence entière, sont les forces qu'il faut composer entre elles pour avoir la nuance qui résulte de plusieurs couleurs simples données.

D'abord, si l'on veut savoir la couleur que donne le mélange de toutes les nuances, il faut composer ensemble les sept centres de gravité des sept arcs, comme on compose des forces parallèles ; leur résultante passant évidemment par le centre, c'est une preuve que la nuance du mélange est le blanc parfait.

Pour composer, par exemple, le rouge avec une certaine proportion de blanc, il faudra attribuer au centre de gravité c une certaine valeur dépendante de la proportion de blanc que l'on veut mélanger; cette valeur sera égale à la somme des valeurs des centres de gravité, r, o, j, etc., si la proportion de blanc est celle qui résulte du mélange de toutes les nuances; elle en sera la moitié, si l'on ne prend qu'une proportion de blanc moitié, etc. ; ensuite, on composera ce centre de gravité avec r, la résultante tombant évidemment sur la ligne $r\,c$; c'est une preuve que la teinte du mélange sera rougeâtre et d'autant plus lavée de blanc, que la résultante tombera plus près du centre c. On agirait de même pour composer avec du blanc l'une quelconque des nuances simples.

En suivant la même règle, il est facile de voir,

1° Que deux couleurs simples consécutives donnent toujours par leur mélange une nuance intermédiaire. Le rouge et l'orangé donnent un rouge plus voisin de l'orangé, ou un orangé plus voisin du rouge, etc.

Newton cependant recommande de ne pas appliquer cette règle au rouge et au violet, qui ne se suivent pas dans le spectre.

2° Que deux couleurs distantes d'un rang donneront, par leur mélange, la couleur qui les sépare. Ainsi, on a le tableau suivant :

> Le rouge et le jaune donnent de l'orangé.
> L'orangé et le vert. . . . . du jaune.
> Le jaune et le bleu. . . . . du vert.
> Le vert et l'indigo. . . . . . du bleu.
> Le bleu et le violet. . . . . de l'indigo.

Mais l'indigo et le rouge donnent une espèce de pourpre qui diffère sensiblement du violet.

3° Que deux couleurs distantes de deux rangs donnent aussi l'une des nuances qui les séparent, mais que cette nuance est comme si elle était lavée d'une assez grande quantité de blanc.

On peut appliquer aisément le calcul à cette construction empirique, et trouver la nuance qui résulte du mélange d'un nombre quelconque de couleurs simples prises dans des proportions quelconques.

542. *Toute lumière composée éprouve en se réfractant une décomposition et une recomposition.*

Suivons maintenant la marche d'un pinceau de lumière blanche qui traverse obliquement une lame à faces parallèles. Soit A A', *Fig.* 225, la face supérieure de cette lame, B B' sa face inférieure, et L I la direction du pinceau incident qui sera supposé venir de l'infini. Le rayon L I sera décomposé par la réfraction en une infinité de rayons diversement colorés, depuis le rouge extrême qui prendra la direction I R, jusqu'au violet extrême qui prendra la direction I U; et la loi de Descartes (525) s'appliquant aux premiers comme aux derniers, chacun d'eux produit un rayon émergent parallèle à L I, ce qui donne en somme un petit pinceau parallèle dont les rayons depuis R E à U E présentent toutes les nuances du spectre. Ce résultat semble d'abord contraire à l'expérience, car on sait que la lumière blanche n'est pas décomposée en traversant les lames parallèles, quelle que soit leur nature. Mais il suffit de considérer l'ensemble des rayons voisins du rayon L I, pour se rendre compte de cette contradiction apparente. En effet, L'I', par exemple, donne comme L I dans l'intérieur de la lame un pinceau dilaté qui présente toutes les nuances du spectre, et à l'extérieur, un pinceau parallèle R'E', U'E', en tout pareil à R E, U E. De plus, chacun des rayons du second est parallèle à son homologue dans le premier; il en serait de même de tous les rayons compris entre L I et L'I', et c'est là précisément ce qui explique la blancheur

du faisceau émergent. Car il y a près de ɪ ɪ un rayon incident, qui donne un rayon orangé suivant ʀ ᴇ; un peu
plus loin, il y en a un autre qui donne un rayon jaune suivant la même ligne, un autre qui en donne un vert, un
autre un bleu, etc.; d'où il résulte enfin que tous les rayons
émergens sont des rayons blancs, excepté toutefois ceux
qui se trouvent aux bords du pinceau en ʀ ᴇ et ᴠ′ᴇ′; mais
ceux-ci sont en général modifiés par la diffraction, et il
n'est pas possible d'y reconnaître les nuances que la simple
décomposition leur donne.

On voit en même temps que la décomposition subsiste
dans l'intérieur même de la lame, et l'œil qui serait
placé quelque part dans son épaisseur, recevant les rayons
rouges dans une direction, et les violets dans un autre,
verrait en des points différens, le rouge, le violet et les
nuances intermédiaires, c'est-à-dire, qu'il distinguerait
un spectre au lieu d'une image blanche. Cependant, les
corps éclairés par ces divers rayons seraient comme s'ils
étaient éclairés par des rayons blancs, parce que les rayons
qui concourrent en un point d'un corps opaque, en suivant des directions peu différentes, produisent le même
effet que s'ils arrivaient en ce point dans la même direction.

L'analyse précédente nous fait voir que c'est aux surfaces des corps réfringens que s'accomplissent à la fois
les réfractions, les décompositions et les recompositions
de la lumière. Nous pourrions citer un grand nombre
d'exemples de ces phénomènes, mais nous nous bornerons à indiquer encore deux expériences qui montrent
d'une manière assez curieuse le jeu de ces décompositions
et recompositions successives.

1° Lorsqu'on fait tomber un petit pinceau de lumière
solaire sur un prisme équilatéral ᴀ ʙ ᴄ, *Fig.* 220, dans une
direction convenable ʟ ɪ, et au tiers à peu près de son côté,
on observe six images autour du prisme; chaque face en

donne deux, l'une blanche, et l'autre colorée formant un spectre complet. En suivant sur la figure la marche de la lumière, on pourra facilement se rendre compte de ce phénomène : on verra qu'à la deuxième incidence i_2, le rayon violet u tombant plus obliquement que le rayon rouge r, doit sortir aussi plus obliquement ; c'est pourquoi, ces rayons et les rayons intermédiaires formeront un premier spectre s_1 ; à la troisième incidence i_3, qui résulte de la réflexion en i_2, le rayon violet u tombe moins obliquement que le rayon rouge r ; ils sont l'un et l'autre comme s'ils venaient d'un point i', après être entrés par une face в c' parallèle à a c ; ainsi, ils doivent sortir parallèlement et donner une première image blanche $в_1$; à la quatrième incidence i_4, ils donnent un deuxième spectre s_2 ; à la cinquième incidence i_5, une deuxième image blanche $в_2$, etc., etc.

2° On forme une image du soleil au foyer d'une lentille au moyen d'un large faisceau de lumière directe, *Fig.* 221, ensuite on présente un carton blanc successivement au foyer, puis à une moindre, puis à une plus grande distance de la lentille. Au foyer en c, l'image est complétement blanche, plus près de la lentille en c', elle est blanche au centre et entourée vers ses bords d'une auréole rouge et jaune ; plus loin en c″, elle est encore blanche au milieu, mais vers ses bords elle est entourée d'une auréole bleue et violette.

Ce premier résultat est facile à expliquer ; chaque rayon incident est décomposé par la lentille comme il le serait par un prisme ; il en résulte par conséquent un nombre infini de spectres dont la superposition est tantôt complète, tantôt imparfaite. Le rouge, comme moins réfrangible, va faire son foyer plus loin en r, tandis que le violet fait son foyer en u ; ainsi, quand le tableau est en c', on a une image blanche н н' avec une auréole g н, g′ н′ dont le rouge est en dehors. Quand il est en c″, on a une

image blanche N N′ avec une auréole violette V N, V′N′;
enfin, quand il est en C, on a une image B B′ complètement blanche, parce que les rayons violets qui se sont croisés en U viennent tomber au même point que les rayons
rouges qui vont se croiser en R. Mais, le célèbre professeur
Charles avait coutume, dans ses leçons, de rendre l'expérience plus piquante par l'artifice suivant : on découpe dans
une carte, *Fig.* 222, un petit anneau dans l'intérieur duquel il reste un cercle plein, d'un diamètre un peu plus
grand que B B′, *Fig.* 221. Cette carte, placée en B B′, arrête
toute la lumière, et le tableau plus ou moins éloigné ne
reçoit aucune image, ensuite on meut graduellement la
carte soit pour l'approcher, soit pour l'éloigner de la lentille, et en la tenant toujours de manière que le centre de
l'anneau découpé coïncide avec l'axe du faisceau; alors,
dans le premier cas, on voit paraître sur le tableau une
large auréole de lumière rouge très-vive, puis une autre
auréole jaunâtre, et enfin, une auréole blanche; et, dans
le second cas, les auréoles qui se succèdent sont violettes,
bleues ou blanches, et toujours très-éclatantes.

543. *Les couleurs naturelles des corps sont en général
des couleurs composées.*

Le prisme qui vient de nous servir à décomposer la lumière solaire, peut être employé avec le même succès pour
analyser les diverses couleurs naturelles des corps. Les
phénomènes qui se présentent alors sont très-variés, mais
il nous suffira d'indiquer les conditions sous lesquelles ils
se produisent, et le principe qui sert à les expliquer.

1° Au milieu d'une feuille de papier noir, on pose à la
suite l'une de l'autre deux petites bandes de papier R et
U, l'une rouge et l'autre violette, de 1 ou 2 centimètres
de longeur et de 1 millimètre de diamètre, *Fig.* 216; puis
on les regarde avec un prisme à quelques pieds de distance
en tenant les arêtes du prisme parallèles à la longueur des
bandes. On aperçoit alors une image déviée de chaque

bande, mais l'image violette u est bien plus relevée vers le sommet du prisme que n'est l'image rouge r. Ainsi, le violet est plus réfrangible que le rouge, et c'est par l'inégale refrangibilité que l'on voit au travers du prisme les deux bandes séparées, tandis qu'on les voit unies et sur la même ligne lorsqu'on les regarde directement.

2° Si au lieu de peindre l'une des bandes en rouge et l'autre en violet, on mélange d'abord les deux couleurs ensemble, pour peindre une seule bande p avec la couleur composée, qui est une espèce de pourpre; alors, au travers du prisme, cette bande p donne à elle seule deux images distinctes et séparées r et u, l'une rouge et l'autre violette. Ainsi, la puissance réfringente du prisme sépare les deux couleurs élémentaires qui composent le pourpre, et dévie chacune de ces couleurs suivant les lois qui lui sont propres, exactement comme si elles provenaient d'un corps lumineux par lui-même.

3° Les corps qui sont naturellement blancs, comme la neige, les fleurs, le papier, etc., ne pouvant tirer leur blancheur que de la lumière qui les éclaire, on peut juger d'avance que leur couleur doit reproduire toutes les nuances du spectre; comme le pourpre de l'expérience précédente a reproduit les nuances élémentaires de rouge et de violet qui entraient dans sa composition.

En effet, une petite bande b de papier blanc (*Fig.* 216) éclairée par la lumière des nuées et regardée avec le prisme, ne donne plus aucune trace de couleur blanche dans son image u r; mais si elle est assez étroite, elle donne, d'une manière parfaitement distincte, le rouge, l'orangé, le jaune, le vert, le bleu, l'indigo et le violet, dans le même ordre et avec les mêmes proportions que la lumière solaire. Si cette même bande b était éclairée avec la flamme d'une bougie, elle reproduirait les teintes de la flamme; le jaune s'y trouverait en plus grande proportion.

4° Une large bande de papier blanc, b (*Fig.* 216) présente d'autres apparences : l'image de la lumière rouge qu'elle envoie se trouvant déviée en $r\,r'$, celle de la lumière violette en $u\,u'$, et les couleurs intermédiaires dans des positions intermédiaires, il arrive que dans l'intervalle ur' toutes les couleurs simples se trouvent superposées et reproduisent du blanc ; mais en même temps la recomposition est incomplète vers les bords, et l'on aperçoit entre u' et r' des bandes violettes, indigos, bleues, et entre r et u des bandes rouges, orangées, jaunes. Le vert ne paraît jamais, ni dans les bandes supérieures, ni dans les bandes inférieures, parce que, dans les premières, les couleurs qui manquent pour former du blanc sont successivement : le rouge, le rouge et l'orangé ; le rouge, l'orangé et le jaune, etc. ; qui ont pour couleurs complémentaires le bleu et les nuances qui s'approchent du violet. Tandis que, dans les bandes inférieures, les couleurs qui manquent sont successivement : le violet ; le violet et l'indigo, etc., qui ont pour couleurs complémentaires le jaune et les nuances qui s'approchent de l'orangé et du rouge.

5° Une large bande noire N (*Fig.* 216) sur un fond blanc, présente, au travers du prisme, des phénomènes qui sont précisément l'inverse des précédens ; le milieu $u\,r$ de l'image $u\,j$ est noir, et, à partir de ce milieu, les bandes colorées sont successivement rouges, orangées, jaunes, vers le haut ; et violettes, indigos bleues, vers le bas. Pour se rendre compte de cette inversion, il suffit de remarquer que les couleurs résultent de l'espace blanc qui limite la bande noire N ; celles d'en haut proviennent du fond blanc qui est immédiatement au-dessus de N, et celles d'en bas proviennent du fond blanc qui est immédiatement au-dessous.

6° Une bande noire N très-étroite (*Fig.* 216) ne donne plus de noir au milieu ; son image se compose simplement de bandes rouges et violettes, au dehors desquelles se trouve, d'un côté, l'orangé et le jaune, et de l'autre, l'indigo et le bleu. C'est comme si le milieu noir de l'expérience précédente diminuait de plus en plus au point de disparaître.

7° Les résultats que nous venons d'obtenir avec des bandes rouges, violettes, pourpres, blanches et noires, indiquent d'une manière suffisante ceux que l'on obtiendrait en regardant avec un prisme des taches d'une forme et d'une couleur quelconque, sur un fond qui aurait aussi une couleur donnée ; et l'on conçoit combien il est facile d'analyser, par ce moyen, les couleurs naturelles de tous les corps. On peut ainsi passer en revue toutes les couleurs des substances minérales, végétales et animales, et constater que, parmi toutes ces substances, il n'en est pas une qui donne de la lumière simple. Par exemple, les pétales des fleurs dont les couleurs sont les plus éclatantes et les mieux tranchées, donnent toujours des nuances diverses lorsqu'on les dispose sur un fond même très-noir pour les regarder avec un prisme.

La lumière que nous pouvons produire artificiellement, soit par la combustion, soit, en général, par les forces chimiques, soit par les actions physiques ou mécaniques, peut être analysée par le même moyen, et toutes les expériences qui ont été faites sur ce sujet, conduisent jusqu'à présent aux deux conséquences suivantes :

1° La lumière artificielle, quelle que soit son origine, ne contient aucune nuance simple qui ne se retrouve dans la lumière solaire.

2° Il n'existe aucune lumière artificielle qui reproduise les nuances simples de la lumière solaire avec leurs intensités et leurs proportions relatives. La nuance qui domine dans une lumière artificielle est aussi la nuance qui domine dans le spectre que l'on obtient en la regardant avec un prisme. Ainsi, les flammes rouges, jaunes, vertes ou bleues, donnent des spectres où la couleur dominante est

le rouge, le jaune, le vert ou le bleu. Quelques observateurs avaient pensé que le jaune de la flamme du soufre
en combustion est un jaune simple, et qu'il en est de
même du jaune que l'on obtient en brûlant avec une mèche en éponge de l'alcool très-étendu (BREWSTER , *Edin-
burg Transact.*, vol. 9). Mais les expériences plus précises de Frauenhofer, dont nous parlerons dans le chapitre
suivant, font découvrir encore plusieurs nuances simples
dans ces couleurs artificielles; et en même temps elles
donnent le moyen d'établir des caractères distinctifs indépendans de la couleur, soit entre les diverses lumières
que nous pouvons produire, soit entre la lumière du soleil et celle des étoiles.

CHAPITRE IV.

*Des raies du spectre, de la dispersion et de l'achroma-
tisme.*

544. *Des raies du spectre.* Nous appellerons raies du spectre les changemens brusques d'intensité que Frauenhofer a découverts dans la lumière du spectre. Ces changemens se présentent tantôt sous l'apparence de lignes noires ou presque complétement noires, tantôt sous l'apparence de lignes brillantes.

Les *Fig.* 231 et 232 représentent ce phénomène singulier, pour la lumière solaire ; la *Fig.* 232 est le spectre ordinaire, où sont marqués les espaces occupés par les diverses couleurs, et la *Fig.* 231 offre les principales raies
que l'on y distingue ; elles sont toujours noires, et en
concevant que cette figure soit projetée sur la première, on
aura une idée des positions de ces diverses raies par rapport aux nuances du spectre. On voit d'abord qu'elles ne
tombent pas aux limites des couleurs, mais qu'elles se
trouvent réparties depuis le rouge au violet avec une
grande irrégularité, sans rien offrir de remarquable au
passage du rouge à l'orangé, de l'orangé au jaune, etc.
On peut remarquer ensuite qu'il n'y a pas moins d'irrégularité dans leur apparence que dans leur position ; les
unes sont très-déliées et ne paraissent que comme des
lignes noires isolées et à peine visibles ; d'autres sont
très-rapprochées et ressemblent plutôt à une ombre qu'à
un assemblage de lignes distinctes ; enfin, il y en a quelques-unes qui sont très-tranchées et paraissent avoir une

étendue sensible. Pour établir quelques points de repères au milieu de cette confusion, Frauenhofer a choisi les sept raies qui sont marquées b, c, d, e, f, g, h, comme offrant le double avantage d'être faciles à reconnaître et de partager le spectre en espaces qui ne sont pas trop inégaux. De b à c on compte 9 raies fines et bien déterminées ; de c à d on en compte 30 ; de d à e, environ 84 de différentes grosseurs ; de e à f, plus de 76, entre lesquelles on en distingue trois des plus fortes du spectre et des mieux terminées ; de f à g 185, et de g à h 190 ; ce qui fait 574 de b à h. Si l'on compte encore celles qui sortent de ces limites, on peut évaluer à 6 ou à 700 le nombre total des raies noires, ou plus ou moins sombres que présente le spectre solaire dans toute sa longueur.

Pour observer ce phénomène, il ne suffit pas de jeter les yeux sur le tableau qui reçoit le faisceau de lumière décomposé par le prisme ; ces espaces noirs sont beaucoup trop fins et trop resserrés pour être aperçus directement ; mais il est nécessaire d'employer un appareil particulier, et surtout un grossissement considérable. On peut disposer l'expérience de la manière suivante : on fait entrer dans la chambre noire un pinceau de lumière solaire par une ouverture longue et étroite. A la distance de 6 ou 7 mètres on reçoit ce faisceau sur un prisme très-pur sans stries ni filandres, et tourné de manière que ses arêtes soient parallèles à la longueur de l'ouverture ; derrière ce prisme on dispose une lunette achromatique, pour qu'elle reçoive le faisceau réfracté et décomposé ; et c'est en regardant dans la lunette, successivement toutes les nuances du spectre que l'on distingue les raies qui appartiennent aux diverses portions de sa longueur.

Après avoir fait cette découverte importante, Frauenhofer a constaté 1° que les raies sont tout-à-fait indépendantes de l'angle réfringent du prisme, et 2° qu'elles sont pareillement indépendantes de la nature de la substance réfringente, c'est-à-dire que, dans tous les cas, elles restent les mêmes pour leur nombre, leur forme et leur disposition.

Jusqu'à présent on a trouvé une identité si absolue entre la lumière du soleil et toutes les autres lumières naturelles ou artificielles, qu'il était très-important de chercher si cette identité se soutiendrait encore à la nouvelle épreuve des raies du spectre. C'est dans cette vue que Frauenhofer a fait avec le même appareil diverses expériences sur l'étincelle électrique, sur la flamme d'une lampe, sur la lumière de Vénus et sur celle de Sirius.

La lumière électrique donne des raies brillantes, au lieu de raies noires; l'une des plus remarquables par sa vive intensité se trouve dans le vert.

La lumière d'une lampe donne pareillement des raies brillantes; on peut surtout en distinguer deux très-intenses vers le rouge et l'orangé. La flamme de l'hydrogène et celle de l'alcool présentent sous ce rapport la même apparence que les flammes d'huile.

La lumière de Vénus donne les mêmes raies que la lumière du soleil; seulement elles sont moins faciles à distinguer vers les extrémités du spectre.

Enfin, la lumière de Sirius donne aussi des raies noires, mais elles sont tout-à-fait différentes de celles du soleil ou des planètes. Il y en a trois surtout qui sont très-remarquables : l'une dans le vert, et deux dans le bleu.

D'autres étoiles de première grandeur paraissent donner des raies différentes de celles de Sirius et de celles du soleil.

Ainsi, par cette nouvelle donnée et par ces observations précises, se trouvent établis des caractères distinctifs entre les diverses lumières naturelles ou artificielles; c'est une vaste carrière ouverte par l'habile artiste de Munich dont nous avons à déplorer la perte. Nous pouvons espérer que les physiciens suivront avec un vif intérêt ces premières découvertes qui tiennent de si près à l'origine de la lumière et aux conditions sous lesquelles elle prend naissance, soit artificiellement dans les corps terrestres, soit naturellement dans le soleil et les étoiles.

545. *Des indices de réfraction pour divers rayons du spectre.*

La recherche des indices de réfraction des divers rayons de lumière est un problème d'une grande importance pour la théorie de l'optique et pour la construction des instrumens. L'invariabilité des raies du spectre offre, pour le résoudre, un moyen beaucoup plus exact que ceux qu'on pouvait employer quand on n'avait, pour points de repères, que des nuances de couleurs toujours incertaines. Ainsi, au lieu de déterminer pour chaque substance l'indice de réfraction du rouge, de l'orangé, du jaune, etc., on cherche les indices de réfraction des raies que nous avons précédemment appelées B, C, D, E, F, G, H, *Fig.* 231. Les expériences se réduisent toujours à observer l'angle d'incidence sur le prisme, l'angle d'émergence et la déviation; mais on peut aussi simplifier cette recherche en plaçant le prisme comme nous l'avons indiqué (529), de manière qu'il donne successivement pour chaque rayon la déviation *minimum*; alors cette déviation est la seule donnée dont on ait besoin. La lunette qui reçoit le spectre au sortir du prisme est munie d'un fil micrométrique parallèle aux raies, qui permet de remplir la condition du *minimum* avec le dernier degré d'exactitude. Voici le tableau de quelques expériences très-exactes faites par Frauenhofer. Nous avons désigné par N_1, N_2, N_3.... N_7, les indices de réfraction correspondans aux raies B, C, D, E, F, G, H.

Tableau des indices de réfraction des divers rayons du spectre.

SUBSTANCES RÉFRINGENTES.	N_0	N_2	N_3	N_4	N_5	N_6	N_7
flintglass No 13	1,627749	1,629681	1,635036	1,642024	1,648260	1,660285	1,671062
crownglass	1,525832	1,526849	1,529587	1,533005	1,536052	1,541657	1,546566
eau	1,330935	1,331712	1,333577	1,335851	1,337818	1,341293	1,344177
eau	1,330977	1,331709	1,333577	1,335849	1,337788	1,341261	1,344162
potasse	1,399629	1,400515	1,402805	1,405632	1,408082	1,412579	1,416368
huile de térébenthine	1,470496	1,471530	1,474434	1,478353	1,481736	1,488198	1,493874
flintglass No 3	1,602042	1,603800	1,608494	1,614532	1,620042	1,630772	1,640373
flintglass No 30	1,623570	1,625477	1,630585	1,637356	1,643466	1,655406	1,666072
crownglass No 13	1,524312	1,525299	1,527982	1,531372	1,534337	1,539908	1,544684
crownglass Litt. M.	1,554774	1,555933	1,559075	1,563150	1,556741	1,573535	1,579470
flintglass No 23 et prisme de 60°	1,626596	1,628469	1,633667	1,640495	1,646756	1,658848	1,669686
flintglass No 23 et prisme de 45°	1,626564	1,628451	1,633666	1,640544	1,646780	1,658849	1,669680

546. *De la dispersion, des rapports de dispersion dans plusieurs substances et des pouvoirs dispersifs.*

En observant avec attention les spectres formés par des prismes de diverses substances, on reconnaît bientôt que les diverses couleurs, quoique rangées toujours dans le même ordre, n'occupent pas cependant des longueurs proportionnelles. Ainsi, un prisme de flint, par exemple, donne proportionnellement moins de rouge et plus de violet qu'un prisme de crown, et il y a d'autres substances qui offrent des différences encore plus frappantes. En général, la même couleur est tantôt plus ou moins resserrée, tantôt plus ou moins développée. Ce phénomène se trouve évidemment lié avec les grandeurs des indices de réfraction correspondans à chaque couleur. Si l'on prend la différence de ces indices, pour le violet et le rouge, on aura ce que l'on appelle la *dispersion* de la lumière. Une substance est d'autant plus dispersive que pour elle cette différence est plus grande. Ainsi l'on voit, d'après le tableau précédent, que la dispersion de la lumière comprise entre la première et la septième raie se trouve exprimée par les nombres suivans :

$$
\begin{aligned}
&\text{Flint N}_o\ 13. \ldots\ldots\ldots\ldots 0,043313 \\
&\text{Crown N}^o\ 9. \ldots\ldots\ldots 0,020734 \\
&\text{Eau.} \ldots\ldots\ldots\ldots 0,013242 \\
&\text{Eau.} \ldots\ldots\ldots\ldots 0,013185 \\
&\text{Potasse.} \ldots\ldots\ldots 0.016739 \\
&\text{Térébenthine.} \ldots\ldots 0,023378 \\
&\text{Flint N}^o\ 3. \ldots\ldots\ldots 0,038331 \\
&\text{Flint N}_o\ 30. \ldots\ldots 0,042502 \\
&\text{Crown N}^o\ 13. \ldots\ldots 0,020372 \\
&\text{Crown Litt. M.} \ldots\ldots 0,024696 \\
&\text{Flint N}^o\ 23,\ \text{prisme}\ 60^o. \ \ 0,043090 \\
&\text{Flint N}^o\ 23,\ \text{prisme}\ 45^o. \ \ 0,043116
\end{aligned}
$$

L'eau est donc, parmi ces substances, celle qui a la moindre dispersion, et le flint celle qui a la plus grande. C'est ce que l'on peut aisément montrer aux yeux en prenant un prisme d'eau et un prisme de flint dont les angles soient tels, par exemple, que les rayons rouges éprouvent à peu près la même déviation ; car on pourra voir alors qu'à la même distance le premier spectre aura beaucoup moins de longueur que le second, ce que l'on peut exprimer encore en disant que, vu du prisme il serait vu sous angle beaucoup plus petit.

Il n'est pas seulement nécessaire de connaître la dispersion totale de chaque substance, mais il importe encore de connaître la dispersion qu'elle exerce sur les divers rayons. Ainsi, pour les rayons compris entre la première et la deuxième raie, les dispersions du flint n° 13, du crown n° 9, et de l'eau sont respectivement 0,001932,

0,001017, 0,000777 ; car ces dispersions sont les différences des indices de réfraction correspondans aux limites
de l'intervalle, c'est-à-dire, à la première et à la seconde
raie.

Lorsqu'on divise la dispersion particlle ou totale d'une
substance par la dispersion correspondante d'une autre
substance, on a le *rapport des dispersions*. C'est ainsi que
le tableau suivant a été déduit du tableau précédent (page
309). On a accentué au sommet de chaque colonne les
indices de réfraction correspondans à la substance la moins
dispersive.

Tableau de dispersion partielle de plusieurs substances prises deux à deux.

SUBSTANCES RÉFRINGENTES.	$\frac{N_2-N_1}{N'_2-N'_1}$	$\frac{N_3-N_2}{N'_3-N'_2}$	$\frac{N_4-N_3}{N'_4-N'_3}$	$\frac{N_5-N_4}{N'_5-N'_4}$	$\frac{N_6-N_5}{N'_6-N'_5}$	$\frac{N_7-N_6}{N'_7-N'_6}$
Flintglas No 13 et Eau	2,562	2,871	3,073	3,193	3,460	3,726
Flintglas No 13 et Crownglas No 9	1,900	1,956	2.044	2,047	2,145	2,195
Crownglas No 9 et Eau	1.349	1,468	1,503	1,560	1,613	1,697
Huile de térébenthine et Eau	1,371	1,557	1,723	1,732	1.860	1,963
Flintglas No 13 et Huile de térebenthine	1,868	1,844	1,783	1,843	1,861	1,899
Flintglas No 13 et Kali	2,181	2,388	2,472	2,545	2,674	2,844
Kali et Eau	1,175	1,228	1,243	1,254	1,294	1,310
Huile de téréb. et Kalik	1.167	1,268	1,386	1,381	1,437	1,498
Flintglas No 3 et Crownglas No 9	1,729	1,714	1,767	1,808	1,914	1,956
Crownglas No 13 et Eau	1,309	1,436	1,492	1,518	1,604	1,651
Crowngl. Litt.M. et Eau	1,537	1,682	1,794	1,839	1,956	2,052
Crownglas Litt. M. et Crownglas No 13	1,174	1,171	1,202	1,211	1,220	1,243
Flintglas No 13 et Crownglas Litt. M.	1,667	1,704	1,715	1,737	1,770	1,816
Flintglas No 3 et Crownglas Litt. M.	1,517	1,494	1,482	1,534	1,579	1,618
Flintglas No 30 et Crownglas No 13	1,932	1.904	1,997	2,061	2,143	2,233
Flintglas No 23 et Crownglas No 13	1,904	1.940	2,022	2,107	2,168	2,268

On voit par ce tableau que les rapports des dispersions partielles des diverses substances sont en général très-différens, et qu'en général ils vont en croissant depuis les intervalles des premières raies jusqu'aux intervalles des dernières. Cependant pour le flint n° 13 et la térébenthine les rapports sont à très-peu près les mêmes dans toute la longueur du spectre, et pour le flint n° 3 et le crown litt. m, le rapport minimum se trouve compris entre la troisième et la quatrième raie. Il serait très-important de vérifier par l'expérience ce que ces derniers résultats semblent offrir de général.

Le *pouvoir dispersif* d'une substance est le quotient que l'on obtient en divisant sa dispersion par son indice moyen de réfraction diminué de l'unité. On appelle *indice moyen* de réfraction celui qui appartient à la lumière moyenne du spectre. Nous empruntons à l'encyclopédie de M. Brewster, le tableau suivant, qui contient les pouvoirs dispersifs et les dispersions de plusieurs substances; les nombres dont il se compose inspireraient, sans doute, plus de confiance s'ils avaient été obtenus en prenant pour points de repères les raies de Frauenhofer; mais il est antérieur à cette découverte; les dispersions y sont encore exprimées par les différences des indices de réfraction du violet extrême et du rouge extrême, et ces différences ont été divisées par les indices de réfraction du jaune verdâtre pour en former les pouvoirs dispersifs. Or, on ne peut déterminer sans incertitude, ni les limites extrêmes du spectre, ni le rayon que l'on convient de prendre pour rayon moyen dans toutes les expériences. Cependant, comme ce tableau a été dressé par les soins de M. Brewster, et d'après ses propres expériences, on peut compter que l'habileté de l'observateur a suppléé autant qu'il était possible à l'imperfection du procédé.

Tableau des dispersions et des pouvoirs dispersifs de plusieurs substances.

NOMS DES SUBSTANCES.	POUVOIRS dispersifs ou $\dfrac{N_v - N_r}{N_j - 1}$	DISPERSIONS ou $N_v - N_r$
Chromate de plomb, *maximum* estimé à	0,400	0,770
Chromate de plomb, *id.* doit ex-céder	0,296	0,570
Réalgar fondu.	0,267	0,394
Chromate de plomb, *minimum*..	0,262	0,388
Réalgar fondu	0,255	0,374
Huile de cassia	0,139	0,089
Soufre après la fusion.	0,130	0,149
Phosphore	0,128	0,156
Sulfure de carbone	0,115	0,077
Baume de tolu	0,103	0,065
Baume du Pérou	0,093	0,058
Carbonate de plomb, *maximum*.	+0,091	+0,091
Aloès des Barbades	0,085	0,058
Huile d'amandes amères	0,079	0,048
Huile d'anis	0,077	0,044
Acétate de plomb fondu.	0,069	0,040
Baume styrax.	0,067	0,039
Gayac	0,066	0,041
Carbonate de plomb, *minimum* .	0,066	0,056
Huile de cumin.	0,065	0,033
Huile essentielle de tabac	0,064	0,035
Gomme ammoniaque	0,063	0,037
Huile de goudron des Barbades.	0,062	0,032
Huile de girofle	0,062	0,033
Verre vert.	0,061	0,037
Sulfate de plomb	0,060	0,056
Verre rouge foncé	0,060	0,044
Huile de sassafras.	0,060	0,032
Hydrochlorate d'antimoine . . .	0,059	0,036
Verre opale . . . . , ... , . .	0,060	0,038
Résine.	0,057	0,032
Huile de fenouil	0,055	0,028
Huile de menthe sauvage	0,054	0,026
Verre orangé.	0,053	0,042

NOMS DES SUBSTANCES.	POUVOIRS dispersifs ou $\frac{N_A - N_r}{N_j - 1}$	DISPERSIONS ou $N_v - N_r$
Sel gemme.	0,053	0,029
Caoutchouc. . , ...	0,052	0,028
Huile de piment	0,052	0,026
Flintglas.	0,052	0,032
Verre pourpre foncé . . , . . .	0,051	0,031
Huile d'angélique.	0,051	0,025
Huile de thym..	0,050	0,024
Huile de fénugrec	0,050	0,024
Huile de d'absinthe.	0,049	0,022
Huile de pouillot	0,049	0,024
Huile de carvi	0,049	0,024
Huile de dill?	0,049	0,023
Huile de bergamote.	0,049	0,023
Flinglas	0,048	0,029
Térébenthine de Chio.	0,048	0,028
Encens.	0,048	0,028
Huile de limon	0,048	0,023
Flinglas	0,048	0,028
Huile de genièvre.	0,047	0,022
Huile de camomille	0,046	0,021
Gomme de genièvre.	0,046	0,025
Carbonate de strontianne, *maximum*.	0,046	0,032
Huile de brick (*oil of brick*). .	0,046	0,021
Acide nitrique	0,045	0,019
Huile de lavande	0,045	0,021
Baume de soufre..	0,045	0,023
Ecaille de tortue	0,045	0,027
Corne.	0,045	0,025
Baume du Canada	0,045	0,024
Huile de marjolaine.	0,045	0,022
Gomme oliban	0,045	0,024
Acide nitreux.	0,044	0,018
Huile de cajeput	0,044	0,021
Huile d'hysope.	0,044	0,022
Huile de bois de Rhodes. . . .	0,044	0,022
Verre-rose	0,044	0,025
Huile de sabine.	0,044	0,021
Huile de pavot	0,044	0,029
Zircon, *maximum*	0,044	0,045

NOMS DES SUBSTANCES.	POUVOIRS dispersifs ou $\dfrac{N_v - N_r}{N_i - 1}$	DISPERSIONS ou $N_v - N_r$
Acide muriatique	0,043	0,016
Copal	0,043	0,024
Huile de noix.	0,043	0,022
Poix de Bourgogne	0,033	0,024
Huile de térébenthine.	0,042	0,020
Huile de romarin	0,042	0,020
Feldspath . . . . ,	0,042	0,022
Glue.	0,041	0,022
Baume de copahu.	0,041	0,021
Ambre.	0,041	0,023
Huile de muscades	0,041	0,021
Stilbile.	0,041	0,021
Huile de menthe poivrée	0,040	0,019
Rubis spinelle.	0,040	0,031
Spath calcaire, *maximum.* . . .	0,040	0,027
Huile de colza.	0,040	0,019
Verre de bouteilles.	0,040	0,023
Tartrate de potasse et de soude. .	0,039	0,020
Gomme élémi.	0,039	0,021
Sulfate de fer.	0,039	0,019
Diamant.	0,038	0,056
Huile d'olives.	0,038	0,018
Gomme mastic	0,038	0,022
Blanc d'œuf.	0,037	0,013
Huile de rhue.	0,037	0,016
Gomme myrrhe.	0,037	0,020
Béril.	0,037	0,022
Obsidienne.	0,037	0,018
Éther.	0,037	0,012
Sélénite.	0,037	0,020
Alun.	0,036	0,017
Huile de riccin.	0,036	0,018
Sulfate de cuivre.	0,036	0,019
Crown très-vert.	0,036	0,020
Gomme arabique.	0,036	0,018
Sucre apres la fusion et refroidi. .	0,036	0,020
Colle de poisson	0,035	0,013
Eau.	0,035	0,012
Humeur aqueuse de l'œil d'un poisson.	0,035	0.012

NOMS DES SUBSTANCES.	POUVOIRS dispersifs ou $\dfrac{N_v - N_r}{Nj - I}$	DISPERSIONS ou $N_v - N_r$
Humeur vitrée du même.	0,035	0,012
Acide citrique.	0,035	0,019
Rubellite.	0,035	0,027
Leucite.	0,035	0,018
Épidote.	0,035	0,024
Verre de borax.	0,034	0,018
Grenat.	0,033	0,027
Pyrope.	0,033	0,026
Chrysolite. . . . . . . , . . .	0,033	0,022
Crown.	0,033	0,018
Huile d'ambre gris.	0,032	0,012
Huile de vin.	0,032	0,012
Acide phosphorique solide. . . .	0,032	0,017
Verre de phosphore.	0,03157	0,017
Verre à vitres.	0,032	0,017
Acide sulfurique.	0,031	0,014
Acide tartrique.	0,030	0,016
Nitre, *minimum.*	0,03040	0,009
Borax.	0,030	0,014
Axinite.	0,030	0.022
Alcool.	0,029	0,011
Sulfate de baryte.	0,029	0,011
Tourmaline.	0,028	0,019
Acide phosphorique liquide.. . .	0,0283	0,012
Carbonate de baryte, *minimum.* .	0,0285	0,015
Carbonate de stroutiane, *minimum*	0,027	0,015
Cristal de roche.	0,026	0,014
Émeraude.	0,026	0,015
Verre de borax..	0,026	0,014
Spath calcaire, *minimum.* . . .	0,026	0,016
Saphir bleu.	0,026	0,021
Topase bleue de Caimgorm . . .	0,025	0,016
Chrysobéril.	0,025	0,019
Topase bleue d'Aberdeenshire.. .	0,024	0,016
Sulfate de strontiane.	0,024	0,015
Acide prussique..	0,0227	9,080
Acide malique..	0,0282	0,011
Spath fluor.	0,022	0,010
Cryolite	0,022	0,007

Un des résultats les plus remarquables que présente ce tableau est la différence des pouvoirs dispersifs pour les faisceaux ordinaires et extraordinaires, dans les substances douées de la double réfraction, comme le chromate de plomb, le carbonate de chaux, le cristal de roche, etc.

547. *De l'achromatisme.* On dit que des prismes sont *achromatiques* quand ils ont la propriété de dévier la lumière sans y développer de couleurs, et l'on dit pareillement que des lentilles sont achromatiques quand elles forment en leurs foyers des images incolores des objets. On a cru pendant long-temps que l'*achromatisme* était impossible, c'est-à-dire, que la lumière ne pouvait pas être déviée sans être décomposée : c'est Newton lui-même qui avait été conduit à cette conséquence, dont l'inexactitude ne fut constatée qu'après bien des années, et par de longs débats entre les plus grands géomètres, tels que Euler, Clairaut et d'Alembert. A la vérité, Hall avait construit dès 1733 de véritables lunettes achromatiques qu'il conservait sans publier son invention, et Jean Dollond avait fait la même découverte en 1757, et l'avait rendue publique ; mais il faut toujours distinguer un fait particulier d'une théorie générale. La découverte de Dollond fut sans doute un grand événement pour l'astronomie ; mais pour lui donner toute son importance il fallait la développer par le calcul et déterminer les conditions sans lesquelles la pratique la plus ingénieuse ne pouvait tenter les perfectionnemens nécessaires. Présentement, après tous les progrès que l'on a faits, soit en optique, soit dans l'art de travailler les verres, et avec toutes les ressources que le calcul fournit aux physiciens, la question de l'achromatisme est encore l'une des plus délicates et des plus embarrassantes, tant pour la théorie que pour la pratique. Nous devons seulement nous proposer ici de faire comprendre les principes sur lesquels repose la construction des prismes et des lentilles achromatiques.

On démontre par le calcul qu'un rayon de lumière simple éprouve, en traversant un nombre quelconque de prismes, une déviation D qui est exprimée par la formule suivante :

$$D = (N - 1)\,G + (N' - 1)\,G' + (N'' - 1)\,G'', \text{ etc.}$$

G, G', G'', etc., sont les angles réfringens des prismes, et N, N', N'', les indices de réfraction du rayon simple dont il s'agit, dans la substance de chacun des prismes G, G', etc.

Si les angles réfringens de tous les prismes sont tournés dans le même sens, tous les termes doivent être pris avec le même signe, comme ils sont écrits dans la formule.

Si quelques-uns des prismes ont leurs angles réfringens tournés en sens contraire, les termes correspondans de la formule doivent être pris avec le signe moins.

Ainsi, pour le cas de deux prismes, qui est le seul que nous ayons besoin de discuter ici, on aura, suivant que les angles seront tournés dans le même sens ou en sens opposé,

$$D = (N - 1)\,G + (N' - 1)\,G'; \quad \textit{Fig.}\ 223.$$
$$\text{ou } D = (N - 1)\,G - (N' - 1)\,G'; \quad \textit{Fig.}\ 224.$$

Au moyen de cette dernière formule, on peut facilement déterminer quel doit être le rapport des angles réfringens de deux prismes dont la substance est connue, pour que leur ensemble n'imprime aucune déviation à un rayon d'une réfrangibilité donnée. Car, la déviation étant nulle, on a

$$(N - 1)\,G = (N' - 1)\,G'$$

$$\text{d'où} \ldots \ldots G = G' \left(\frac{N' - 1}{N - 1} \right)$$

Supposons, par exemple, que la substance du prisme G' soit du crown n° 9 (tableau de la page 309), et le prisme G du flint n° 13 ; l'indice de réfraction du premier pour les rayons de la première raie est $n' = 1,525832$, et celui du second pour les mêmes rayons est $n = 1,627749$; il en résulte,

$$G = G'. \, 0,8376;$$

c'est-à-dire, que l'angle du prisme de flint doit être seulement les 83 ou les 84 centièmes de l'angle du prisme de crown; celui-ci étant, par exemple, de 25°, le premier doit être de 20° 56′ 28″.

Si l'on voulait que les rayons de la septième raie fussent sans déviation, il faudrait prendre pour n et n' les indices de réfraction correspondans à ces rayons, savoir : $n' = 1,546566$, $n = 1,671062$, et l'on en déduirait

$$G = G'. \, 0,8145.$$

Par conséquent, pour $G' = 25°$, on aurait $G = 20° \, 21′ \, 43″$.

Ainsi, en supposant (*Fig.* 226) un prisme de crown $c\,s\,c'$ de 25°, et derrière lui un prisme de flint $F\,s'\,F'$ de 20° 21′ 43″, le rayon blanc qui tomberait sur ce système dans la direction $L\,I$ serait décomposé et sortirait dans une direction telle que le rayon violet $I'v$ de la septième raie serait parallèle au rayon incident, et le rayon rouge $I''R$ de la première serait incliné vers la base du prisme de crown, puisqu'il ne devient parallèle au rayon incident que pour un prisme de flint de 20° 56′ 28″. Or, si le prisme de flint n'y était pas, on aurait un spectre en $R'v'$ dans lequel v' serait au-dessous de R'. En supposant donc que l'angle du prisme de flint augmente graduellement depuis 0 à 20° 21′ 43″, il doit y avoir un angle pour lequel les rayons de la première et de la septième raie sortent parallèles entre eux, puisqu'en passant de $R'v'$ en $R\,v$, ils changent de position relative; cet angle est celui de l'achromatisme.

Après avoir démontré qu'il y a un angle qui donne l'achromatisme, il est facile d'en trouver la valeur; car les déviations D_1 et D_7 des rayons de la première et de la septième raie étant égales entre elles, et étant données par les équations,

$$D_1 = (N_1 - 1)\,G - (N_1{}' - 1)\,G'$$

$$D_7 = (N^7 - 1)\,G - (N'^7 = 1)\,G'$$

on a

$$(N - 1)\,G - (N'^1 - 1)\,G' = (N^7 - 1)\,G - (N'_7 - 1)\,G'$$

$$\text{d'où}\quad G = G'\,\frac{(N'_7 - N'_1)}{N_7 - N^1{}'}$$

Et, d'après les valeurs précédentes de N et N' pour la première et la septième raie, il en résulte

$$G = G'.\,0{,}4787$$

et puisque $G' = 25°$, on a $G = 11° 58' 3''$.

Ainsi, un système composé d'un prisme de crown n° 9 de 25° et d'un prisme de flint n° 13, de $11° 58' 3''$, est un système achromatique que les faisceaux blancs traversent sans que leurs rayons de la première et de la septième raie soient séparés. Cependant ces faisceaux éprouvent une dé-viation de $5° 27' 58''$, comme il est facile de s'en assurer en mettant pour G et G' leurs valeurs, et pour N et N' leurs valeurs N_1 et N'^1 dans l'équation qui donne D'^1 ou leurs va-leurs N_7 et N'_7 dans celle qui donne D_7.

C'est ainsi que l'on peut, dans tous les cas, déterminer les rapports des angles que doivent avoir deux prismes, pour que deux rayons d'une réfrangibilité connue repren-nent leur parallélisme entre eux après les avoir traversés.

Cependant il faut remarquer que l'achromatisme déter-miné par ces conditions est d'autant plus incomplet, que les rapports des dispersions partielles des deux substances sont plus variables. Si ces rapports étaient les mêmes, les valeurs de G déterminées par l'équation précédente

$$\text{G} = \frac{\text{c}'\left(\text{N}'_7 - \text{N}'_1\right)}{\text{N}_7 - \text{N}_1}$$

deviendraient les mêmes pour toutes les couleurs, et l'achromatisme serait alors parfait. C'est ce qui arriverait, par exemple, avec des prismes de flint n° 13, et de térébenthine, comme on peut le voir dans le tableau de la page 306. Mais ces rapports étant, en général, variables d'une couleur à l'autre, il en résulte que la valeur de G, qui convient pour accorder deux couleurs, même les couleurs extrêmes, n'est pas celle qui convient pour accorder les nuances intermédiaires. Dans ce cas, de quelque manière que l'on s'y prenne, l'achromatisme est imparfait; pour y remédier plus complétement, on peut alors employer trois ou quatre prismes de diverses substances. Car, il est facile de voir par la formule générale (page 313) que l'on peut faire sortir parallèlement autant de rayons de réfrangibilité différente que l'on emploie de prismes.

L'achromatisme des lentilles se détermine par les mêmes principes. Nous avons vu (535) que la distance focale principale d'une lentille est donnée par la formule

$$\text{F} = \frac{\text{R R}'}{\left(\text{N} - 1\right)\left(\text{R}' - \text{R}\right)}$$

Supposons qu'après avoir fait une lentille convergente de crown, on se propose de déterminer les courbures d'une lentille de flint, par la condition que les rayons de la première et de la septième raie fassent leurs images à la même distance après avoir traversé le système. Admettons, pour plus de simplicité, que la lentille de crown soit biconvexe, avec ses deux rayons égaux, et que la lentille de flint ait aussi le même rayon de courbure du côté où elle touche celle de crown (*Fig.* 227); il restera à trouver le rayon de courbure de la seconde face de la lentille de flint. Soit F' sa distance focale principale, pour les rayons de la première raie, et R, le point où concourraient les rayous parallèles de cette espèce, s'ils étaient modifiés seulement par la lentille de crown ; il est évident que, par l'effet de la lentille de flint, ils iront converger en un point plus éloigné, par exemple, au point M ; et réciproquement si l'on mettait en M un point lumineux, les rayons de la première raie qu'il émettrait se trouveraient dirigés, après avoir traversé la lentille de flint, de manière à ce que leur prolongement passât au point K ; on a donc entre ces deux distances $AK = F$ et $A M = B$, la relation

$$\frac{1}{F^1} = \frac{1}{F^{1\prime}} + \frac{1}{B}$$

F_1 étant la distance focale principale de la lentille de crown, pour les rayons de la première raie, et F'_1 celle de la lentille de flint pour les mêmes rayons.

Or, par la condition que nous voulons remplir, la valeur inconnue de B devant être la même pour les rayons de la septième raie et pour ceux de la première, on aura pareillement pour ces derniers

$$\frac{1}{F_7} = \frac{1}{F_7{}'} + \frac{1}{B}$$

F_7 et F'_7 désignant les distances focales principales de la lentille de crown et de celle de flint, pour les rayons de la septième raie. Il en résulte

$$\frac{1}{F^1} - \frac{1}{F_7} = \frac{1}{F_1{}'} - \frac{1}{F_7{}'}$$

D'ailleurs pour la lentille de crown, dont les rayons sont égaux, on a en général

$$F = \frac{R}{2(N-1)}$$

et par conséquent

$$F_1 = \frac{R}{2(N_1 - 1)} \quad \text{et} \quad F_7 = \frac{R}{2(N_7 - 1)}$$

d'où il résulte

$$\frac{1}{F_1} - \frac{1}{F_7} = \frac{2(N_1 - N_7)}{R}.$$

Pour la lentille de flint, dont les rayons R et R' sont inégaux, on a

$$\frac{1}{F_1{}'} - \frac{1}{F_7{}'} = \frac{(R'-R)(N'_1-N'_7)}{R R'}.$$

d'où il résulte enfin

$$R = \frac{R(N'_7 - N'_1)}{N'_7 - N'_1 - 2(N_7 - N_1)}$$

et d'après les valeurs précédentes de N_1, N_7, N_1', N_7'

$$R' = 23,47\, R.$$

c'est-à-dire que le rayon R' doit être plus que vingt fois
le rayon R.

Si l'on suppose, par exemple, $R = 1^m$, on aura :
$R' = 23^m,47$, et la valeur de B, ou la distance focale
principale de cette lentille composée devient alors facile à
calculer ; on trouve $B = 2^m,22$.

Mais la coïncidence des rayons extrêmes ne détermine
pas celle des rayons intermédiaires, et, pour que l'achromatisme soit parfait, il faut pour les lentilles, comme pour
les prismes, que les dispersions partielles conservent entre
elles le même rapport dans toute la longueur du spectre.
Au reste, le calcul des objectifs des lunettes présente
une difficulté de plus dans le détail de laquelle nous ne
pouvons entrer ici ; c'est le compte que l'on doit tenir de
l'aberration de sphéricité.

CHAPITRE V.

De la vision et des instrumens d'optique.

VISION.

548. *Structure de l'œil.* La forme extérieure de l'œil est à peu près celle de deux segmens sphériques de différens rayons, réunis par leur base (*Fig.* 228). Le rayon du plus grand segment s n s' est d'environ 10 millimètres, et celui du plus petit s c s' de 7 à 8 millimètres seulement; c'est celui-ci qui offre au dehors la partie diaphane et saillante de l'œil. Cette forme régulière est déterminée et maintenue par une membrane épaisse et fibreuse, d'un tissu ferme et serré, que l'on nomme la *sclérotique*, lorsqu'on la considère dans son ensemble comme enveloppe externe de l'organe ; mais on la nomme *cornée transparente* dans sa partie antérieure et diaphane s c s', et *cornée opaque* dans ses parties s b et s' b', qui forment le *blanc* de l'œil, et dans toute sa partie postérieure b n b'. Aux points s et s', où la cornée opaque devient transparente, se trouve tendue, dans l'intérieur de l'œil, la membrane de l'*iris* s s', ayant comme on sait la forme d'un plan circulaire, dont l'intérieur est percé d'un trou rond plus ou moins ouvert, et parfaitement noir, que l'on nomme la *pupille*. C'est l'iris qui donne à l'œil sa couleur ; s'il était transparent comme la cornée, l'œil serait noir comme la pupille, et la vision ne pourrait s'accomplir ; il est donc essentiellement opaque, et cette condition est remplie par des enduits diversement colorés, dont il est revêtu. Derrière l'iris se trouve suspendu le *cristallin* c c'; il est enfermé

dans une membrane particulière que l'on nomme la *cap-sule cristalline*, et qui va s'attacher à la cornée par tous les points de son contour. Cette capsule forme une cloison continue qui sépare l'œil en deux parties ou en deux *chambres*; le liquide qui remplit la *première chambre* ou la chambre antérieure se nomme l'*humeur aqueuse*, et celui qui remplit la *seconde chambre* se nomme *humeur vitrée*, parce qu'il a en quelque sorte l'apparence du verre fondu. Les humeurs de l'œil sont enveloppées d'une membrane particulière, comme tous les autres liquides contenus en repos dans des cavités organiques; celle qui enveloppe l'humeur aqueuse se nomme simplement *membrane de l'humeur aqueuse*; celle de l'humeur vitrée se nomme *hyaloïde.* Un grand nombre de ses replis pénètrent dans l'humeur elle-même, et forment en la traversant des mailles ou des cloisons dont on ne connaît pas l'usage.

Entre l'hyaloïde et la sclérotique, se trouvent encore deux autres membranes, la choroïde et la rétine, qui jouent dans le phénomène de la vision le rôle le plus important.

La *choroïde* est une membrane vasculaire qui revêt toute la face interne de la sclérotique, depuis le fond de l'œil jusqu'à la capsule cristalline; il y a même quelques anatomistes qui prétendent qu'elle se prolonge en avant pour venir former l'iris, en se repliant sur elle-même.

La *rétine* n'est autre chose que l'épanouissement du nerf optique; elle est simplement posée sur la choroïde, et s'en détache avec la plus grande facilité lorsque l'on coupe l'œil pour en faire l'anatomie. Cette membrane, ou plutôt ce lascis nerveux, offre une transparence presque complète.

Telle est à peu près la disposition générale des principales pièces qui composent l'organe de la vue. Les dimensions moyennes d'un œil humain sont ainsi qu'il suit :

Rayon de courbure de la sclérotique 10 à 11 millimètres.
   id.   de la cornée transp.   7 à 8
Diamètre de l'iris. . . . . 11 à 12
   id.   de la pupille. . . . . . . 3 à 7
Épaisseur de la cornée transp. . . . 1
Distance de la pupille à la cornée.. 2
Distance de la pupille au cristallin. 1
Rayon antérieur du cristallin. . . . 7 à 10
Rayon postérieur   id.   . . . 5 à 6
Diamètre du cristallin. 10
Épaisseur   id.   5
Longueur de l'axe de l'œil. . . . . 22 à 24

Nous allons examiner maintenant, d'après ces données, les modifications qu'éprouve la lumière en traversant les divers milieux qui composent l'œil.

Lorsqu'un point lumineux est placé à 8 ou 10 pouces
au-devant de l'œil sur l'axe du cristallin, une partie du
faisceau qu'il envoie tombe sur le blanc de l'œil, et se
trouve irrégulièrement réfléchie dans tous les sens; une
partie plus centrale tombe sur la cornée transparente, pénètre dans l'humeur aqueuse en se réfractant, et ses bords
extérieurs viennent éclairer le contour de l'iris, tandis
que la partie tout-à-fait centrale passe par l'ouverture de
la pupille, traverse le cristallin, l'humeur aqueuse, la
rétine elle-même, et va tomber sur la choroïde. La lumière que reçoit l'iris est irrégulièrement réfléchie dans
tous les sens, et va reporter au-dehors la forme et la couleur de cette membrane. Le faisceau central qui traverse
la pupille se trouve réfracté par le cristallin, comme il le
serait par une lentille convergente; car le cristallin est
plus réfringent que l'humeur aqueuse, et plus aussi que
l'humeur vitrée; par conséquent, sous certaines conditions, ce faisceau, devenu convergent, doit former quelque
part une image du point lumineux d'où il est émané. Supposons pour un moment qu'il forme cette image exacte-

ment sur la rétine ou sur la choroïde en m; alors, il est évident qu'un autre point lumineux l' fera une image pareille en m', et qu'ainsi on aura au fond de l'œil une petite image mm' de l'objet ll'. Cette image sera renversée, et présentera d'ailleurs toutes les nuances, tous les accidens de lumière et tous les contours de l'objet lui-même.

C'est ce que l'on peut vérifier par l'expérience, en fermant le trou du volet d'une chambre noire par un œil de bœuf ou de mouton fraîchement préparé, et aminci à sa partie postérieure au point d'offrir une enveloppe translucide; l'observateur, placé dans la chambre noire, voit alors assez distinctement, sur le fond de l'œil soumis à l'expérience, l'image de la flamme d'une bougie ou d'un corps vivement éclairé; et l'on ne peut douter que les images du monde extérieur, si fidèlement tracées sur la choroïde, ne soient, dans l'état de vie, la première condition de la vision.

Ainsi, considéré d'une manière générale, le phénomène physique de la vision paraît être un résultat très-simple des lois de la réfraction et du pouvoir des lentilles; mais lorsqu'on examine de plus près toutes les circonstances qui accompagnent la formation des images sur la choroïde, on rencontre des difficultés dont jusqu'à présent la science n'a pu rendre compte d'une manière satisfaisante. Parmi ces difficultés, qui sont nombreuses, les plus remarquables sont les deux suivantes :

1° L'œil est un instrument parfaitement achromatique, car les objets ne nous paraissent point environnés d'auréoles de diverses couleurs.

2° La netteté des images semble être indépendante de la distance des objets; car nous voyons nettement à quelques pouces de distance, et nous voyons nettement encore à quelques pieds, à quelques toises, à quelques lieues même, et jusqu'à plusieurs millions de lieues; l'image d'une étoile est aussi nette que celle d'une étincelle que nous avons sous les yeux.

Pour résoudre la première difficulté, il faudrait connaître exactement les indices de réfraction, les puissances dispersives, et les courbures de tous les milieux que la lumière traverse depuis la cornée jusqu'à la rétine ; question d'autant plus compliquée et plus difficile, que les diverses parties du cristallin ont des réfractions et des puissances dispersives différentes. Cependant, sur ce point, on peut consulter avec intérêt les mémoires de M. CHOSSAT. (*Ann. de phys. et de chim.*)

Pour résoudre la seconde, on a eu recours à diverses hypothèses que nous ne devons pas discuter ici, mais dont il est utile d'indiquer au moins la substance.

549. *Hypothèses par lesquelles on a essayé d'expliquer comment l'œil s'accommode aux distances.* Pour qu'un objet fasse son image au foyer principal d'une lentille, il faut que sa distance soit très-grande par rapport à la distance focale principale de cette lentille ; par exemple, une centaine de fois (535). S'il s'éloigne plus, l'image reste sensiblement au même lieu avec la même netteté, seulement elle diminue de grandeur ; mais s'il se rapproche, l'image recule rapidement, de telle sorte que sa distance est doublée quand l'objet est parvenu, au-devant de la lentille, à une distance double de la distance focale principale. Or, puisque nous voyons nettement à 6 pouces et à toutes les distances plus grandes, il faut nécessairement, ou que la distance de 6 pouces soit très-grande par rapport à la distance focale principale de l'œil, ou que l'ensemble de l'organe ait la propriété de s'accommoder à la distance, c'est-à-dire de se changer, suivant le besoin, en lentille plus forte ou plus faible. Le premier cas n'est pas celui que nous présente la nature dans l'œil de l'homme ; c'est ce qui est évident d'après ses dimensions et ce que l'on peut vérifier aussi par l'expérience suivante :

Sur un verre mince et transparent, on fait une petite tache, et on la présente devant l'œil à 6, 8 ou 10 pouces de distance ; alors, lorsqu'on regarde cette tache, on ne voit qu'une image confuse des objets qui sont au-delà du verre ; et réciproquement, lorsque, sans déranger l'œil, on regarde ces objets plus éloignés, on ne voit plus qu'une image confuse de la tache. Donc les objets qui sont à 10 pouces et ceux qui sont plus loin, ne forment pas leurs images en même temps et avec la même netteté sur le fond de l'œil, car on les verrait à la fois distinctement et sans confusion. Par conséquent l'œil s'accommode par un acte de la volonté, tantôt pour voir près, tantôt pour voir loin ; et en effet, on a le sentiment d'une modification différente pour chacune des distances auxquelles on regarde. En observant sur quelle partie de l'organe cette modification s'exerce, on peut s'assurer que le diamètre de la pupille change avec la distance ; elle se rétrécit toujours quand on regarde plus près, et s'agrandit toujours lorsqu'on regarde plus loin. Quelques personnes peuvent même produire à volonté ces changemens, et alors elles voient les mêmes objets nettement ou avec confusion, suivant qu'elles tiennent la pupille plus ouverte ou plus resserrée.

Pour expliquer cette propriété par laquelle l'œil s'accomode aux distances, on a proposé un grand nombre d'hypothèses.

Kepler avait supposé que l'œil s'allonge suivant son axe à mesure que l'objet se rapproche.

Le docteur Jurin avait émis une autre hypothèse, qui fut accueillie par Moulin, Home, Ramsden, et plusieurs observateurs connus par leur exactitude ; il pensait que la cornée seule change de forme et de courbure, et qu'elle devient plus convexe quand l'œil s'ajuste pour voir à des distances plus petites.

Descartes, Pemberton, Albinus, Hunter et Olbers ont essayé de démontrer que le cristallin est composé de fibres

musculaires, et qu'il peut changer de courbure en se dila-
tant ou en se contractant. Le Dr Young avait adopté cette
opinion.

Porterfield soutenait que le cristallin peut éprouver un
mouvement de translation ; qu'il est poussé en avant
pour regarder près, et reculé pour regarder loin.

La Hire et le Roy pensaient que la mobilité de la pupille suffit seule pour expliquer le phénomène.

Après toutes ces hypothèses, il est vrai de dire que les
physiciens ne savent encore à quoi s'en tenir. Ils s'accordent seulement à les rejeter toutes ou comme fausses ou
comme incomplètes. Ainsi, il paraît bien certain que l'œil
ne s'allonge pas, et que la cornée ne change pas de courbure; le mouvement du cristallin paraît impossible, et sa
contraction très-peu probable.

En m'occupant de quelques recherches sur ce sujet, j'ai
été conduit à une remarque qui me semble importante.
La dissection d'un grand nombre de cristallins m'a fait
voir que ce corps n'est pas composé de couches concentriques comme on le suppose ; mais de couches inégales
en courbure et en épaisseur, comme on le voit dans les
figures 229 et 230. Cette dernière figure représente un
cristallin dans lequel une des moitiés seulement a été dissé-
quée. Il en résulte que les couches centrales étant tout à la
fois plus courbes et plus réfringentes que celles des bords,
les rayons qui traversent ces dernières ne peuvent pas converger au même point que ceux qui ont traversé les premières. Le faisceau central c c' converge plus près, et le
faisceau des bords b b' va converger plus loin. Ainsi le cristallin n'est pas une lentille à un seul foyer, mais une lentille à un nombre infini de foyers différens. Ce fait me semble constant; sans essayer ici de le développer dans tous
ses détails, j'essaierai d'indiquer comment il peut concourir à l'explication des phénomènes. D'abord si l'on place
au-devant de l'œil une lame opaque, percée d'un trou,

dont le diamètre soit moindre que 1 millimètre, on distingue nettement tous les objets jusqu'à des distances beaucoup plus petites qu'on ne le pourrait faire sans cette précaution ; c'est qu'alors le faisceau qui pénètre dans l'œil est si mince qu'il est à peine nécessaire qu'il soit aminci davantage par la convergence pour faire des images nettes. Aussi n'observe-t-on aucune différence lorsque le petit trou coïncide avec le bord ou avec le centre de la pupille. Avec un faisceau mince on peut donc voir nettement à toutes les distances et par toutes les zônes du cristallin.

Quand on veut regarder à la vue simple et sans diaphragme un objet de plus en plus rapproché, on rétrécit de plus en plus l'ouverture de la pupille ; c'est un fait facile à vérifier. Le but de ce rétrécissement est en effet d'arrêter les rayons qui tomberaient trop loin du centre du cristallin, et dont la convergence ne pourrait avoir lieu qu'au-delà de la rétine.

Quand on veut regarder au loin, on ouvre, au contraire, la pupille autant qu'il est possible , afin que le faisceau incident soit large, et que ses bords extérieurs tombent près des bords du cristallin, pour converger ensuite sur la rétine. Alors, il est vrai, la partie centrale du faisceau converge trop tôt, mais l'épanouissement qu'elle peut prendre en allant depuis son point de convergence jusqu'à la rétine , est toujours très-petit, et peut d'autant moins troubler la vision, que l'éclat de sa lumière est toujours très-faible par rapport à l'éclat de la lumière des bords.

550. *Jugement sur la couleur, la forme , la situation, et la grandeur des objets.*

Nous distinguons les *couleurs* comme nous distinguons les sons, sans le secours du toucher ; mais nous ne les distinguons pas de prime abord sans exercice ni sans comparaisons. Il faut des expériences souvent répétées pour reconnaître que le rouge, le jaune et le bleu, par exemple, ne font pas la même impression sur nous ; comme il faut des expériences souvent répétées pour reconnaître une différence entre les sons graves et les sons aigus. Nous voyons la lumière avant de savoir démêler les couleurs; comme nous entendons du bruit avant de savoir démêler les sons. Ce résultat, qui semble bien naturel, se trouve confirmé par les observations que l'on a faites sur les aveugles de naissance, auxquels on est parvenu à rendre la vue dans un âge plus ou moins avancé.

Les images tracées sur la rétine sont pour la couleur, le contour et la forme, une représentation fidèle des objets; il suffit donc, pour que nous puissions prendre *directement* une idée de la forme des corps, que nous puissions distinguer les points de la rétine qui sont en repos et ceux qui sont affectés ou ébranlés par la lumière. Or, il n'y a pas un des points de notre enveloppe extérieure sur lequel cette distinction ne soit facile. Une piqûre au bras se distingue d'une piqûre au doigt, et nous pourrions, sans doute, avec le bras comme avec la paume de la main, saisir la différence qu'il y a entre un cercle et un carré. Par conséquent, il n'y a pas de raison pour que cette différence ne puisse être saisie avec plus de netteté encore, et plus de précision, sur la membrane de la rétine. Les objets donnent au fond de l'œil des *images renversées*, et de là on a voulu conclure que naturellement nous devons voir les *objets renversés*. Cette conclusion serait légitime si l'on supposait que l'âme *regarde* les images, et qu'elle est placée derrière l'œil, comme une personne derrière le tableau d'une chambre noire. Mais si l'on suppose que l'âme ne regarde pas les images, qu'elle les sent, et qu'elle s'élève de la sensation à la cause qui la produit, il est évident que l'existence extérieure des corps et leur situation résultent pour nous d'un seul et même jugement. Il paraît toutefois que le sens de la vue seul ne pourrait pas plus nous conduire à la connaissance du monde extérieur que le sens de l'ouïe; tout semble indiquer que sur ce point le sens du toucher nous fournit des données indispensables, et qu'il ne peut être suppléé par aucun autre sens.

L'extériorité des objets une fois constatée, leur *distance* peut être appréciée de plusieurs manières. 1° Le cône lumineux qui tombe sur la pupille est d'autant plus divergent que le point qui l'envoie est plus rapproché de l'œil, et, d'après ce que nous avons vu, il faut que l'œil s'ajuste à ces diverses distances, pour faire tomber sur la rétine une image suffisamment nette. La conscience que nous avons de cet ajustement ou de cette modification de l'œil, devient, par l'habitude, la donnée d'après laquelle nous portons notre jugement sur la distance. De plus, lorsque nous regardons avec les deux yeux, nous devons donner à leur axe optique une inclinaison relative d'autant plus grande que l'objet est plus rapproché : nous avons pareillement conscience de cette inclinaison ; c'est une seconde indication qui vient au secours de la première et qui donne en général beaucoup plus de justesse à nos jugemens ; car, il est facile de se tromper quand on juge avec un œil, à moins de s'y être exercé.

On appelle *distance* de la *vision distincte* la distance à laquelle nous voyons nettement et sans effort divers objets, tels, par exemple, qu'une page imprimée en caractères ordinaires. Cette distance est d'environ 10 pouces pour les vues moyennes, elle est de plusieurs pieds pour les vues presbytes, et seulement de quelques pouces pour les myopes. Au reste, elle varie avec les dimensions des objets ; des lettres très-fines, par exemple, et des lettres de moyenne grandeur ne peuvent être distinguées à la même distance.

Lorsque les objets sont assez éloignés pour qu'en les regardant les axes optiques des deux yeux deviennent sensiblement parallèles, nous n'avons plus de règle sûre pour déterminer leur distance ; alors nous avons recours à des considérations plus ou moins trompeuses : nous tenons compte de l'éclat de la lumière, de la netteté avec laquelle nous distinguons les détails, de la grandeur des objets eux-mêmes, si elle nous est connue d'avance, etc. ; par ces divers moyens, habilement combinés, quelques observateurs parviennent à une étonnante précision dans leurs jugemens; mais s'ils changent de lieu ou de climat, leur science est à chaque instant déroutée par un autre aspect du ciel, un air plus pur ou plus brumeux, ou par des objets d'une forme nouvelle.

Le jugement de *la grandeur* est, en général, une conséquence du jugement de la distance. L'image d'un vaisseau peut être au fond de l'œil d'un observateur beaucoup plus petite que celle d'une barque, et cependant l'observateur ne s'y trompera pas, il dira que le vaisseau est plus grand que la barque, parce qu'il pourra juger que sa distance est beaucoup plus grande. Cependant quand nous savons d'avance la grandeur d'un objet, nous pouvons nous en servir pour estimer sa distance; c'est ainsi, par exemple, que la hauteur d'une tour est mieux appréciée quand on voit sur son sommet des hommes ou des objets d'une grandeur connue; mais si ces hommes étaient des nains, l'œil ne s'y laisserait pas prendre, il trouverait sans doute dans les modifications de la lumière des moyens de se défendre de l'illusion.

551. *Avec les deux yeux on ne voit qu'un objet, mais on le voit plus éclairé.*

Quand nous regardons un tableau avec les deux yeux, nous donnons aux figures qui le composent une position déterminée par rapport à nous, et comme cette position est exactement la même, soit que nous regardions avec l'un des deux yeux ou avec l'autre, il est impossible que le tableau nous paraisse double quand nous le voyons avec les deux yeux ensemble. Il n'en est plus de même lorsque nous regardons un objet qui se projette sur un second plan un peu plus reculé; cet objet cache à l'un des yeux une partie du second plan et à l'autre une autre partie; par conséquent, avec les deux yeux, on est embarrassé de savoir sur quelle partie du plan il doit tomber; mais il n'arrive presque jamais que les deux yeux aient une égale force, ou plutôt il y en a toujours un qui l'emporte et auquel nous prêtons une plus forte attention; c'est d'après les impressions de celui-là que nous décidons.

Pour juger qu'un objet vu par les deux yeux est vu plus éclatant que s'il était vu par un seul, il suffit de regarder une bande de papier blanc avec l'un des yeux et de placer devant l'autre un obstacle qui nous en cache la moitié. La partie qui est vue par les deux yeux à la fois paraît beaucoup plus éclairée que celle qui n'est vue que par un seul.

552. *De quelques accidens de la vue.* Les *presbytes* ont la vue *trop longue*, ils sont obligés de placer à deux ou trois pieds de distance un papier qu'ils veulent lire; plus près toutes les images sont confuses. Cette espèce d'infirmité, qui vient d'ordinaire avec l'âge, résulte évidemment d'un défaut de convergence dans les faisceaux qui traversent les humeurs de l'œil; et l'on suppose, en général, qu'elle tient à un aplatissement de la cornée ou du cristallin. Tous les presbytes ont habituellement la pupille très-peu ouverte, comme s'ils faisaient un effort continuel pour se servir du centre du cristallin, plutôt que des bords, qui ont en effet, comme nous l'avons vu, une distance focale encore plus grande.

Les *myopes* ont la vue *trop courte;* pour voir nettement les objets ils sont obligés de les approcher à la distance de quelques pouces; tout ce qui se trouve au-delà est pour eux enveloppé d'un nuage, et ne forme au fond de l'œil que des images confuses. Cet accident est opposé au presbytisme, et il résulte en effet d'une cause contraire : les faisceaux qui traversent l'œil d'un myope éprouvent une trop rapide convergence; ils se croisent avant de tomber sur la rétine. On suppose, en général, que les myopes ont la cornée ou le cristallin trop convexe ; on remarque aussi que leur pupille est toujours très-dilatée ; comme s'ils essayaient de se servir des bords du cristallin plutôt que des parties centrales, qui ont une distance focale principale encore plus désavantageuse pour eux, parce qu'elle est plus petite.

De quelque manière que s'accomplisse la vision distincte, soit qu'elle se fasse à la distance moyenne de huit à dix pouces, comme dans les bonnes vues, soit qu'elle se fasse à plusieurs pieds, comme chez les presbytes, ou a quelques pouces seulement, comme chez les myopes, il arrive toujours que, pour voir avec la plus grande netteté, il est nécessaire de tourner l'œil convenablement, de telle sorte que l'image tombe sur un certain point de la rétine et non pas sur un point quelconque. Le point, ou plutôt le petit espace sur lequel on amène les images pour voir le mieux possible, se nomme le *point sensible* de la rétine ; il est placé en général près de l'axe de l'œil.

Il y a aussi au fond de l'œil un point que l'on appelle le *point insensible* ou *punctum cæcum*, c'est le petit espace circulaire occupé par l'extrémité du nerf optique et d'où partent tous les filamens nerveux qui s'entrelacent de mille manières pour former la rétine. La lumière qui tombe sur cet espace ne donne pas plus d'impression que si elle tombait sur un nerf quelconque mis à découvert ; et, comme on ne distingue pas la lumière par les nerfs de l'ouïe, du goût ou de l'odorat, non plus que par les nerfs des bras ou des jambes, on ne distingue pas la lumière par le nerf optique avant qu'il soit épanoui en réseau et étalé sur la choroïde. Ce fait remarquable semble bien indiquer encore que la rétine sent les images sur la choroïde comme la main sent les formes, les contours et les divers degrés de poli des corps qu'elle touche.

On reconnaît l'existence et la position du point insen-

sible de la rétine par l'expérience suivante, *Fig.* 243.
Sur un fond noir et horizontal N N' on place deux petits
disques blancs ou deux petites boules, dont les centres
soient à environ trois pouces l'un de l'autre ; ensuite on
regarde d'en haut à la distance de 10 ou 12 pouces,
et dans une position telle que l'œil droit soit verticalement au-dessus du disque du gauche et que la ligne des
deux yeux soit parallèle à la ligne des disques. Ces deux
conditions étant remplies, on ferme l'œil gauche, et l'on
regarde le disque de gauche avec l'œil droit, en l'éloignant
ou en l'approchant un peu, mais toujours dans la même
verticale ; alors on trouve une position où le disque de
droite est complètement invisible. Plus près ou plus loin
il reparaît à l'instant, et jamais on ne cesse de le voir si la
ligne des deux yeux est seulement un peu oblique par
rapport à celle des disques.

Le docteur Wollaston a observé sur lui-même un phénomène de vision extrèmement remarquable, et il en a tiré
une conséquence bien curieuse sur la marche et la distribution des filets nerveux dans le nerf optique. Un jour,
après un violent exercice de deux ou trois heures, il
reconnut soudainement qu'il ne pouvait plus distinguer
que *la moitié* des objets : en regardant, par exemple, le
mot NEWTON, il voyait les trois dernières lettres TON sans
rien apercevoir des trois premières ; de même, en regardant un homme en face, il ne voyait que la moitié de sa
figure et la moitié de son corps, etc. Ce phénomène de
semi-vision dura un quart d'heure environ ; il avait lieu
pour un œil comme pour l'autre, ou pour les deux ensemble ; c'était la moitié gauche des objets qui était invisible, c'était par conséquent la moitié droite de chacun des
yeux qui était insensible, *Fig.* 248.

Vingt ans plus tard, en 1824, le même phénomène se
renouvela sans aucune cause apparente, mais en sens inverse ; c'était, cette fois, la moitié droite des objets qui

était invisible, et par conséquent, la moitié gauche des yeux qui était insensible. Wollaston a eu l'occasion de constater des affections pareilles sur deux de ses amis; pour l'un, elle a été passagère, pour l'autre, elle a été permanente et probablement accompagnée d'un épanchement.

M. Arago a souvent éprouvé cette semi-vision, et comme Wollaston, tantôt à droite, tantôt à gauche, mais toujours pour un temps assez court. On peut remarquer que, dans aucun cas jusqu'à présent connu, le phénomène ne s'est manifesté sur un œil seulement, et que jamais non plus il ne s'est manifesté dans le sens horizontal; c'est toujours par des plans verticaux que se sont trouvés partagés les objets dont on n'apercevait que la moitié. Ces faits étant bien constatés, voici la conséquence physiologique que le Dr Wollaston en a tirée. Puisque les deux moitiés droites de l'œil peuvent perdre simultanément leur sensibilité sans que les moitiés gauches soient affectées, *et vice versâ*, il est probable que c'est un seul et même nerf qui se distribue aux deux moitiés droites, et un autre nerf qui se distribue aux deux moitiés gauches. Or, il y a deux nerfs optiques n et n' (*Fig.* 248) qui sortent du cerveau pour venir se distribuer aux yeux et former les deux rétines par leur épanouissement; ces deux nerfs se rapprochent et semblent *se croiser* ou *se confondre* un instant, au-dessus du sphénoïde en c c'; il faut donc qu'ils éprouvent une *semi-décussation*, c'est-à-dire, qu'ils se croisent seulement à moitié. Pour le nerf de droite, la partie c'n' reste à droite et vient se distribuer en D d', tandis que la partie n'n passe à gauche pour aller se distribuer dans la partie G d; pour le nerf de gauche, la partie c n reste à gauche et se distribue en G g, tandis que la partie n n' passe à droite pour aller se distribuer en D g'. C'est ainsi que le phénomène de la *semi-vision* devient une preuve du fait de la *semi-décussation*.

Les anatomistes avaient disputé long-temps sur la question de savoir s'il y a au-dessus du sphénoïde juxta-position des deux nerfs optiques ou décussation complète, c'est-à-dire, croisement de tous les filets. Les preuves pathologiques ne manquaient ni à l'une ni à l'autre des opinions ; car on cite des cécités de l'œil droit accompagnées d'une atrophie complète du nerf optique gauche avant le rapprochement, ce qui annoncerait la décussation ; et l'on cite aussi des cécités pareilles accompagnées d'une atrophie du nerf optique droit dans toute sa longueur, soit avant soit après le rapprochement, ce qui annoncerait une simple juxta-position. Les observations du Dr Wollaston ne paraissent pas cependant avoir porté la conviction dans tous les esprits ; M. Magendie a fait, par exemple, sur les lapins, des expériences intéressantes qui le conduisent à admettre la décussation complète ; mais il ne faut pas oublier que Wollaston n'a parlé que des nerfs optiques de l'homme, et je ne connais jusqu'à présent aucune expérience bien faite qui soit contraire à son opinion.

Il y a plusieurs maladies qui peuvent produire l'affaiblissement ou même la perte totale de la vue. Quelquefois la cornée devient opaque et se couvre de taches blanches que l'on nomme des *taies*. Ces taches sont comme des écrans opaques posés devant la pupille, et leur grandeur, leur forme ou leur position produisent des phénomènes variés dont il est facile de se rendre compte d'après ce que nous avons dit des lois de la vision.

La pupille peut être complétement fermée par suite de quelques accidens ; le seul remède est alors de faire une pupille artificielle, c'est-à-dire, une ouverture aussi rapprochée du centre qu'il est possible.

Le cristallin peut devenir opaque dans toute son étendue, ou seulement dans quelques parties ; on est alors affecté de ce qu'on appelle la *cataracte*. Pour remédier à ces affections qui malheureusement ne sont pas rares, il faut déplacer le cristallin ; l'opération se fait tantôt par *abaissement*, tantôt par *ablation*. Dans le premier cas, le cristallin est seulement enfoncé dans l'humeur vitrée et disparaît après quelque temps; dans le second cas, il est extrait par une ouverture que l'on pratique latéralement dans le globe de l'œil.

Après avoir rapporté les faits les plus intéressans et les mieux connus sur les phénomènes de la vision, nous pouvons maintenant étudier successivement les divers instrumens d'optique.

BÉSICLES.

553. Les bésicles sont les lunettes dont se servent les presbytes et les myopes pour avoir une vision distincte des objets à la distance moyenne de 8 ou 10 pouces.

Supposons, par exemple, qu'un presbyte ne puisse voir nettement qu'à la distance de 30 pouces ; alors il est évident que pour lui les images ne peuvent être nettes, à moins que la lumière ne pénètre dans ses yeux avec la divergence qu'elle a en venant de 30 pouces de distance. Ainsi, pour qu'il puisse voir comme une personne douée d'une bonne vue, les objets à 10 pouces, il suffit de placer les objets à cette distance et de modifier par une lentille la lumière qu'ils envoient, pour qu'elle ne soit pas plus divergente que si elle venait de 30 pouces. Par conséquent, la distance B de l'objet à la lentille étant de 10 pouces, la distance de l'image virtuelle M devra être de 30 pouces ; on aura donc (535)

$$\frac{1}{30} = \frac{1}{\mathrm{F}} + \frac{1}{10}$$

d'où $\mathrm{F} = -15$.

C'est-à-dire, qu'un presbyte, qui voit naturellement à 30 pouces, doit employer immédiatement au-devant de l'œil

un verre convergent de 15 pouces de distance focale principale pour voir les objets à 10 pouces.

En général, si D représente la distance de vision distincte d'un presbyte, la distance focale principale F de la
lentille convergente dont il doit faire usage pour voir à
10 pouces, sera donnée par cette formule :

$$F = \frac{10\,D}{10 - D}$$

Le signe moins qui précède la valeur numérique de F
lorsqu'on met pour D sa valeur, annonce que la lentille
doit être convergente.

Supposons maintenant qu'un myope ne puisse voir
nettement qu'à 5 pouces, et cherchons quel verre il doit
employer pour voir à 10 pouces. Pour qu'il puisse voir
à 10 pouces, il faut évidemment que la lumière qui lui
vient de cette distance soit aussi divergente que si elle
venait de 5 pouces; il faut donc que sa divergence soit
augmentée par la lentille, et la distance focale principale
de cette lentille doit être telle qu'un objet placé à 10
pouces au-devant d'elle, donne un foyer virtuel à 5 pouces.
On a donc

$$\frac{1}{5} = \frac{1}{F} + \frac{1}{10}$$

d'où F = 10.

C'est-à-dire qu'un myope qui voit nettement à 5 pouces,
doit employer des verres divergens, dont la distance focale
principale soit de 10 pouces.

En général, si D représente la distance de vision distincte d'un myope, la distance focale principale F de la
lentille, dont il doit faire usage pour voir nettement à
10 pouces, sera donnée par cette formule :

$$F = \frac{10\,D}{10 - D}$$

résultat qui est le même que le précédent; seulement
D pour les myopes est plus petit que 10, et les valeurs
de F étant toujours positives, on voit que les lentilles seront toujours divergentes.

LOUPES ou MICROSCOPES SIMPLES.

554. Un *microscope simple* n'est autre chose qu'une
lentille convergente d'un très-court foyer ; on l'appelle
aussi une *loupe*. Cet instrument sert à voir de petits objets
ou de petits détails qu'il serait impossible de saisir à la vue
simple. Les botanistes en font un usage continuel pour
observer les organes délicats des plantes ; les horlogers
pour travailler et pour ajuster les pièces qui doivent avoir
à la fois une extrême petitesse et une extrême précision, etc.

L'objet que l'on regarde à la loupe simple doit être
toujours placé en avant, *à une distance moindre que la
distance focale principale* ; sa position varie avec la portée de la vue, mais il est facile de déterminer dans tous
les cas le point précis où il faut le tenir. En effet, soit x
la distance à laquelle il faut placer l'objet au-devant d'une
loupe, dont la distance focale principale est F, en supposant que l'œil de l'observateur soit appliqué immédiatement contre la loupe, et que pour lui la distance de la vision distincte soit représentée par D ; il faut évidemment
que les faisceaux qui partent de la distance x possèdent,
après avoir traversé la loupe, la même divergence que s'ils
venaient naturellement d'une distance D ; c'est-à-dire
qu'après l'émergence, ils doivent faire leur foyer à une
distance D. On a donc

$$\frac{1}{D} = \frac{1}{F} + \frac{1}{X}$$

d'où $x = \dfrac{F\,D}{F - D}$

Si la loupe a, par exemple, 1 pouce de foyer, on aura

$$F = -1 \text{ et } x = \frac{D}{1 + D}$$

Ainsi, pour une bonne vue, D étant égal à 10, on aurait $x = \frac{10}{11}$, c'est-à-dire que l'objet devrait être placé à 10 onzièmes de pouces au-devant de la loupe. Un myope pour lequel D serait égal à 5, le placerait seulement à 5 sixièmes de pouce, et un presbyte pour lequel D serait égal à 60, le placerait à 60 soixante-unièmes, c'est-à-dire presque exactement au foyer. La figure 238 représente la marche des rayons dans la loupe : AB est la position de l'objet, et A′B′ celle de son image virtuelle. Vus du centre optique C de la loupe, l'objet et l'image sont vus sous le même angle, et les triangles semblables ACB et A′CB′, donnent

$$\frac{A'B'}{AB} = \frac{CP'}{CP} = \frac{D}{X} = \frac{F - D}{F}$$

A′B′ divisé par AB est le rapport de la grandeur de l'image à celle de l'objet ou le *grossissement*; ainsi la loupe précédente de 1 pouce de foyer, donne un grossissement de 11, pour une vue moyenne, de 6 pour un myope de 5 pouces, et de 61 pour un presbyte de 60 pouces.

Il est facile de voir qu'une loupe de 1 ligne de distance focale principale donnerait pour les trois vues précédentes des grossissemens respectifs de 121 pour la vue moyenne, 61 pour le myope, et 721 pour le presbyte.

Les loupes d'un très-court foyer sont très-difficiles à travailler. Mais les physiciens avaient imaginé autrefois divers moyens ingénieux de suppléer au travail mécanique : les uns tiraient le verre en fil très-fin, et faisaient fondre le fil à la flamme de l'alcool; la capillarité le rassemble alors en une goutte très-sensiblement sphérique; les autres, après avoir choisi du verre très-pur, en mettaient quelques parcelles dans un petit trou creusé dans du charbon, et les faisaient fondre à la flamme du chalumeau; la goutte se rassemble comme dans l'expérience précédente, et quand elle est très-petite, elle n'est pas sensiblement aplatie par son poids. Ces moyens, et quelques autres pareils, peuvent encore être employés avec avantage. Cependant on doit préférer les *loupes périscopiques* du Dʳ Wollaston. Ces loupes se composent de deux segmens sphériques, séparés par un diaphragme opaque, qui arrête les rayons des bords (*Fig.* 238 bis); elles ont le double avantage d'avoir un court foyer et très-peu d'aberration de sphéricité, parce que les rayons qui passent près du centre peuvent seuls arriver à l'œil.

CHAMBRE CLAIRE ou CAMERA LUCIDA.

555. *Chambre claire de Wollaston.* Cet appareil sert à tracer une image fidèle, d'un objet, d'un édifice, d'un paysage, etc. Il se compose essentiellement d'un prisme quadrangulaire A B C D (*Fig.* 261), ayant en B un angle droit, et en D un angle obtus de 135°. La face C B est tournée vers l'objet dont on veut prendre le dessin; R x, par exemple, étant l'axe d'un pinceau envoyé par un point de cet objet, on voit que ce rayon, après avoir pénétré perpendiculairement dans l'intérieur du prisme par la face C D, éprouve en R une première réflexion totale sur C D, en R' une seconde réflexion totale sur A D, et vient enfin sortir perpendiculairement à la face A B, près du sommet A du prisme. L'œil étant placé un peu au-dessus de cette face, de manière que la pupille soit en P P', son milieu correspondant au sommet A, il est évident 1.° que par la moitié antérieure de la pupille on verra, par réflexion, l'image de l'objet x sur le prolongement de E R'; et 2.° que par l'autre moitié de la pupille on verra directement le point d'un tableau horizontal, sur lequel cette image se projette. Ainsi, en tenant avec la main la pointe d'un crayon sur ce point du ta-

bleau, on pourra distinguer à la fois l'image et la pointe du crayon. Ce raisonnement s'appliquant aux points voisins du point x, il en résulte que l'on verra sur le tableau une image d'une certaine étendue, et la pointe du crayon en pourra tracer les contours les plus délicats. Tel est le principe sur lequel repose la construction de la chambre claire de Wollaston, et c'est seulement pour fixer les idées que nous avons supposé la pupille partagée en deux parties égales par la verticale du sommet A; car il est évident qu'elle peut varier de position dans de certaines limites ; la seule condition importante est qu'elle reçoive à la fois des rayons réfléchis et des rayons directs.

Pour que cet instrument soit commode dans la pratique et ne fatigue pas la vue, il y a quelques précautions qu'il ne faut pas négliger.

1° La pointe du crayon étant à la distance de la vision distincte, tandis que l'objet est en général très-éloigné, il est évident que les faisceaux directs et les faisceaux réfléchis n'ont pas le même degré de divergence, et que l'œil ne peut pas s'ajuster pour voir avec la même netteté l'image qui résulte des premiers, et celle qui résulte des seconds. C'est pourquoi il faut mettre au-devant de B C une lentille convergente qui donne aux faisceaux réfléchis la même divergence qu'aux faisceaux directs.

2° L'éclat de l'image réfléchie peut être assez vif pour éclipser l'image directe ou *vice versâ*; c'est pourquoi il faut adapter au prisme un verre coloré, que l'on tourne tantôt du côté de l'objet, tantôt du côté du tableau, pour atténuer l'éclat de l'image la plus vive.

3° Il faudrait beaucoup d'attention, et une assez longue habitude, pour maintenir l'œil dans une position convenable; c'est pourquoi on lui donne un point de repère, en adaptant au prisme un petit diaphragme ou une petite pièce mobile, percée d'une ouverture de 5 ou 6 millimètres de diamètre ; quand cette ouverture est bien ajustée, il suffit d'en approcher la pupille et de la maintenir dans une position correspondante.

4° Les presbytes, et surtout les myopes, doivent se servir de leurs bésicles pour regarder dans la chambre claire; c'est par ce moyen seulement qu'ils pourront placer le tableau à une distance commode, et obtenir des images qui ne soient ni trop grandes ni trop réduites; car il est facile de voir que l'objet et l'image sont à peu près dans le même rapport que leurs distances au prisme.

La figure 263 représente une chambre claire de Wollaston, disposée pour dessiner sur le tableau B B' l'image des objets vus du côté de x.

v Vis de pression qui sert à fixer le pied de l'appareil sur le tableau.

c Charnière qui permet d'incliner plus ou moins le tube qui porte le prisme.

T' Tube qui sort du tube T, et qui peut être tiré plus ou moins.

R Verre coloré, tourné du côté du papier.

L Lentille convergente, tournée du côté de l'objet.

556. *Chambre claire de M. Amici.* En essayant de perfectionner la chambre claire de Wollaston, M. Amici, de Modène, a été conduit à diverses dispositions ingénieuses, dont nous ne pouvons ici indiquer les détails. (*Ann. de chym., et de phys.* t. 22, p. 137.) Cependant nous ferons connaître la disposition suivante, qui paraît offrir de notables avantages (*Fig.* 262).

PP' est une lame de verre à faces parallèles, au devant de laquelle est disposé un prisme isocèle ACB, dont l'angle c est à peu près un angle droit; le côté AC du prisme est perpendiculaire à la face de la lame. L'axe d'un faisceau qui vient dans la direction D x pénètre dans le prisme en se réfractant, et éprouve successivement deux réflexions totales, l'une sur la base A B du prisme, l'autre sur la surface antérieure du verre parallèle. L'œil le reçoit, et voit son image sur le prolongement de $E R'$; en même temps il voit directement au-delà du verre un point T très-voisin du lieu de l'image, et qui se confond avec elle au fond de l'œil. On peut donc suivre les contours des objets avec plus de facilité que dans la chambre claire de Wollaston, parce que la pupille peut s'écarter dans des limites plus étendues, sans crainte de perdre de vue l'un des deux objets qu'elle doit saisir à la fois.

CHAMBRE NOIRE.

557. *Chambre noire.* La chambre noire est destinée à produire sur un tableau l'image réelle d'un champ de vision plus ou moins étendu. Dans sa construction la plus simple, elle consiste en un seul verre convergent $L L'$ (*Fig.* 246), placé dans l'ouverture du volet d'une chambre complétement fermée $FGHV$. Si du centre optique c de la lentille on décrit un cône dont l'angle $A C T$ soit égal au champ qu'elle peut embrasser, tous les objets compris dans ce cône viendront former des images nettes à des distances plus ou moins grandes dans l'intérieur de la chambre noire. Il semble par conséquent qu'il soit impossible d'avoir à la fois l'image distincte de tout le paysage $A T$; mais si le tableau est concave, et s'il est une portion de sphère $T'A'$ d'un rayon égal à la distance focale principale de la lentille, il suffira de l'incliner convenablement en $T'A''$, par exemple, pour avoir une représentation fidèle de tout le champ de vision; seulement, s'il y avait des objets très-voisins, comme un arbre B, il serait impossible d'avoir en même temps son image et celle du sol sur lequel il se projette, en le regardant du point c.

Dans cet appareil, les images sont *renversées*. Pour les redresser et les amener à la portée de la vue, on place ordinairement un miroir étamé au dehors et en avant de la lentille; on obtient même par là un autre avantage, c'est qu'en faisant tourner le miroir ou en l'inclinant de diverses manières, on peut amener sur le tableau successivement tous les points de vue qui sont au-devant du volet.

Pour que les images soient plus vives et plus nettes, il est bon d'intercepter, avec des tubes et des écrans convenablement ajustés, tous les rayons lumineux qui ne partent pas du champ de l'instrument.

La figure 239 représente une chambre noire portative. Il sera facile, d'après ce que nous venons de dire, d'en saisir la disposition.

MM. Vincent et Charles Chévallier, qui construisent ces divers appareils avec beaucoup de soins, ont imaginé un perfectionnement qui offre plusieurs avantages. Au lieu d'employer un ménisque convergent et un miroir séparé, ils travaillent une pièce de verre, un *prisme ménisque*, qui remplit à la fois le double objet. Ce prisme ménisque est représenté dans la *Fig.* 237 ; c'est un prisme dont les faces c B et c A sont, l'une concave, et l'autre convexe. La lumière qui entre par celle-ci éprouve une réflexion totale sur la base A B du prisme, et, en sortant par la face concave c B, elle a le même degré de convergence que, si elle avait traversé un ménisque ordinaire.

LANTERNE MAGIQUE.

558. *Lanterne magique.* Cet appareil, imaginé autrefois par le P. Kircher, mérite encore quelque attention de la part des physiciens, parce qu'il a été l'origine de plusieurs inventions, et parce qu'il n'est pas uniquement restreint à n'offrir à la curiosité que des images grotesques. Il se compose (*Fig.* 234) d'une lampe P destinée à produire la lumière, d'un miroir concave M de deux lentilles convergentes c et c', dont le seul effet est d'éclairer convenablement l'objet B ; enfin d'une lentille à court foyer L L',

qui doit produire les images sur un tableau éloigné. L'objet est une lame de verre sur laquelle sont peints divers sujets en couleurs plus ou moins vives et plus ou moins foncées. Le miroir M et les lentilles c et c′ sont ajustés pour donner en B sur le verre un cercle lumineux très-brillant. Ce verre étant placé un peu plus loin que le foyer principal F de la lentille L L′, il est évident qu'il doit faire son image réelle à une distance plus ou moins grande de l'autre côté de cette lentille. C'est cette représentation amplifiée de l'objet qui forme le spectacle de la lanterne magique. Pour lui donner tout son éclat, on a soin de faire les expériences dans une chambre complétement obscure ; la lampe et les verres sont enfermés dans une caisse de bois ou de fer-blanc, et les spectateurs, placés devant le tableau, ne reçoivent d'autre lumière que celle de l'image et du champ circulaire dans lequel elle est circonscrite.

PHANTASMAGORIE.

559. *Phantasmagorie.* La phantasmagorie n'est qu'une modification de la lanterne magique : dans ces deux instrumens les objets sont éclairés et amplifiés par les mêmes verres, ajustés de la même manière ; seulement dans la phantasmagorie, les objets et le tableau doivent éprouver un déplacement relatif, combiné de telle sorte que le tableau devienne toujours exactement le lieu de l'image. Par exemple, quand l'objet se rapproche du foyer son image est plus grande et va se faire plus loin ; il faut donc que le tableau s'éloigne d'une quantité convenable ; au contraire, quand l'objet s'éloigne du foyer, son image est plus petite et vient se faire plus près, il faut donc que le tableau se rapproche ; et pour que ces changemens puissent s'accomplir, sans que l'image cesse d'être distincte et visible pour les spectateurs, il faut combiner un mécanisme assez simple pour que tous ces mouvemens soient

exécutés sans bruit et avec précision. Ces conditions remplies il en reste encore une autre non moins importante, pour donner aux apparitions phantasmagoriques tous leur prestige ; il faut que les spectateurs soient dans les plus profondes ténèbres et ne distinguent d'autre lumière que celle qui vient peindre avec éclat les différens traits de l'image. Pour remplir cette condition, le plus sûr moyen est de faire le tableau avec du taffetas gommé ou plutôt avec une toile enduite de cire et très-unie ; alors sa translucidité est suffisante pour que l'image puisse être vue par derrière très-distinctement à la distance de 15 ou 20 pas. Les spectateurs qui la regardent n'ont aucune conscience de la distance absolue, parce qu'ils ne distinguent aucun objet intermédiaire, et ils ne peuvent se défendre d'une illusion complète. On ne leur montre d'abord qu'une image très-petite, qui paraît dans les ténèbres comme un point lumineux très-éloigné, puis, cette image se développant peu à peu, semble s'avancer à grands pas et même se précipiter sur les spectateurs. Ce phénomène de vision est remarquable et montre à quel point il est facile de nous tromper par les yeux ; car la connaissance des lois de l'optique et du mécanisme de l'appareil ne saurait nous sauver de l'illusion.

La figure 233 représente le détail d'une phantasmagorie ; les objets sont peint sur verre, comme pour la lanterne magique, et glissent dans la coulisse c ; on peut aussi en faire passer plusieurs à la fois et les faire mouvoir pour imiter des jeux de physionomie.

MICROSCOPE SOLAIRE.

560. *Microscope solaire.* Cet instrument dont les effets peuvent être comptés parmi les plus curieux et les plus instructifs de l'optique a été imaginé en 1745, par Lieberkuhn, de l'académie de Berlin. Il a la plus grande analo-

gie avec la lanterne magique de Kircher : c'est encore un système de verre pour éclairer l'objet et une lentille de court foyer pour en donner une image réelle; mais la lumière qu'on emploie est alors la lumière du soleil.

Le microscope solaire qui nous paraît maintenant le plus parfait, soit pour la netteté des images, soit pour la clarté et le grossissement, est représenté dans la figure 235, sur une échelle de demi-grandeur. Le système d'éclairage se compose d'un miroir plan de verre m, d'une première lentille éclairante n 1, de 15 ou 18 lignes de diamètre, et d'une seconde lentille d'un court foyer s u que l'on appelle le *focus*. Le miroir m réfléchit la lumière solaire, et dirige dans le tube t, parallèlement à son axe, un faisceau qui en doit remplir toute l'étendue; la lentille objective imprime à la lumière de ce faisceau un premier degré de convergence; le focus qui la reçoit ensuite la fait converger davantage, et de telle sorte qu'elle aille faire son foyer à très-peu près sur l'objet qui est en expérience. Pour remplir cette condition il est nécessaire que le focus soit mobile, et on le fait mouvoir en effet au moyen d'une crémaillère qui règne le long de sa monture et d'un pignon dont le bouton b est au dehors du tube.

L'ajustement de l'objet est un point important : lorsqu'on veut observer par exemple les corps très-petits contenus dans les liquides, comme les globules du sang ou les animalcules de différentes espèces, ou les molécules cristallines que déposent les dissolutions en s'évaporant, etc.; il suffit d'étaler une goutte du liquide sur une lame de verre à faces parallèles et de porter cette lame sous la lumière du focus en tournant le liquide de son côté. Dans plusieurs autres circonstances l'objet doit être simplement placé entre deux lames de verre; et il y a des cas enfin où il faut l'enfermer dans une boîte à faces de verre remplie de liquide ; c'est ce qui arrive quand on veut observer la circulation du sang dans la queue des têtards ou dans les extrémités de quelques poissons ; et aussi quand on veut observer la circulation des globules du chara. Tous ces objets, disposés comme nous venons de le dire, peuvent être ajustés au microscope d'une manière commode au moyen du mécanisme qui est représenté en p p' (*Fig.* 235). p et p' sont des lames carrées de cuivre unies aux quatre coins par de petites tiges de même métal ; sur chaque tige est un ressort en spire qui pousse la troisième plaque q contre la plaque p'; c'est entre q et p' que se glissent les lames ou les assemblages de lames qui portent l'objet. Ce système de plaques doit encore tourner autour du tube T, pour qu'il soit possible de donner à l'objet toutes les positions sans le déranger et même sans perdre de vue son image.

L'objet ainsi ajusté et convenablement éclairé par le focus, il est facile d'en obtenir l'image amplifiée ; pour cela on fait mouvoir la lentille L, qui est véritablement la lentille objective ; cette lentille se déplace au moyen d'une crémaillère adaptée à sa monture et d'un pignon dont le bouton est en B'; on l'approche et on l'éloigne de l'objet jusqu'à ce qu'on obtienne enfin une image nette et brillante sur un grand tableau de toile blanche ou de papier, placé à la distance de 10, 15, ou 20 pieds. Puisque l'image est réelle, il en résulte que l'objet se trouve au-delà du foyer de la lentille L, et il sera facile, d'après nos formules sur les lentilles (535), de déterminer avec précision la position de l'objet, lorsqu'on connaîtra la distance focale principale de la lentille et la distance du tableau ; il sera facile aussi d'en déduire le grossissement. Mais si l'on veut observer le grossissement d'une manière directe, il faudra prendre pour objet, un micromètre en verre portant des divisions de grandeurs connues, et mesurer l'étendue que ces divisions occupent sur le tableau.

Dans les microscopes anciens l'image est toujours sillonnée des couleurs du spectre, surtout près de ses contours et près des parties les plus opaques ; MM. Vincent et Charles

Chevalier sont parvenus à éviter cet inconvénient en adaptant, pour objectif, à leurs microscopes, des lentilles achromatiques d'un assez court foyer, comme, par exemple, de 2, 3 ou 4 lignes. Pour obtenir de forts grossissemens on peut employer ensemble deux ou même trois de ces lentilles au lieu de la lentille unique que nous avons figurée en L.

Le microscope solaire, ainsi perfectionné, deviendra sans doute un instrument précieux pour une foule de recherches physiques et aussi pour les recherches de botanique et d'anatomie.

MÉGASCOPE.

561. *Mégascope.* Cet instrument est destiné à donner des copies réduites ou amplifiées, d'une gravure, d'un tableau, d'une bosse ou d'un bas-relief qui n'a pas une trop grande étendue. Il a été imaginé par Charles vers 1780, et depuis cette époque on en a fait plusieurs applications intéressantes pour les arts. Le principe de sa construction est encore celui de la lanterne magique, de la fantasmagorie ou du microscope solaire ; le mégascope ne diffère de ces derniers instrumens que par la nature des objets dont il donne les images, et par la manière dont ces objets sont éclairés. Ainsi, en dernier résultat, il se réduit à une seule lentille L L′, *Fig.* 236, au-devant de laquelle on place l'objet B dont on veut avoir l'image réelle sur un tableau, ou dont on veut prendre la copie. Mais voici les principales conditions qu'il faut remplir pour avoir en même temps des images parfaitement nettes et pour varier les grossissemens.

1ᵉ La lentille L L′ doit avoir 28 à 30 lignes de diamètre afin d'embrasser un champ assez étendu et de donner assez de clarté à l'image ; elle doit être montée dans un tube un peu long qui arrête la lumière des nuées et les reflets latéraux ; on peut encore, pour mieux assurer cet effet, mettre dans le tube un diaphragme convenable. Enfin, au lieu d'une seule lentille on peut en mettre plusieurs à une petite distance l'une de l'autre, pour donner plus de convergence aux faisceaux incidens.

2° Au-devant de l'ouverture, à laquelle on adapte avec soin la monture de la lentille, se trouvent fixées au même niveau deux barres de fer horizontales; on en voit une en F R, et on voit leur ajustement en F R F'. Ces barres supportent une espèce de char C H qui roule sur des galets, et dont la planche verticale C est destinée à recevoir les objets. Une double corde, dont les extrémités reviennent dans la chambre noire, est attachée au char, et sert à le faire avancer ou reculer, pour approcher ou éloigner l'objet B. Enfin deux ou plusieurs miroirs plans de verre étamé sont disposés au-devant du volet pour réfléchir sur l'objet l'image du soleil, et projeter les ombres dans un sens ou dans l'autre; lorsqu'on expérimente sur des bosses ou des bas-reliefs, les miroirs peuvent être fixés au char pour se mouvoir avec lui.

3° Le tableau sur lequel on reçoit les images peut être en papier ou en mousseline comme pour le microscope solaire; alors on observe par-devant. Cependant les jeux de lumière que donnent les reliefs se font beaucoup mieux sentir lorsqu'on reçoit les images sur une grande glace convenablement doucie ou dépolie; alors on observe par derrière, et dans ce dernier cas les images peuvent être calquées sur du papier végétal avec beaucoup plus de facilité.

MICROSCOPE COMPOSÉ.

562. *Principes de la construction du microscope composé.* Le microscope composé est destiné, comme le microscope simple, à faire voir la forme, la structure et tout les détails des objets très-petits. On l'appelle microscope

dioptrique, *catoptrique*, ou *catadioptrique*, suivant que les amplifications y sont produites par la *réfraction*, par la *réflexion*, ou par la *réflexion* et la *réfraction* réunies. Nous nous occuperons plus particulièrement ici du *microscope dioptrique*, parce qu'il est à la fois le plus utile et le plus répandu.

Les dispositions très-diverses que l'on a successivement données à cet instrument reposent en dernier résultat sur les deux principes suivans :

1° Les objets que l'on veut soumettre à l'expérience se placent au-devant d'une lentille convergente B B' et un peu au-delà de la distance focale principale, *Fig.* 259. Cette lentille, simple ou composée, achromatique ou non achromatique, se nomme la *lentille objective*, ou *l'objectif* du microscope.

2° Les images réelles et amplifiées que donnent les objets, à une distance plus ou moins grande derrière l'objectif, sont regardées avec une seconde lentille convergente C C' qui fait l'office d'une loupe. Cette seconde lentille, qui peut aussi être simple ou composée, achromatique ou non achromatique, se nomme la *lentille oculaire*, ou *l'oculaire* du microscope.

Ainsi tout microscope dioptrique est essentiellement composé d'un objectif et d'un oculaire, et le grossissement définitif est le produit des grossissemens qui résultent de chacun de ces verres, ou de chacun de ces systèmes de verres. Si l'objectif grossit, par exemple, 5 fois en diamètre et l'oculaire 10 fois, le grossissement sera 50 en diamètre et par conséquent 2,500 fois en surface ; il serait 1,000 fois en diamètre et 1,000,000 de fois en surface, si les amplifications de l'objectif et de l'oculaire étaient respectivement 100 et 10, ou 50 et 20, ou 40 et 25, etc.

En ne considérant que ces principes fondamentaux du microscope, il serait facile d'en calculer en même temps les dimensions et les effets. Supposons, par exemple, que l'objectif ait 5 millimètres de distance focale principale, et l'oculaire 20 ; l'objet étant placé à 1/10 de millimètre au-delà de la distance focale principale, son image réelle se formerait à 255 millimètres, et l'amplification de l'oculaire serait 40 ; pour un objet de 1/10 de millimètre de diamètre, l'image aurait donc 4 millimètres d'étendue. Ensuite, pour regarder cette image avec l'oculaire, il faudrait placer celui-ci à $18^{mm},62$ au-devant de l'image (554) (en supposant une vue moyenne de 10 pouces ou 270 millimètres), et l'on aurait encore un grossissement de 14,5 ; ce qui donnerait un grossissement définitif de $40 \times 14,5 = 580$. Dans cette hypothèse, l'instrument devrait avoir une longueur de $255 \times 18,62 = 273^{mm},62$.

Avec le même objectif et le même oculaire on pourrait obtenir d'autres amplifications, moindres ou plus grandes, suivant que l'on placerait l'objet à des distances plus grandes ou moindres au-devant de l'objectif ; mais en même temps il faudrait pouvoir raccourcir ou allonger l'instrument, c'est-à-dire, diminuer ou augmenter la distance des deux verres ; car le lieu de l'image réelle se rapprocherait ou s'éloignerait de l'objectif.

L'instrument dont nous venons d'indiquer la théorie est le microscope dioptrique dans toute sa simplicité, ou plutôt dans toute son imperfection, et tel qu'il sortit des mains des premiers inventeurs, vers 1620 ; c'est du moins ce que l'on peut conclure des documens incertains que l'histoire nous a conservés sur ce sujet ; car, si l'on ne peut établir d'une manière précise, ni l'époque de l'invention, ni le lieu où elle prit naissance, ni le nom de l'inventeur, on peut juger cependant, avec quelque probabilité, que le microscope qui fut envoyé par Galilée, en 1612, à Sigismond, roi de Pologne, était construit comme nous venons de le dire, et qu'il en était de même encore du microscope dont Drebbel se servait à Londres en 1619 pour montrer avec enthousiasme une partie de ce monde nouveau et merveilleux dans sa petitesse qui avait jusque là échappé aux yeux des hommes.

Depuis plus de deux siècles, on conçoit que le microscope a dû recevoir de nombreux perfectionnemens; presque tous les expérimentateurs y ont travaillé avec plus ou moins de succès. Les uns ont donné plus de régularité aux verres de l'objectif et de l'oculaire, les autres ont trouvé le moyen d'éclairer convenablement les objets et de les disposer d'une manière commode pour en parcourir successivement toute l'étendue. D'autres enfin, comme Ramsden et Campani, se sont appliqués à composer l'oculaire, d'un système de deux ou de trois verres combinés entr'eux d'après certaines lois théoriques ou empiriques, pour produire l'achromatisme dans les images. Tous ces essais ont enrichi la science d'un grand nombre d'instrumens assez parfaits, et d'une foule d'observations intéressantes; mais le professeur Amici, de Modène, est parvenu il y a quelques années à des perfectionnemens d'une haute importance. Son microscope a une immense supériorité sur tous les microscopes qui l'ont précédé. C'est pourquoi j'ai pensé qu'il serait utile de décrire ici avec quelque détail celui que M. Amici nous a envoyé en septembre 1829 pour notre cabinet de la Faculté des sciences de Paris.

563. *Microscope d'Amici.* Cet instrument est représenté dans son ensemble, *Fig.* 260, et dans ses détails, *Fig.* 249 à 258, sur une échelle de demi-grandeur naturelle. L'objetif est en B B', *Fig.* 260, l'oculaire en c c'. Le faisceau de lumière par lequel on voit l'objet s'élève d'abord verticalement, ce qui est une condition indispensable, sans laquelle les effets de la pesanteur troubleraient à chaque instant les observations; mais, au moyen d'une réflexion totale sur l'hypothénuse du prisme n s n', ce faisceau est renvoyé horizontalement vers l'oculaire, ce qui permet à l'observateur de prendre une position commode, soit pour varier ou prolonger ses expériences, soit pour dessiner les

images qu'il aperçoit. Voici maintenant la disposition des diverses pièces et leur mécanisme.

1° *Objectif*. L'objectif se compose d'une, deux ou trois lentilles achromatiques , *Fig.* 257, dont les distances focales principales sont de 8 à 10 millimètres ; elles portent les n° 1, 2, 3 ; on peut employer la lentille n° 1 seule ; ou les lentilles n° 1 et n° 2 avec l'attention de visser la première sur le tube, et la seconde sur la première ; ou les lentilles n° 1, n° 2 et n° 3 , avec l'attention de conserver encore leur ordre naturel en vissant le n° 3 sur le n° 2. Dans le premier cas on a le moindre grossissement , et l'objet se trouve le plus loin possible de l'objectif ; dans le second cas le grossissement est plus fort et l'objet plus près ; enfin dans le troisième cas le grossissement est plus fort encore, et l'objet se trouve amené à une très-petite distance de l'objectif.

2° *Oculaire*. Pour chacune des combinaisons de l'objectif, on peut adapter à l'instrument l'un ou l'autre des six oculaires qui sont représentés sous les n°^{os} 1, 2, 3, 4, 5 et 6 dans les figures 251 à 256. Le 1er, le 2e, le 3e et le 4e sont construits sur le même principe ; chacun d'eux se compose de deux verres plans convexes A et B, dont la convexité est tournée du côté de l'image ; entre ces verres et au point précis où vient se faire l'image réelle de l'objet, se trouve un diaphragme R G dont l'ouverture est convenablement déterminée ; dans cette ouverture on place ordinairement, à angle droit, deux fils très-fins qui servent de micromètre. Les oculaires n° 5 et n° 6 sont de simples loupes A d'un foyer très-court.

L'oculaire n° 1 se visse directement sur le tube T T' ; pour se servir des autres, on enlève le premier et l'on visse sur le tube la pièce z z', *Fig.* 253, qui peut recevoir successivement les oculaires 2, 3, 4, 5 et 6. Cette disposition donne l'avantage d'avoir des grossissemens très-différens sans rien déranger, ni à l'objectif, ni à l'objet, ni au corps de l'instrument.

Il importe de mettre sur l'oculaire un carton noir N N' qui arrête toute lumière étrangère, et il importe aussi de garnir en velours noir tout l'intérieur du tube T T' pour empêcher les reflets latéraux qui viennent troubler la vision et ôter de la netteté aux images.

3° *Ajustement et éclairage des objets transparens.* Les objets transparens doivent toujours être placés entre deux lames de verre, et il y a en général de l'avantage à les mouiller d'une goutte d'eau pure, pour qu'ils soient complétement environnés de ce liquide. Ces lames en général se maintiennent d'elles-mêmes à une distance convenable sans altérer l'objet. S'il arrive, dans quelques occasions, que l'objet doive être simplement placé à sec sur une lame transparente, on peut bien encore l'observer avec le même grossissement, mais son image est toujours moins claire et moins distincte. Le système des lames se place sur l'ouverture V V' du porte-objet, *Fig.* 260, et la pièce E D D', qui s'élève ou s'abaisse à frottement dans l'ouverture D D', sert à les maintenir et à les presser.

Le miroir concave M M' rassemble la lumière des nuées ou celle d'une lampe pour la concentrer sur l'objet. Le diaphragme mobile F G, que l'on voit en plan dans la *Fig.* 258, sert à modérer l'éclat de la lumière; on le fait tourner plus ou moins pour amener celle des ouvertures qui convient le mieux à l'objet qui est soumis à l'expérience. En général, les corps très-minces et très-transparens exigent une lumière moins éclatante. Au-dessous du diaphragme se trouve encore un verre dépoli v que l'on tourne de manière à recevoir le faisceau lorsqu'on veut employer la lumière solaire ou celle d'une forte lampe.

Enfin l'objet est amené au foyer au moyen d'un pignon P dont le bouton est en P'; il suffit de tourner le bouton P' dans un sens ou dans l'autre pour faire monter ou descendre tout le système du porte-objet.

4° *Ajustement et éclairage des corps opaques.* Les

corps opaques doivent être placés sur un très-petit disque de verre noir collé sur une lame transparente, et mis ensuite sur le porte-objet. Alors, pour les éclairer, on peut se servir ou de la lentille mobile l l′, ou du miroir m m′, ou de ces deux moyens réunis. Mais il convient toujours de visser à la dernière lentille objective le petit miroir percé mm′, *Fig*. 257, qui réfléchit sur l'objet toute la lumière qu'il reçoit, ou de l'objet lui-même, ou du verre noir, ou du grand réflecteur mm′.

5° *Moyens de parcourir le champ*. On peut voir diverses parties de l'objet en faisant tourner le corps du microscope t t′ sur le sommet de la colonne verticale qui le porte au moyen du pivot y; mais il est toujours mieux de le fixer dans sa position, et de mouvoir seulement le porte-objet. Il y a pour cela deux vis micrométriques k et q; la première sert à pousser en avant ou à retirer en arrière le char du porte-objet et tout ce qu'il porte; la seconde sert à le faire marcher latéralement de droite à gauche ou de gauche à droite. Au moyen de ces deux mouvemens combinés on peut parcourir toute l'étendue de l'objet dans un sens ou dans l'autre sans perdre de vue son image.

5° *Grossissement*. L'un des meilleurs moyens de déterminer la force amplifiante de ce microscope est d'employer une chambre claire consistant en un simple verre parallèle pp′ (*Fig*. 250); cet appareil s'ajuste sur l'un des oculaires au moyen de l'anneau nn′; on place l'œil en h et l'on regarde au travers du verre pp′, à une distance déterminée, une règle très-exactement divisée: en même temps que l'on voit les divisions de la règle, on voit aussi par réflexion, sur la première surface du verre pp′, l'image de l'objet qui est exposé au microscope. Or, si cet objet est lui-même divisé d'une manière exacte, s'il est, par exemple, une petite bande de verre sur laquelle on ait tracé au diamant des cinquièmes, des dixièmes, ou des centièmes de millimètre, on verra d'un coup d'œil quel est l'espace occupé sur la règle par une des divisions du micromètre. Si 1/10 de millimètre occupe 10 millimètres, le grossissement est 100; s'il en occupe 20, le grossissement est 200, etc. Voici la table des grossissemens pour le microscope de la Faculté.

Avec l'objectif n° 1 seul,

		En diamètre.	En surface.
L'oculaire N° 1 donne		89.	7921
Id.	N° 2. . . .	161.	25921
Id.	N° 3. . . .	228.	51984

Avec les objectifs n° 1 et n° 2 ensemble,

		En diamètre.	En surface.
L'oculaire N° 1 donne		196.	38416
Id.	N° 2. . . .	354.	125316
Id.	N° 3. . . .	501.	251001
Id.	N° 4. . . .	1108.	1227664

Avec les objectifs n° 1, n° 2 et n° 3 ensemble,

		En diamètre.	En surface.
L'oculaire N° 1 donne		257.	66049
Id.	N° 2. . . .	463.	214369
Id.	N° 3. . . .	656.	430336
Id.	N° 4. . . .	1453.	2111209
Id.	N° 5. . . .	2381.	5669161
Id.	N° 6. . . .	4135.	17098225

Ces grossissemens ont été déterminés en projetant l'image sur une règle maintenue à 14 pouces 5 lignes, ou à 39 centimètres du centre de l'oculaire. On peut dire que rien n'est égal à la parfaite netteté des images jusqu'aux amplifications de 501, 463 et 656; pour les amplifications qui dépassent ces limites, la lumière des nuées devient insuffisante : il faut employer la lumière d'une forte lampe ou celle du soleil, et alors, quelque précaution que l'on prenne ; les images deviennent en même temps moins tranchées vers les bords, et moins distinctes vers leur milieu.

On peut se ménager encore un moyen de varier les grossissemens : c'est d'ajouter au tube du microscope une crémaillère qui permette de l'allonger plus ou moins ; mais on court le risque d'écarter l'axe de l'oculaire de l'axe du faisceau qui donne l'image.

Connaissant la force amplifiante de l'instrument, il est facile de déterminer le diamètre absolu d'un objet quelconque soumis à l'expérience. Pour cela on projette son image au moyen de la chambre claire, *Fig.* 250, sur une règle divisée, et l'on note la longueur qu'elle y occupe à 14 pouces 5 lignes de distance du centre de l'oculaire ; puis l'on divise cette longueur par la force amplifiante que l'on prend dans les tables précédentes, suivant l'objectif et l'oculaire dont on fait usage. Par exemple, avec l'objectif 1, 2 et 3, et l'oculaire n° 4, un globule de sang occupe à très-peu près 12 millimètres ; l'amplification correspondante à ces systèmes est 1453 ; en divisant 12 par 1453 on trouve 0,0082 millimètres, ou environ 8 millièmes de millimètre pour le diamètre absolu de ce globule de sang.

On arrive au même résultat d'une manière plus directe au moyen des vis micrométriques κ et ρ dont nous avons parlé précédemment. La tête de la vis micrométrique κ porte des divisions que l'on peut compter à partir d'un repère fixe. Par exemple, dans l'instrument que je décris, pour chaque division la vis avance ou recule de 0,00246 millimètres, ce qui forme à très-peu près un 10 millième de pouce anglais. Par conséquent, s'il faut tourner de 10 divisions pour faire passer sous le fil micrométrique de l'oculaire l'image entière de l'objet, on peut conclure que, dans ce sens, le diamètre absolu de l'objet est 10 fois 0,00246, ou environ 25 millièmes de millimètre. La tête de la vis ρ est pareillement divisée ; pour elle, chaque division répond à 0,0031 millimètres. Il faut seulement lorsqu'on emploie cette méthode avoir la plus grande attention d'éviter le *temps-perdu* des vis.

Le prix de cet instrument est malheureusement un peu élevé ; mais on peut espérer que le travail des verres deviendra bientôt plus sûr et moins coûteux ; car il a déjà reçu en peu de temps des perfectionnemens très-sensibles. C'est M. Selligue qui paraît avoir, le premier, exécuté ou fait exécuter des objectifs achromatiques pour les microscopes (1824) ; et depuis qu'il a eu l'idée de faire cette heureuse application souvent recommandée par les physiciens, on est parvenu à la rendre de plus en plus facile. MM. Vincent et Charles Chevalier y ont surtout contribué par leurs essais et par leurs efforts, et maintenant ils construisent, à Paris, des microscopes d'Amici qui semblent ne rien laisser à désirer.

564. *Microscope catadioptrique d'Amici.* Cet instrument est représenté en demi-grandeur dans la figure 260 *bis* ; il s'adapte sur le même pied que le microscope dioptrique de la figure 260. Nous pourrons en peu de mots donner une idée de sa construction. L'objectif est catoptrique, c'est-à-dire, que l'image qu'il donne est formée par réflexion. Le faisceau de lumière qui vient de l'objet, tombe sur un petit miroir plan de métal $m\,m'$, et se trouve ainsi renvoyé par la réflexion sur le miroir concave $\text{м}\,\text{м}'$; c'est après cette seconde réflexion qu'il va former près de l'oculaire une image réelle et amplifiée de l'objet.

Les oculaires sont exactement les mêmes que ceux du microscope dioptrique, *Fig.* 251 à 256.

M. Amici travaille les miroirs, et surtout le miroir elliptique $\text{м}\,\text{м}'$ avec une perfection que personne n'a pu atteindre jusqu'à présent. Cependant, les grossissemens de quatre ou cinq cents fois ne sont pas aussi purs dans cet instrument que dans le précédent.

565. *Détermination des indices de réfraction des li-*

quides et des corps mous translucides, au moyen du mi-croscope. Nous pouvons expliquer maintenant le moyen très-ingénieux que le docteur Brewster a imaginé pour trouver les indices de réfraction, au moyen du microscope (529, 3°). Supposons que l'on ait formé avec de l'eau, dont l'indice de réfraction est N', un ménisque plan concave dont la distance focale principale soit F', et le rayon de courbure R', nous savons (535) qu'entre les trois quantités F', R' et N', il existe la relation

$$F' = \frac{R'}{N' - 1}.$$

" Pour une autre substance dont l'indice de réfraction serait N'', la distance focale principale serait F'', le rayon de courbure R' restant le même, et l'on aurait

$$F'' = \frac{R'}{N'' - 1}.$$

Il en résulte

$$\frac{N'' - 1}{N' - 1} = \frac{F'}{F''}$$

Et par conséquent

$$N'' = 1 + (N' - 1)\, \frac{F'}{F''}$$

Comme on connait la valeur N' de l'indice de réfraction de l'eau, il reste, pour avoir N'', à déterminer le rapport $\dfrac{F'}{F''}$

D'abord, pour former des ménisques de diverses substances qui soient tous plans concaves et de même rayon de courbure, il suffit de placer un fragment de ces diverses substances sur un verre plan à faces parallèles, et ensuite d'exercer une pression avec une lentille convexe, au point que le sommet de la convexité touche presque la surface du plan, *Fig.* 259 *bis.*

Or, si, pour faire cette expérience, on prend la lentille objective d'un microscope, et qu'on la reporte ensuite à l'instrument pour faire successivement trois observations sur un objet quelconque, la première avec la lentille seule et isolée, la deuxième avec la même lentille et un ménisque d'eau, et la troisième avec la même lentille encore et un ménisque d'une substance quelconque, de cire, par exemple, on pourra facilement en déduire l'indice de réfraction de la cire. En effet, soit B, B', et B'', la distance de l'objectif à l'objet dans la première, la deuxième et la troisième observation; soient F_1, F_1' et $F^{i''}$ les distances focales principales de la lentille objective seule, de la lentille objective avec le ménisque d'eau et de la lentille objective avec le ménisque de cire; soit, enfin, M la distance à laquelle l'image se forme derrière l'objectif, distance qui reste la même dans les trois cas. On a évidemment, pour la première observation

$$\frac{1}{M} = \frac{1}{F_1} + \frac{1}{B}$$

et pour la deuxième

$$\frac{1}{M} = \frac{1}{F_1'} + \frac{1}{B'}.$$

Mais F_1' étant la distance focale principale du système, lentille et ménisque d'eau, il est clair que si l'on mettait un point lumineux à une distance F_1' au-devant du ménisque d'eau seul, le point lumineux formerait son image en une distance F_1; et puisque nous avons supposé que F' était la distance focale principale du ménisque d'eau seul, on aura

$$\frac{1}{F_1} = \frac{1}{F'} + \frac{1}{F_1'}$$

Cette équation, combinée avec les deux précédentes, donne

$$\frac{1}{\text{F}'} = \frac{1}{\text{B}'} - \frac{1}{\text{B}}$$

La première et la troisième observation, combinées de la même manière, donneront pareillement

$$\frac{1}{\text{F}''} = \frac{1}{\text{B}''} - \frac{1}{\text{B}}$$

Et par conséquent,

$$\frac{\text{F}'}{\text{F}''} = \frac{(\text{B}'' - \text{B})}{(\text{B}' - \text{B})} \cdot \frac{\text{B}'}{\text{B}''}$$

En substituant cette valeur dans l'expression précédente, on en tire enfin

$$\text{N}'' = 1 + (\text{N}' - 1)\left(\frac{\text{B}'' - \text{B}}{\text{B}' - \text{B}}\right) \cdot \frac{\text{B}'}{\text{B}''}$$

Il suffit donc d'observer avec assez d'exactitude les trois distances B, B', et B'', pour en déduire la valeur numérique de N'', ou de l'indice de réfraction d'une substance quelconque, pourvu que cette substance puisse être moulée en ménisque plan concave, et qu'elle offre alors assez de transparence.

TÉLESCOPES.

La pièce essentielle de tous les télescopes est un grand miroir concave de métal qui est tourné vers l'objet et qui en donne une image réelle et renversée d'après les lois dont nous avons précédemment parlé (522); mais comme il y a diverses manières d'observer cette image, il en résulte divers instrumens que nous allons successivement examiner.

566. *Télescope de Grégory*. Le grand miroir concave M M', *Fig.* 240, est percé en son centre de figure d'une ou-

verture circulaire c c'. Les rayons incidens L L' vont former
en m m' une image réelle et renversée de l'objet. Cette
image tombe au-devant du petit miroir concave v, à une
distance un peu plus grande que la moitié du rayon ; alors
elle devient comme un objet, et donne naissance à une seconde image redressée, qui est renvoyée dans l'ouverture
c c'. Là un oculaire la reçoit pour l'amplifier encore, et l'œil
la regarde en o ; une grande vis s s' dont le bouton est B,
sert à éloigner ou à rapprocher le miroir v suivant que
l'objet qu'on observe est plus près ou plus loin.

Cet instrument fut imaginé par Grégory avant 1663.
(*Optica promata.*)

567. *Télescope de Cassegrain.* Au petit miroir concave v de Grégory, Cassegrain substitue un petit miroir
convexe x, *Fig.* 241, qui doit recevoir les rayons *avant*
qu'ils aient formé l'image réelle de l'objet. Alors les rayons
sont non-seulement réfléchis, mais leur convergence est
diminuée, et l'image réelle et renversée, vient se former
au même lieu que la seconde image du télescope de Grégory ; là elle est reçue sur l'oculaire, et l'œil l'observe
comme dans le cas précédent.

Ce télescope a sur le premier l'avantage d'être plus court
et d'être moins exposé aux aberrations de sphéricité.

568. *Télescope de Newton.* Au lieu d'un petit miroir
concave ou convexe, Newton emploie un petit miroir plan P,
Fig. 242, qui reçoit le faisceau sous un angle de 45°
pour projeter l'image réelle latéralement sur un oculaire
semblable aux précédens. Dans quelques-uns des instrumens que Newton avait construits lui-même, il avait substitué au miroir plan de métal, un prisme rectangulaire
tout-à-fait semblable à celui qui se trouve dans le microscope d'Amici.

LUNETTES.

569. *Lunette de Galilée* ou *lunette de spectacle.* Cette lu-

nette se compose d'un objectif convergent B B', *Fig.* 244, et d'un oculaire divergent R R'; au sortir de l'objectif, les rayons s'en iraient former une image réelle et renversée de l'objet en $m\ m'$; mais l'oculaire les reçoit avant le point de concours, et il doit être tellement placé qu'il leur imprime une divergence appropriée à la portée de la vue. On admet, en général, que les objets éloignés sont vus par des rayons sensiblement parallèles, soit qu'on les regarde à l'œil nu, soit qu'on regarde leurs images avec des verres; ainsi l'oculaire doit être placé en avant de l'image $m\ m'$ à une distance égale à sa distance focale principale; car c'est à cette condition seulement, qu'il pourra rendre parallèles entre eux les rayons qui convergent vers le même point de cette image; par conséquent si des points m et m' l'on mène au centre optique C de l'oculaire, les lignes m C et m' C, les pinceaux qui concourraient en m et m' deviendront au sortir de l'oculaire, l'un parallèle à m C, l'autre parallèle à m' C, et l'objet sera vu sous l'angle m C m'; à l'œil nu, il serait vu sous l'angle m A m', l'amplification est donc A F divisé par C F, c'est-à-dire qu'elle est égale à la distance focale principale de l'objectif divisée par la distance focale principale de l'oculaire. Cette amplification est seulement celle qui appartient aux objets très-éloignés; celle des objets plus rapprochés en diffère très-sensiblement.

Cette lunette donne des images droites des objets, et n'a pour longueur que la différence des distances focales de l'objectif et de l'oculaire. C'est ce double avantage qui l'a fait préférer aux autres lunettes pour tous les usages habituels et particulièrement pour le spectacle. Elle fut inventée vers 1610; les uns en attribuent la découverte à un nommé Jacques Métius; les autres supposent qu'on la doit aux enfans d'un fabricant de besicles de Midlebourg, qui auraient par hasard disposé à la suite l'un de l'autre, un verre de presbyte et un verre de myope, pour regarder le coq d'un clocher. Quoi qu'il en soit de cette première origine, il est certain que vers l'an 1609 on avait trouvé à Midlebourg un moyen de voir les objets éloignés comme s'ils étaient près ; le bruit s'en répandit en France et en Italie. Galilée était alors à Venise, et cette simple annonce fut un trait de lumière pour son génie ; il se hâta de combiner des verres, et quelques nuits s'étaient à peine écoulées, qu'il avait déjà un instrument assez parfait pour découvrir les phases de Vénus, les satellites de Jupiter, les taches du soleil, etc., et pour trouver enfin dans les profondeurs du ciel les preuves fondamentales du système du monde et toutes ces grandes vérités qui semblaient inaccessibles à l'esprit humain. (*Nuncius sidereus*, 1610.)

570. *Lunette astronomique.* Elle se compose d'un objectif convergent $B B'$ et d'un oculaire pareillement convergent $R R'$ (*Fig.* 245). Au foyer de l'objectif en $m m'$ se forme une image réelle et renversée de l'objet, et l'oculaire est une simple loupe avec laquelle on regarde cette image ; il en résulte :

1° Que l'image reste renversée ;

2° Que la longueur de la lunette est sensiblement égale à la somme des distances focales principales de l'objectif et de l'oculaire ;

3° Que l'amplification est égale à la distance focale principale de l'objectif divisée par la distance focale principale de l'oculaire.

Cette lunette a été décrite pour la première fois par Kepler dans sa Dioptrique (en 1611) ; mais il paraît qu'elle ne fut exécutée que 20 ou 30 ans plus tard par le Père Scheiner (*Rosa ursina*, 1650).

571. *Lunette terrestre.* L'objectif de la lunette terrestre est le même que les précédens ; mais son oculaire (*Fig.* 247) est disposé pour remplir surtout deux conditions, 1° pour redresser l'image renversée $m m'$ que donne l'objectif, 2° pour diminuer autant qu'il est possible toutes les aberrations de l'instrument. C'est pourquoi on le

compose de quatre verres, o, p, q, r; les deux premiers o
et p sont uniquement destinés à redresser l'image, et les
deux dernier forment un oculaire composé, tout-à-fait
pareil à l'oculaire du microscope, dont nous avons parlé
précédemment. Il est nécessaire de disposer des diaphrag-
mes en g et g' pour arrêter les rayons des bords qui
troubleraient inévitablement la netteté des images.

La perfection de ces instrumens est surtout dépendante
du travail de l'objectif; car, si la première image est à la
fois parfaitement achromatique, bien distincte et vivement éclairée, il sera facile de construire des oculaires,
pour la redresser et l'amplifier sans lui faire subir d'altération sensible. L'achromatisme dépend, comme nous
l'avons vu (547), des indices de réfraction et des rapports
de dispersion des substances qui composent l'objectif; la
distinction dépend de la pureté de la matière et surtout de
la courbure des surfaces; enfin la clarté dépend de l'ouverture de l'objectif et de sa distance focale principale.
C'est la clarté de l'image qui permet une amplification
plus ou moins grande. Et voici sur ce point quels sont
en général les résultats de la pratique.

	Ouvertures de l'objectif.	Distances focales principales.	Amplifications.
1.	13 lignes.	9 pouces.	15 fois.
2.	16.	14.	18
3.	20.	19.	22
4.	25.	30.	30
5.	32.	42.	36
6.	48.	30.	200
7.	60.	72.	600
8.	72.	84.	400 à 900
9.	96.	144.	400 à 900
10.	132.	216.	600 à 900

Ainsi tout annonce que pour obtenir des grossissemens

de 1000 fois il faudrait pouvoir travailler avec une grande perfection des objectifs achromatiques qui auraient plus d'un pied d'ouverture. Mais lorsqu'on réfléchit aux difficultés prodigieuses que présente ce travail, on doit déjà regarder comme des chefs-d'œuvre de l'art les grands objectifs que MM. Cauchoix et Lerebours sont parvenus à construire dans ces dernières années. Sans doute ces puissans instrumens dont ils ont enrichi la science ne tarderont pas, entre les mains de nos astronomes, à donner des résultats du plus haut intérêt, soit sur la constitution physique des planètes, soit sur ces mouvemens remarquables des étoiles doubles qui ont déjà été observés avec tant de soins par MM. Herschell et South.

FIN DE LA PREMIÈRE PARTIE DU DEUXIÈME VOLUME.

TABLE

DES MATIÈRES

CONTENUES DANS LA PREMIÈRE PARTIE DU DEUXIÈME
VOLUME.

LIVRE SIXIÈME.

DES ACTIONS MOLÉCULAIRES.

LIVRE SEPTIÈME.

ACOUSTIQUE.

LIVRE HUITIÈME.

OPTIQUE.

Notions générales sur la propagation de la lumière . . Pag. 202

PREMIÈRE PARTIE.

LUMIÈRE NON POLARISÉE.

ERRATA DU DEUXIÈME VOLUME.

PREMIÈRE PARTIE.

Page 5, lig. 31, pp, *lisez* pp'.

8. 28, A's *lisez* A' s'.

19. { 15, plus grande, *lisez* moindre.
{ 16, moindre, *lisez* plus grande.

20. 27, entr, *lisez* entre.

32. 33, endesmos, *lisez* endosmose.

17. 2, capable de mouiller, *lisez* qui puisse être mouillée par.

68. 12, cr, *lisez* c r.

71. 1, A' *lisez* R'.

80. 1, (Fig. 46), *lisez* (Fig. 45 bis).

82. 8, 36k *lisez* 36k.

82. 8, (Fig. 47), *lisez* (Fig. 46).

85. 14, 2e cas, *lisez* 2e cas.

85. 34, 3, *lisez* 3e.

86. 33, es duré es, *lisez* les durées.

104. 8, en s'P Q R A, *lisez* en S P Q R A.

104. 35, et tout, *lisez* et tous.

112. 13, $\frac{3}{2}$, $\frac{4}{3}$, $\frac{5}{2}$ *lisez* $\frac{3}{2}$, $\frac{4}{3}$, $\frac{5}{4}$.

114. 13, $\frac{5}{5}$ *lisez* $\frac{5}{3}$.

116. 30, santillent, *lisez* sautillent.

143. 28, indentiquement, *lisez* identiquement.

144. 30, (Fig. 91); dans sa circonférence, il est facile, *lisez* (Fig. 91) dans sa circonférence; il est facile, etc.

186. 4, de quantité, *lisez* de la quantité.

192. 30, $\frac{25}{2}$ *lisez* $\frac{2^5}{2}$

195. 12, quefois, *lisez* quelquefois.

211. 33, A A *lisez* A A'.

230 18, $M = \frac{R}{2}$ R, *lisez* $M = \frac{R}{2}$

231. 26, Fig. 155, *lisez* Fig. 158 bis.

231. 28, M M', *lisez* m m'.

236. 34, F' C, *lisez* R ' C.

237. 7, $\dfrac{Sin.}{Sin. s}$ *lisez* $\dfrac{Sin. S}{Sin. P}$

239. 20, A B C D, *ajoutez* Fig. 171 bis.

240. 4, limite, *lisez* limité.

246. 23, fair, *lisez* faire.

251. 21, maxiemum, *lisez* maximum.

254. 14, cire 17e,5, *lisez* cire 17°,5.

255. 11, opole, *lisez* opale.

257. 34, Fig. 188, *lisez* Fig. 186.

Pag. 259. lig. 20, A B D, *ajoutez* Fig. 182.

272.   34, Fig. 179, *lisez* Fig. 197.

272.   26, le, *lisez* la.

278.   10, haute t, *lisez* haut et.

278   12, $F = \dfrac{R\,R'}{(N-1)\,(R'\quad R)}$, *lisez* $F = \dfrac{R\,R'}{(N-1)\,(R'-R)}$.

280.   1 et 2, alors, alors, *lisez* alors.

321
322 { Dans les formules que contiennent ces pages, les indices de plusieurs
323   lettres ont été dérangés pendant le tirage; on trouvera, par exemple, N'7 ou N.'7 au lieu de N'7. Les chiffres servant d'indices n'indiquent jamais des puissances, et il faut toujours supposer qu'ils sont au bas de la lettre de cette manière F'1, N'1, N'7.

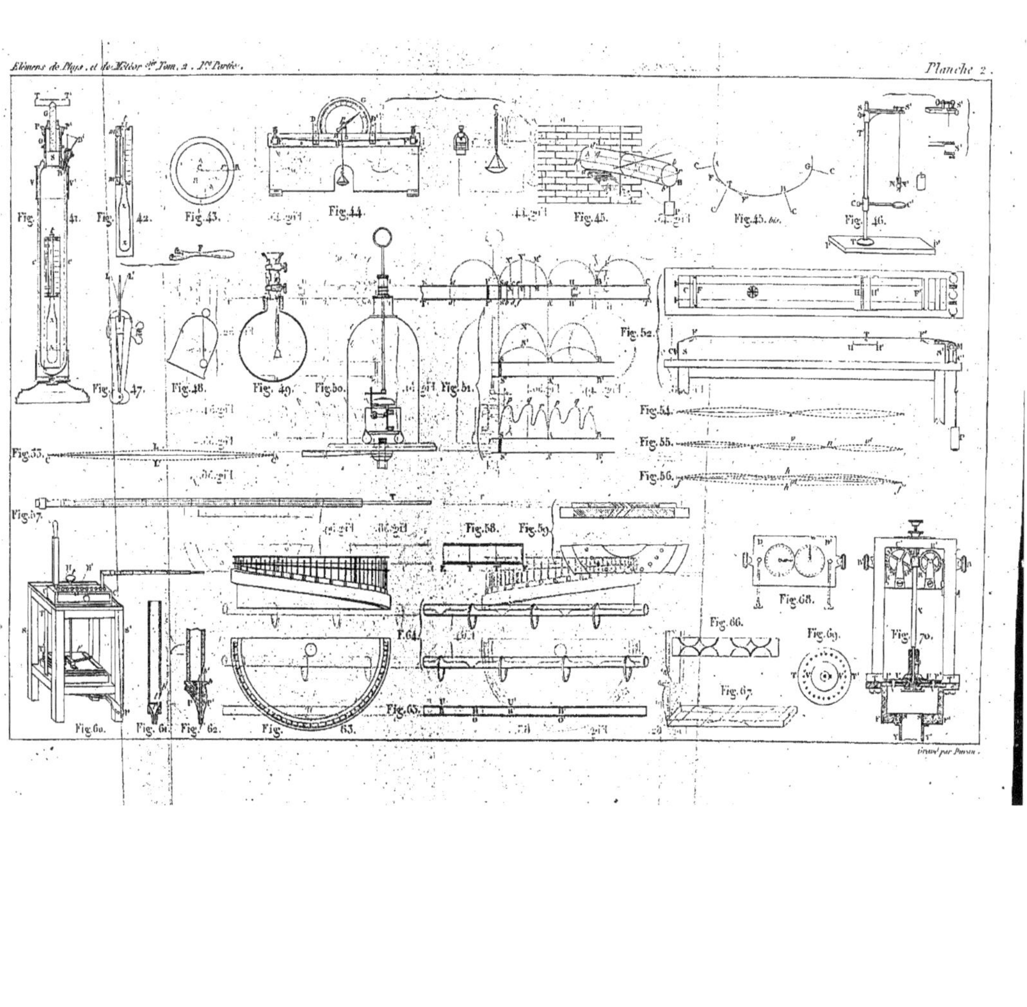
Fig. 41.
Fig. 42.
Fig. 43.
Fig. 44.
Fig. 45.
Fig. 45 bis.
Fig. 46.
Fig. 47.
Fig. 48.
Fig. 49.
Fig. 50.
Fig. 51.
Fig. 52.
Fig. 53.
Fig. 54.
Fig. 55.
Fig. 56.
Fig. 57.
Fig. 58.
Fig. 59.
Fig. 60.
Fig. 61.
Fig. 62.
Fig. 63.
Fig. 64.
Fig. 65.
Fig. 66.
Fig. 67.
Fig. 69.
Fig. 70.

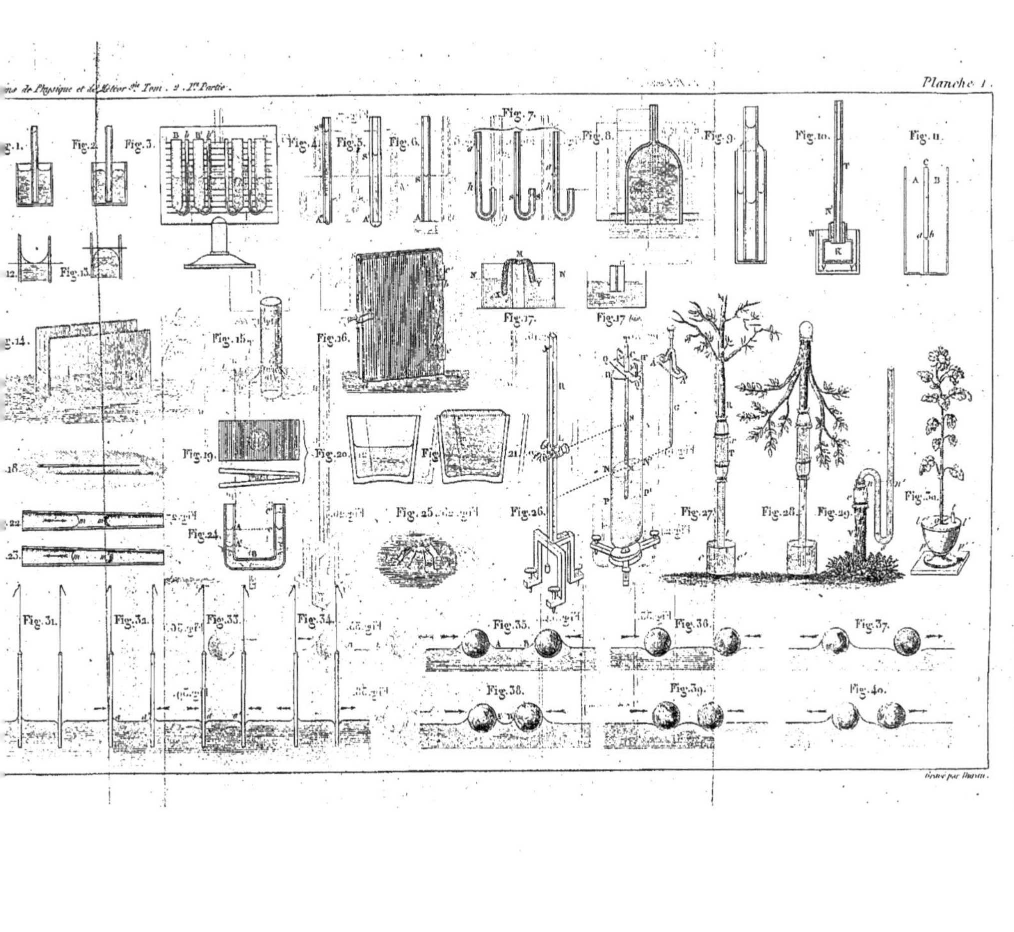
Fig.1.
Fig.2.
Fig.3.
Fig.4.
Fig.5.
Fig.6.
Fig.7.
Fig.8.
Fig.9.
Fig.10.
Fig.11.
Fig.12.
Fig.13.
Fig.14.
Fig.15.
Fig.16.
Fig.17.
Fig.17 bis.
Fig.18.
Fig.19.
Fig.20.
Fig.21.
Fig.22.
Fig.23.
Fig.24.
Fig.25.
Fig.26.
Fig.27.
Fig.28.
Fig.29.
Fig.30.
Fig.31.
Fig.32.
Fig.33.
Fig.34.
Fig.35.
Fig.36.
Fig.37.
Fig.38.
Fig.39.
Fig.40.

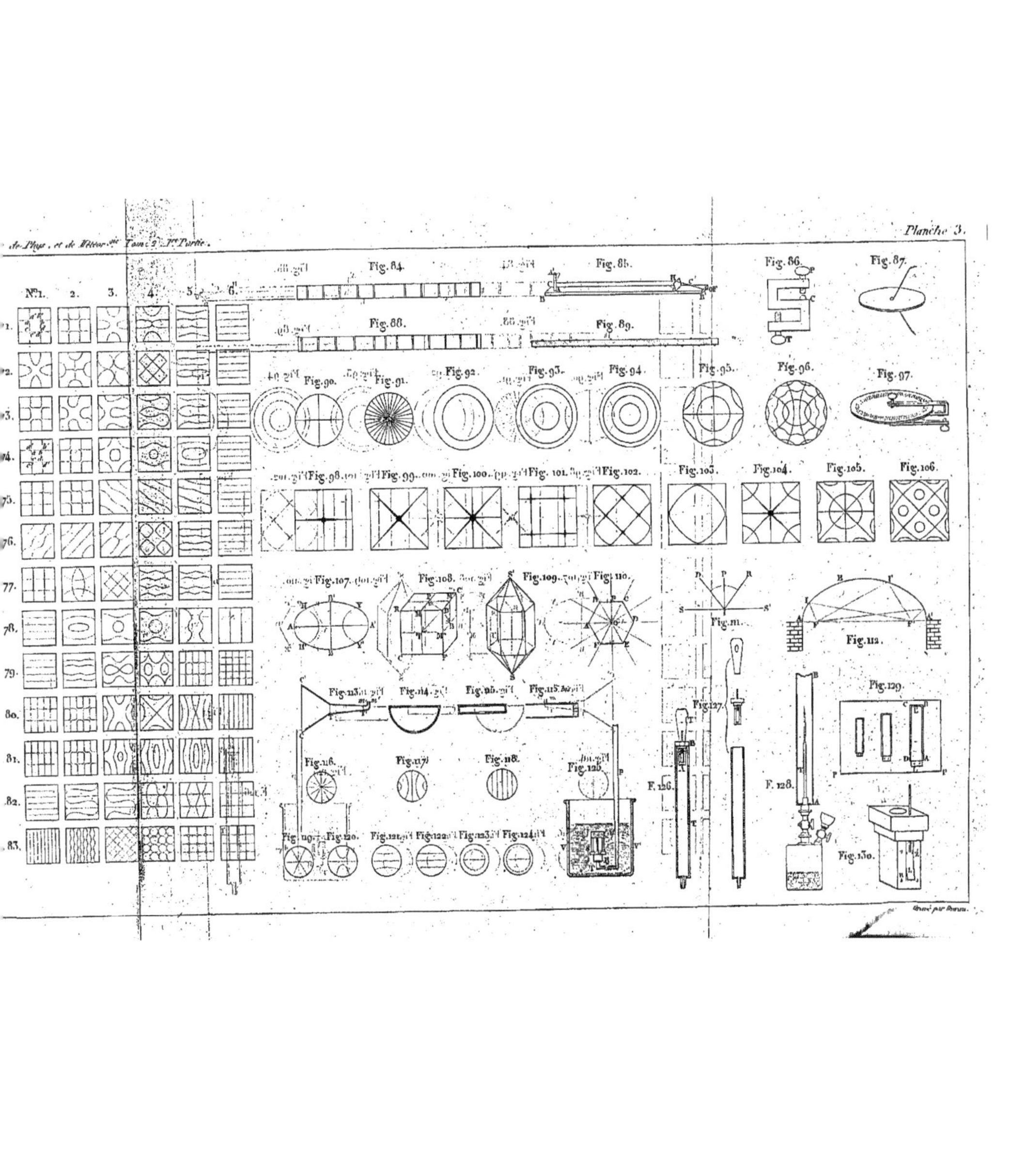
de Phys. et de Météor.ie Tome 2. 1.re Partie.
N.o 1.   2.   3.   4.   5.   6.
71. 72. 73. 74. 75. 76. 77. 78. 79. 80. 81. 82. 83.
Fig. 84.   Fig. 85.   Fig. 86.   Fig. 87.
Fig. 88.   Fig. 89.
Fig. 90.   Fig. 91.   Fig. 92.   Fig. 93.   Fig. 94.   Fig. 95.   Fig. 96.   Fig. 97.
Fig. 98.   Fig. 99.   Fig. 100.   Fig. 101.   Fig. 102.   Fig. 103.   Fig. 104.   Fig. 105.   Fig. 106.
Fig. 107.   Fig. 108.   Fig. 109.   Fig. 110.
Fig. 111.   Fig. 112.   Fig. 129.
Fig. 113.   Fig. 114.   Fig. 115.   Fig. 125.   Fig. 127.
Fig. 116.   Fig. 117.   Fig. 118.   F. 126.   F. 128.   Fig. 130.
Fig. 119.   Fig. 120.   Fig. 121.   Fig. 122.   Fig. 123.   Fig. 124.
Gravé par Perrot.

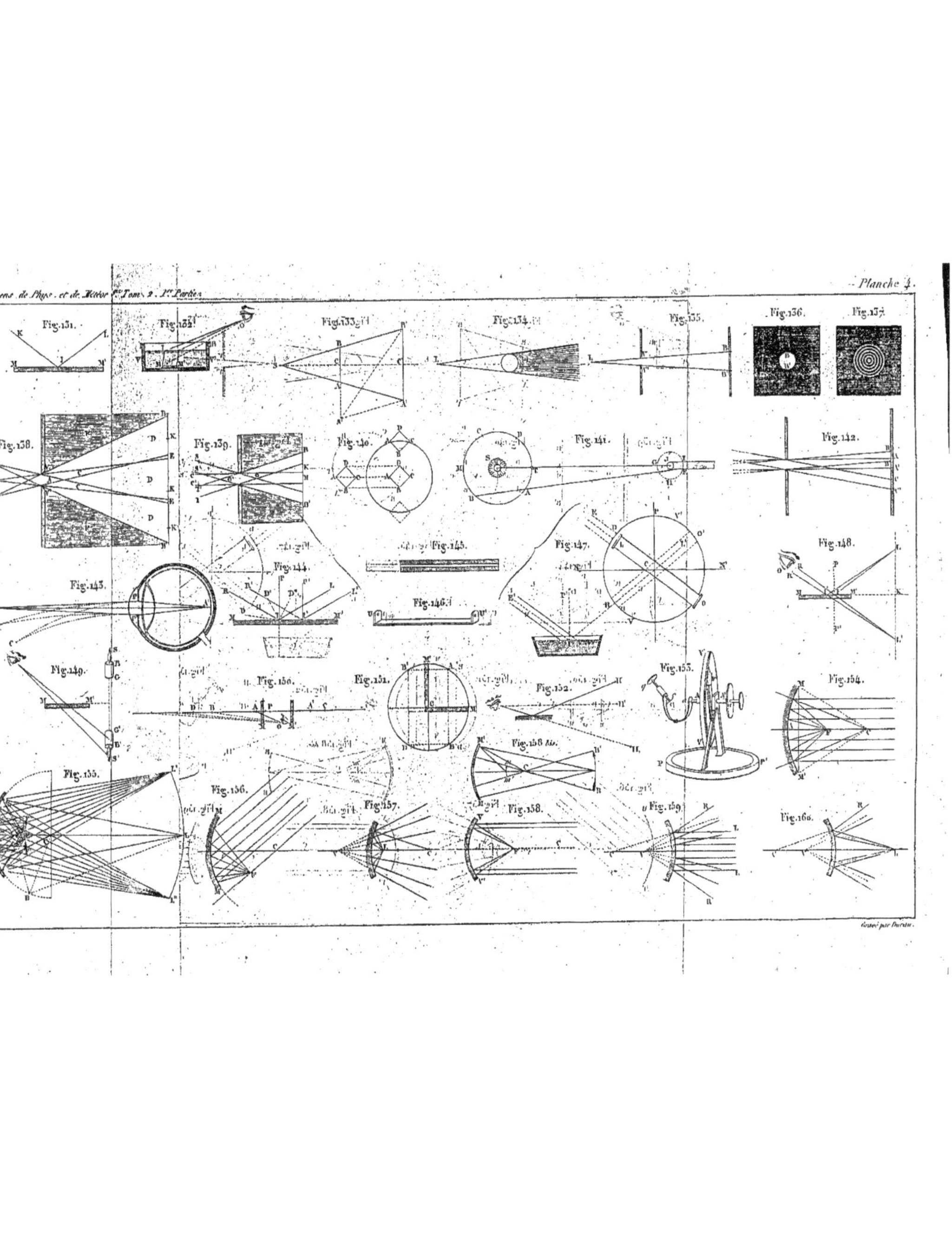

Fig.131.
Fig.132.
Fig.133.
Fig.134.
Fig.135.
Fig.136.
Fig.137.
Fig.138.
Fig.139.
Fig.140.
Fig.141.
Fig.142.
Fig.143.
Fig.144.
Fig.145.
Fig.146.
Fig.147.
Fig.148.
Fig.149.
Fig.150.
Fig.151.
Fig.152.
Fig.153.
Fig.154.
Fig.155.
Fig.156.
Fig.157.
Fig.158.
Fig.158 bis.
Fig.159.
Fig.160.

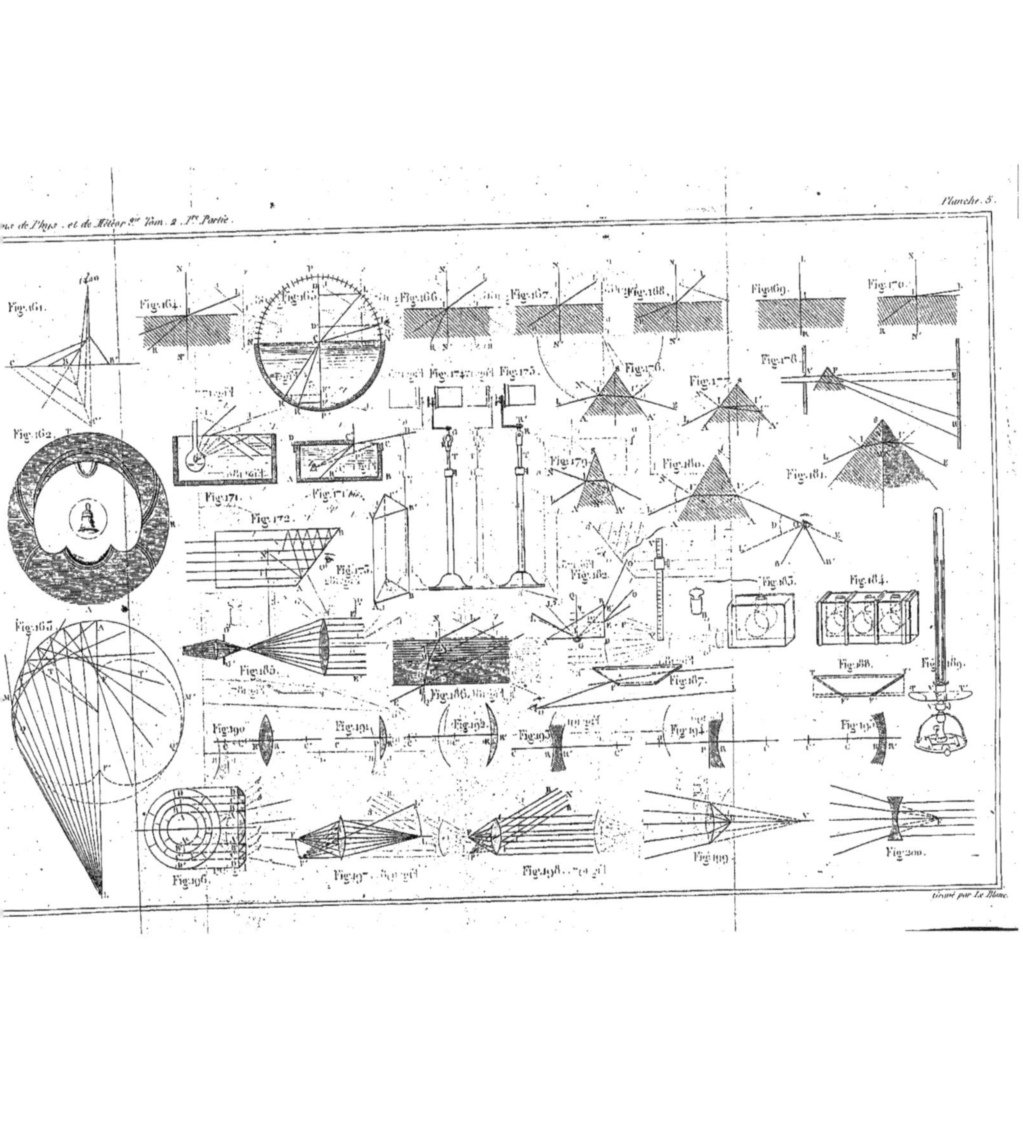

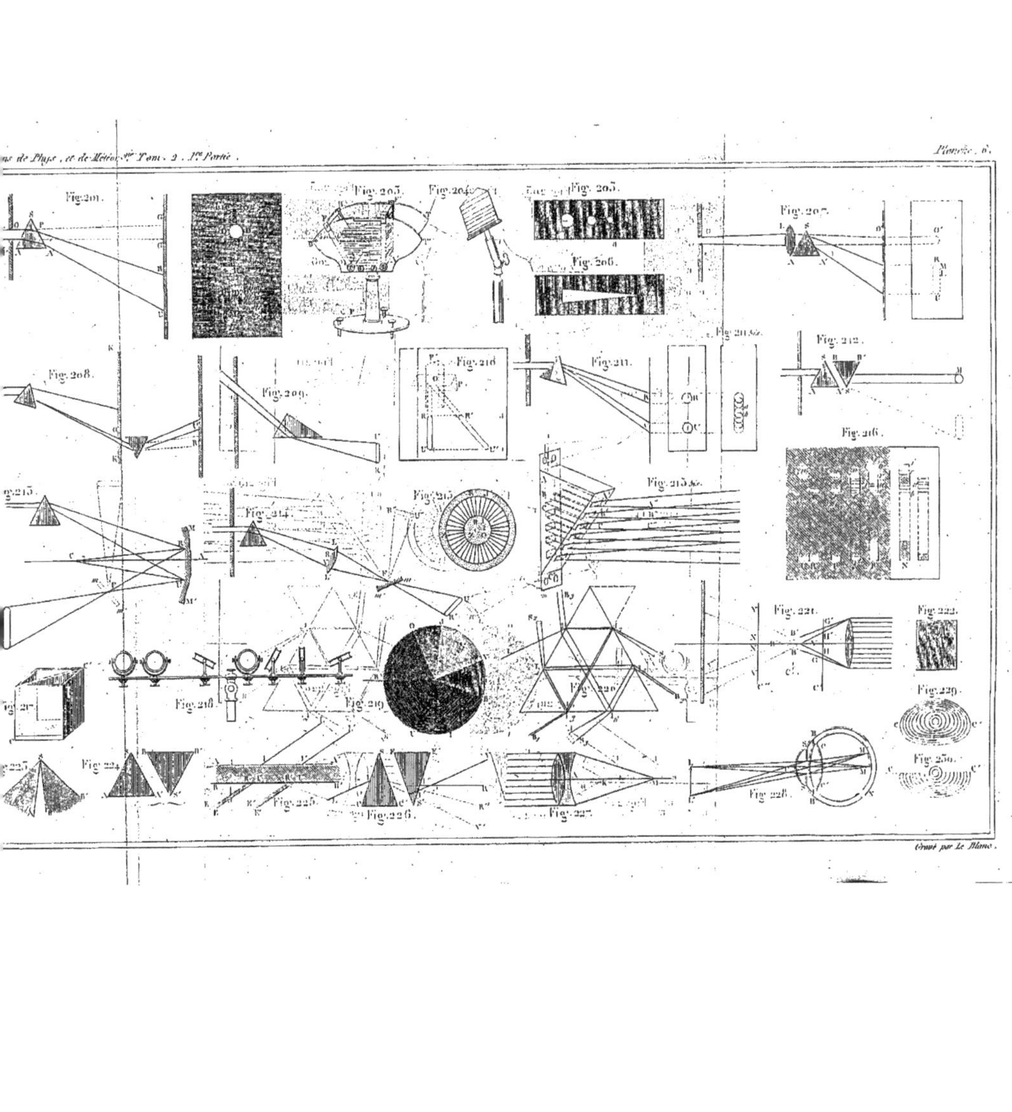
Fig. 201.
Fig. 203.
Fig. 204.
Fig. 205.
Fig. 206.
Fig. 207.
Fig. 208.
Fig. 209.
Fig. 210.&c.
Fig. 211.
Fig. 212.
Fig. 213.
Fig. 214.
Fig. 215.
Fig. 216.
Fig. 217.
Fig. 218.
Fig. 219.
Fig. 220.
Fig. 221.
Fig. 222.
Fig. 223.
Fig. 224.
Fig. 225.
Fig. 226.
Fig. 227.
Fig. 228.
Fig. 229.
Fig. 230.

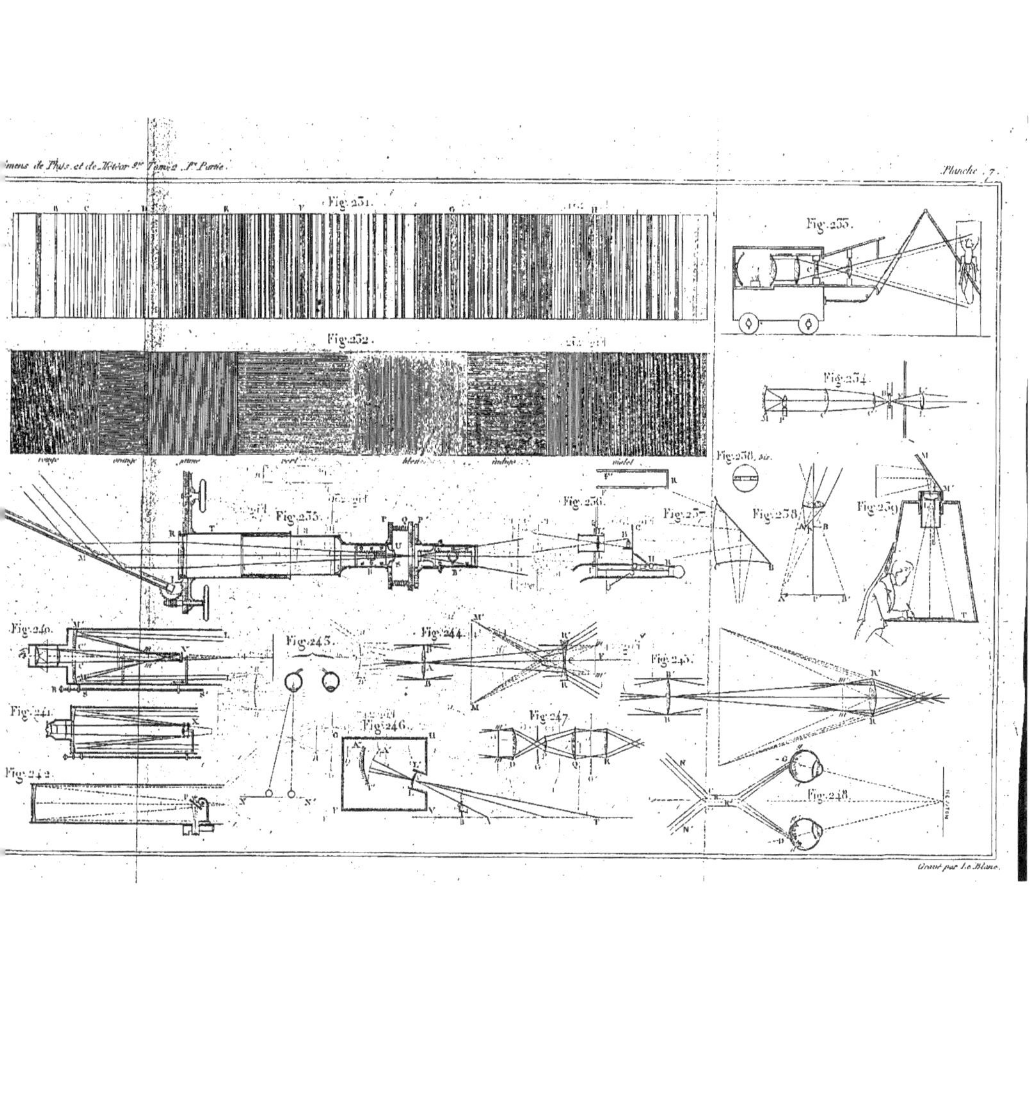

Fig. 251.
Fig. 252.
rouge   orange   jaune   vert   bleu   indigo   violet
Fig. 253.
Fig. 254.
Fig. 255.
Fig. 256.
Fig. 257.
Fig. 258, bis.
Fig. 258.
Fig. 259.
Fig. 240.
Fig. 241.
Fig. 242.
Fig. 243.
Fig. 244.
Fig. 245.
Fig. 246.
Fig. 247.
Fig. 248.

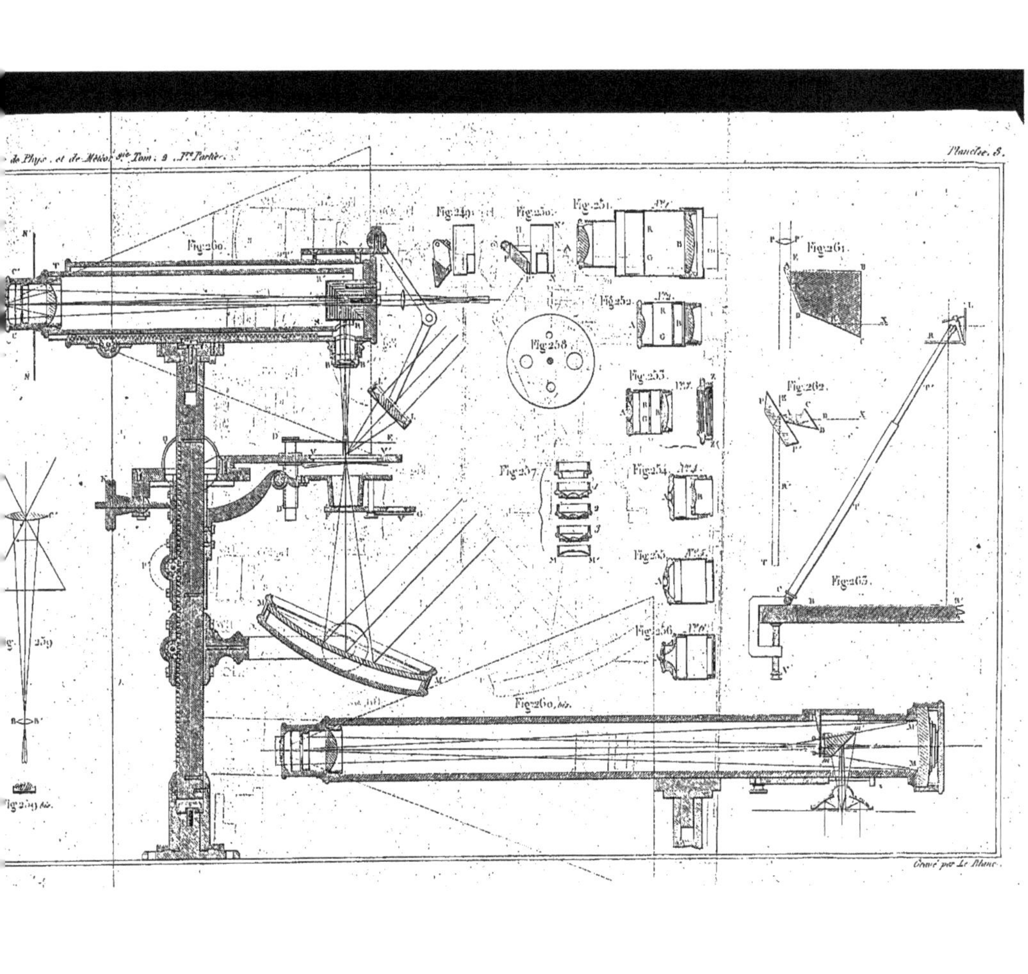

Gravé par Le Blanc.